结构约束条件下正冻土水平冻胀特性研究

辛全明　苏艳军　汪智慧　著

中国建筑工业出版社

图书在版编目(CIP)数据

结构约束条件下正冻土水平冻胀特性研究 / 辛全明，苏艳军，汪智慧著. — 北京 ：中国建筑工业出版社，2024.5
ISBN 978-7-112-29831-0

Ⅰ. ①结… Ⅱ. ①辛… ②苏… ③汪… Ⅲ. ①冻土—冻胀力—特性—研究 Ⅳ. ①P642.14

中国国家版本馆 CIP 数据核字(2024)第 088835 号

本书是一本关于结构约束条件下正冻土水平冻胀特性研究的专著，介绍了作者在冻土冻结与冻胀特性方面的若干基础性研究成果，特别是正冻土冻结特性及正冻土-结构相互作用等内容。全书共分 5 章，第 1 章介绍了冻土特性与冻胀模型研究的意义及现状；第 2 章通过系列冻土物理力学及热学试验研究了冻土物理、力学、冻结、热学及渗透特性；第 3 章研制了多物理场耦合的水平冻胀试验系统，并开展了不同工况下的水平冻胀试验；第 4 章介绍了基于水动力学模型与孔隙率变化速率模型建立的水-热-力多场耦合冻胀理论模型；第 5 章探讨了基于多场耦合背景下冻胀率模型简化分析方法。

本书可作为土木工程、岩土工程、地下工程，特别是冻土研究与应用领域的广大科技人员和高校师生的参考书。

责任编辑：杨　允　李静伟
责任校对：王　烨

结构约束条件下正冻土水平冻胀特性研究
辛全明　苏艳军　汪智慧　著
*
中国建筑工业出版社出版、发行（北京海淀三里河路 9 号）
各地新华书店、建筑书店经销
北京红光制版公司制版
建工社（河北）印刷有限公司印刷
*
开本：787 毫米×1092 毫米　1/16　印张：9¾　字数：231 千字
2024 年 9 月第一版　　2024 年 9 月第一次印刷
定价：**50.00** 元
ISBN 978-7-112-29831-0
(42801)

序

冻土在全球分布广泛，而我国是第三冻土大国，以季节性冻土为主，主要分布在秦岭淮河以北和高山高海拔地区。土体的冻结与融化严重影响着人类生产和生活，由此推动了对冻土的研究和应用。对冻土的研究和应用大致经历了萌芽、试验研究、物理与力学认识及现代学科几个阶段。随着交通、水利、建筑等各行各业的建设发展，我国对冻土科学的研究发展很快，涌现出了一大批杰出专家与高水平研究成果，有力支撑了国家经济和社会发展。

寒区越冬深基坑冻胀是结构约束条件下的土体冻胀问题，也是土与环境、土与结构相互作用问题，本质上是多相冻土质量、能量与动量的守恒过程，涉及土体温度场、水分场、应力与变形场等多个物理场耦合作用。本书从室内试验、模型试验、理论分析及工程应用四个方面开展工作，研究了结构物约束条件下正冻土水平冻胀问题，从应力和约束刚度两个角度考虑力学约束对冻胀发展的影响，得到了正冻土及结构物冻胀响应与力学约束关系的认识，尤其是应力对冻胀的抑制显著优于约束刚度的影响，提出了基于等效约束条件下平均冻胀率的单温度场冻胀简化分析思路，形成了从冻胀的力学抑制以及温度场的改善两个方面对冻胀进行控制的思路，这对土体冻胀评估及后续冻害防控具有重要意义。

本书对土体冻结点、导热系数和冻结特征曲线等冻土关键参数均建立了与土体宏观物理参数的关系，为冻土的相关参数评估提供了便利。相关研究工作也更多从冻胀的宏观现象出发，比如以冻结过程受冻结温度、温度梯度、孔隙状态及应力状态影响的孔隙率的变化为落脚点，采用多场耦合背景下的冻胀简化分析方法大大简化了相关工作，避免了对凝结冰形成判断与发展等细观冻结过程的数学描述。对冻胀发展力学抑制的考虑契合一般的工程工况，丰富和完善了冻胀试验和评估方法，更利于从工程应用的角度理解和考虑冻胀问题。

本书研究成果可为广大科研和工程技术人员在寒区冻害防治及人工冻结技术应用方面提供参考，同时也可为相关标准的修订提供参考。

龚晓南

浙江大学教授、中国工程院院士

2023 年 8 月

前　言

随着社会经济蓬勃发展，寒区地下空间开发和各类工程迅猛发展，冻害给寒区工程带来巨大安全隐患甚至造成了不可估量的经济损失，严重制约着寒区经济发展。结构约束条件下的土体冻胀是土与环境、土与结构相互作用问题，涉及土体温度场、水分场、应力与变形场等多个物理场耦合作用。

以往对冻土的研究更多关注竖向、恒载工况下的冻胀，这与我国早期更多关注建筑物地基冻害及青藏铁路建设面临的路基多年冻土问题有关；对水平冻胀的研究更多围绕矿井开挖背景下的人工冻结及边坡挡墙冻胀问题，且更多关注水平冻胀力的极值和分布；而深基坑作为临时工程，对其水平冻胀问题关注较少，现有标准相关条文也较笼统，而挡土墙与基坑在支护形式、温度场分布、土体性质等方面均存在差异，也就导致了水平冻胀响应的不同，相关研究成果不能相互适用。冻胀预报模型方面，随着对冻胀认识的加深，从单温度场分析到水-热两场耦合的水动力学分析，再到水-热-力三物理场耦合；对于粗颗粒土场地水汽迁移显著，形成了典型的锅盖效应，是机场、铁路等众多粗颗粒填料场地冻害发生的根源；对于我国西北地区等广泛分布的盐渍土场地，冻融循环一定程度上加剧了土体盐渍化，盐胀与冻胀同时发生，是众多工程问题的主要原因。

针对寒区越冬桩锚支护基坑水平冻胀问题，团队从室内试验、模型试验、理论分析及工程应用四个方面开展工作，在试验研究冻土特性基础上，对一定力学约束条件下土体水平冻胀与冻胀力发展规律从细观与宏观层面进行探索，得到了冻胀发展及冻胀力与初始应力及约束刚度关系的认识，相关成果将为寒区冻害防治及人工冻结技术的应用提供参考。

本书内容共分5章。第1章为绪论，对冻胀相关问题进行了介绍，重点剖析了冻土特性、冻胀模型及冻胀对支挡结构物影响及部分冻土特性研究现状；第2章通过系列冻土物理力学与热学试验确定了冻胀理论模型参数，建立了各参数与土体宏观物理参数相关的预测模型；第3章提出了支护体系等效约束变形刚度评估办法，研制了开放条件下实现一定应力场与温度场条件下的水平冻胀试验系统，并开展了不同冻结模式与不同力学约束条件下的水平冻胀试验，提出了与力学约束相关的冻胀率预测模型，揭示了冻胀宏细观机制；第4章从多孔介质理论出发，根据质量守恒、能量守恒及动量守恒定律基于水动力学模型与孔隙率变化速率模型建立了水-热-力多场耦合冻胀理论模型，揭示了冻结过程温度场、水分场、冰场、位移场、应力场的变化与分布规律；第5章采用多场耦合背景下的冻胀率模型，开展了基于温度场分析的基坑冻胀变形简化分析，结合现场监测，获得了寒区越冬基坑温度场与空间变形分布特征，提出了越冬基坑冻胀预防的技术措施。

本书相关研究工作是在中国建筑东北设计研究院有限公司高奭先生的亲切关怀下完成的；东北大学资源与土木工程学院杨天鸿教授、王述红教授在研究内容和研究思路方面给予了亲切指导。中国建筑东北设计研究院有限公司曹洋高级工程师协助完成了第2章冻土物理力学与热学参数的大量试验，佘小康高级工程师协助完成了第3章冻土-结构相互作用水平冻胀模型试验，并协助完成资料整理、插图制作等工作；摄影爱好者季强先生为本书提供了精美的封面照片。

本书相关研究工作获得了中国建筑东北设计研究院有限公司、中建东设岩土工程有限公司、辽宁省岩土工程实验室和辽宁省岩土与地下空间工程技术研究中心的持续支持，为本研究提供了便利的研究环境和试验条件。此外，相关研究工作得到中建股份科技研发计划（CSCEC-2015-Z-40、CSCEC-2017-Z-37）的大力资助。

本书有幸邀请到中国工程院院士龚晓南教授为本书作序，这是作者莫大的荣幸，更是对作者的巨大鼓励。

全书由辛全明博士、苏艳军教授级高级工程师、汪智慧博士参与编写并统稿。最后，作者对以上人员和机构对本书相关研究和出版所做出的贡献表示衷心的感谢。

作者水平有限，书中难免存在疏漏及不妥之处，敬请批评指正。

作　者

2023年9月

目　录

第1章　绪　　论

1.1　研究背景与意义

冻土泛指温度处于冻结点以下含有冰相成分的岩石和土壤，它是由矿物颗粒的固相、未冻结部分的液相、发生相变的冰相及气相组成，处于一种不稳定的状态。按其冻结时间长短，可分为短时冻土、季节性冻土和多年冻土。据统计，全球约50%的陆地面积处于冻土区域，多年冻土约占23%；而我国是世界上第三冻土大国，冻土区约占国土面积的75%，其中21.5%为多年冻土区，53.5%为季节冻土区，主要分布于长江流域以北的广阔区域及高海拔地区。冻土区的存在对我国自然资源开发和社会经济发展具有广泛而又重要的影响，对冻土的研究正是在冻土区工程建设的实践中产生和发展起来的，特别是寒区交通运输、地下空间开发、水利水电、工业及民用建筑等工程的建设。

冻土是地球内部岩石圈、表层岩土圈和大气圈热交换的产物，温度场处于动态变化状态，温度场的变化影响着冻土层的厚度和冰相与液相的平衡，因此造成了其不稳定状态。在冻结过程中，温度梯度的变化造成总土水势梯度的变化，从而引起水分迁移，随冻结锋面的推进冻结区水分持续相变导致冻胀现象的产生（包括原位冻胀和分凝冻胀），在一定约束条件下产生冻胀力；研究表明，冻胀力较主动土压力可大几倍至几十倍；而在升温过程中，冰相整体向着液相转化，冻土体积缩减，局部力学性能丧失从而出现融沉现象。众所周知，土体融化状态与冻结状态物理力学性质具有显著差异（模量相差几十倍），因此土体冻融状态的转变对寒区工程建设造成了不可忽视的影响，甚至冻害的产生已经对经济建设造成了巨大破坏。冻胀融沉现象导致基坑桩间土脱落、支挡结构垮塌、挡墙开裂、路基翻浆拱起、涵洞破坏以及水渠面板隆起等冻害，如图1.1所示。由此可见，建（构）筑物在冻胀融沉作用下的响应预报及其控制是保障寒区建（构）筑物功能发挥的关键。

冻胀是复杂多物理场耦合作用的结果[1-2]，涉及温度场、水分场、应力与变形等多个物理场相互作用，受土质、温度、水分补给、力学约束等因素的影响，如图1.2所示。由此可见，多相土体冻结首先是热传导产生温度梯度并诱导形成冻吸力梯度，从而引起水分向着冻结锋面迁移、相变释放潜热；水与冰含量变化一定程度上影响温度场，渗流同时伴随着热对流（包括水汽对流），水相与冰相含量变化改变了土体导热特性；在冻结缘、冰透镜体处因水相与冰相的动态变化改变了孔隙压力，从而引起土体局部有效应力的变化，也一定程度上决定了冻吸力的变化；同时，未冻区因水分迁移引起水分场的变化（类似固结）以及相变和应力场引起的土体孔隙结构的改变反过来影响渗流；应力场影响土体冻结点及各相成分含量，从而通过改变土体的导热特性影响温度场和渗流，温度场会引起材料

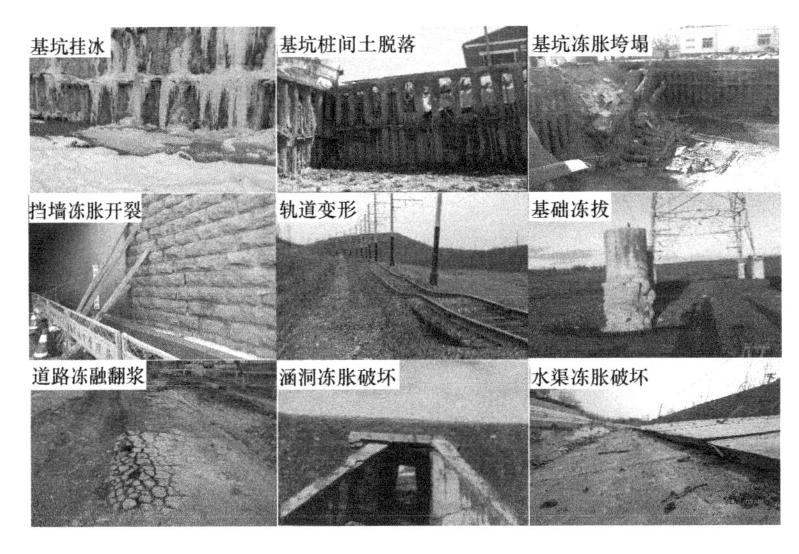

图 1.1　寒区构筑物冻害

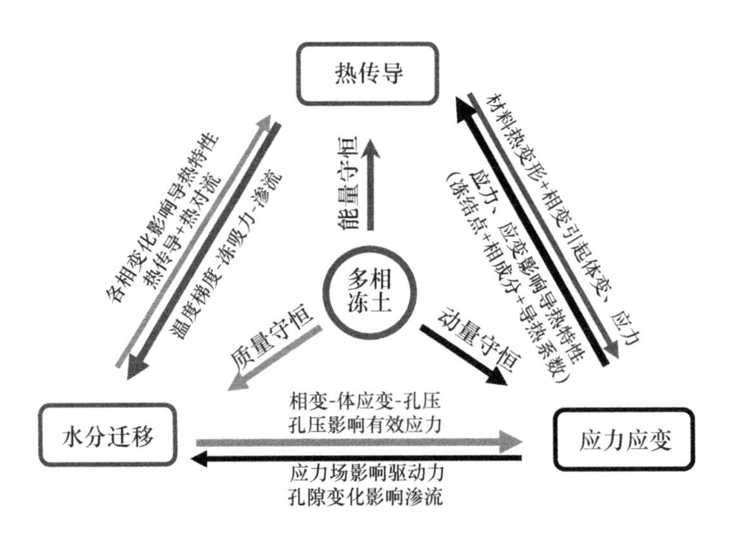

图 1.2　正冻土多场耦合示意图

热体应变，而负温引起相变改变体应变。总体上水-热-力多物理场耦合的过程遵循能量守恒、质量守恒及动量守恒定律。

国内外学者已认识到冻胀的危害，并做了大量试验和理论方面的研究，提出了毛细理论模型（第一冻胀理论）、冻结缘理论（第二冻胀理论）、水动力学模型、刚性冰模型、分凝势模型、热力学模型等冻胀预报模型。然而，土体冻胀是多因素影响的复杂物理化学过程，单因素的变化将导致冻胀结果的巨大差异，多因素耦合影响的冻胀预报仍是目前面临的巨大挑战。目前各行各业的设计标准主要针对非冻土区，而对冻土地区专门制定的规范也局限于有限的测试和分析，对各种工况考虑不够充分且理论分析不足[3]，相关规定过于笼统而不具可执行性。比如，《冻土地区建筑地基基础设计规范》JGJ 118—2011[4]、《水工建筑物抗冰冻设计规范》GB/T 50662—2011[5]、《渠系工程抗冻胀设计规范》SL 23—

2006[6]仅考虑土性影响给出了挡墙结构的水平冻胀力计算方法和分布形式，未考虑温度、约束刚度、水分补给等因素的影响，也未给出基坑支护结构的水平冻胀计算方法；《建筑基坑支护技术规程》JGJ 120—2012[7]虽明确规定应考虑冻胀、冻融对支护结构影响并采取措施，但如何考虑没有详细条文。目前对支挡结构物水平冻胀的研究更多的是着眼于挡土墙，针对越冬基坑的水平冻胀系统研究较少，而挡土墙结构与基坑支护结构在支护形式（应力状态与约束刚度不同）、适用高度（几米与几十米）、水分补给、支挡物后土体性质（回填土与原状土）、生命周期及冻结方式（双向冻结与近似单向冻结）方面均存在差异，也就导致了水平冻胀响应的不同。而且，即使对于同一场地，不同支护方式和不同开挖深度的约束刚度也存在较大差异，冻胀响应差别较大。在实际设计中，基坑支护结构往往未充分考虑冻胀的影响，导致寒区越冬基坑工程屡屡出现问题。

实际上，结构约束条件下的土体冻胀是一个土与环境、土与结构相互作用问题。在对冻结土体物理力学特性、热物性、冻结特性、渗流特性认识的基础上，考虑约束刚度、初始荷载对水平冻胀的影响，进行冻土的多场耦合试验和理论分析就成为解决这一问题的关键；另外，基于多场耦合的简化分析是将冻胀特性应用到工程实践的必由之路。

1.2　国内外研究现状

早在17世纪后期，人们就已经注意到冻胀这种自然现象，关注的主要是永冻土，并错误地认为冻胀是由于土的“弯曲”变形引起的，这是冻土研究的萌芽阶段；到二十世纪的二三十年代，因人类建设过程中遇到冻土问题，对其研究进入试验阶段，此时认为冻土是均质固体，冻胀主要是土体中原位水分冻结引起的；到了二十世纪四十年代，冻土研究进入了冻土物理学研究阶段，基于试验研究建立了冻土物理学基础，提出了未冻水的概念；在二十世纪的四五十年代，冻土研究进入冻土力学研究阶段，逐渐开展了多年冻土的温度预报和调控研究，通过物理和数学的方法建立了冻土冻结融化过程的热工计算，但早期对于土体冻结过程的研究仅局限于对单一温度场的讨论，简单地分为已冻区和未冻区两部分；随着计算机的发展，冻土进入了现代学科发展阶段，认识到水分迁移是导致土体冻胀的主要根源，随计算机的发展逐渐建立起了多场耦合研究阶段[8-9]。

1.2.1　土体冻胀试验

国内外的学者针对冻胀问题开展了大量的试验，从单一因素试验研究到多因素的耦合理论、从冻胀机理到各类预测模型等，研究前期更多关注竖向冻胀及影响因素。Taber[10-11]首次通过试验证明冻胀变形不仅依赖于土中原位水冻结，水分迁移是产生冻胀大变形的根源，其研究成果奠定了现代冻胀机制研究的基础。基于Taber水分迁移诱导土体冻胀机制，国内外学者对土体冻胀宏观规律通过试验进行了大量研究，对土特性、温度、外荷载、水源补给情况等因素对冻胀的影响已有较多的成果。Hoekstra[12]通过射线法研究了不饱和土体冻结过程水汽向冻结锋面运动的现象，发现冻土中的水分在温度梯度下通过未冻水的薄膜流动，当温度低于0℃时，水的输运速率也迅速下降。后续，

Jame[13]、Fukuda 等[14]、Staehl 和 Stadler[15]等学者通过一系列试验研究了向着冻结缘方向的水分重分布现象及水、热运动两者之间的相互影响，这些试验证明了冻结过程从未冻区向冻结区显著的水分重分布现象。不得不说，实验室测冻土渗透性存在很多困难，因水分在渗流过程中会被冻结，冰晶的形成干扰了渗透。Burt 和 Williams[16]、Chen 等[17]分别采用乳糖、聚乙二醇及低温三轴试验测试了饱和与非饱和土体的渗透系数，认为相同液态水含量的土体具有相同的渗透系数。

冻土渗透性测试存在诸多困难，但是水分迁移是土体冻胀的根源已是共识，因此后续诸多试验开展多是基于开放系统下对冻胀影响因素的研究。张婷[18]利用研制的冻胀试验装置开展了一系列开放和封闭系统的黏性土与粉砂单向冻胀融沉试验，研究了冻土冻胀特性和冻结温度与各因素的相关性，认为含水率、冻结温度和上部荷载对冻胀的影响依次减弱，并提出了考虑外荷载影响的冻胀预报统计模型。汪仁和[19]以煤矿冻结法为背景，开展了多圈管冻结土体过程的温度场、水分场和应力场的耦合模型试验和数值模拟，获得了人工冻结地层三场之间的关系及随冻结时间的变化规律，建立了冻结水分迁移模型，证明了温度梯度是水分迁移和冻胀应力场的最主要原因，并通过冻土的三轴蠕变试验研究冻土蠕变特性，认为冻土服从 D-P 屈服准则。Bing 等[20]开展了粉质黏土补水条件下三种冻结模式的单向冻结试验，发现不同工况下冻胀量、含水率分布和干密度分布各不相同，认为冻融循环历史对评估或预测粉质黏土冻胀具有重要影响。

李晓俊[21]开展了不饱和土体开放系统竖向一维冻胀试验，研究了不同温度、不同约束刚度和不同恒载约束条件下冻胀响应，获得了线性约束及恒载约束条件下冻胀应力-冻胀量关系，研究表明约束条件对温度场没有显著影响，约束对冻胀发展具有明显抑制作用。王冬[22]和汪恩良等[23]分别对粉质黏土进行了封闭系统下不同因素多水平正交冻胀试验，研究了含水率、干密度、冻结温度、外载荷及补水条件对冻胀的影响，建立了粉质黏土的冻胀预报模型。马宏岩等[24]开展了单向冻结条件下饱和粉质黏土室内冻胀试验，发现冻结温度、压实度、温度梯度、上覆压力以及补水条件是影响土体冻胀的关键因素，冻胀变形与温度梯度、冻结温度和压力呈反比，与压实度呈正比。岑国平等[25]针对青藏高原砂砾土冻胀性问题，通过系列正交单向冻结试验认识到补水、含水率、含泥量、压实度与负荷对冻胀的影响依次减弱，补水工况相对封闭条件冻胀量增大 3 倍以上。周家作等[26]开展了饱和粉土一维冻胀试验，研究温度梯度、冻结速率、试样高度与上覆压力对冻胀的影响并建立计算模型，研究表明当温度场处于准稳态时冻胀速率与温度梯度呈正比关系，与竖向荷载呈线性负相关。同时，建立了考虑水分迁移与相变的冻土热扩散方程，提出了模拟冻胀和温度变化的数值模拟方法。巩丽丽等[27-28]考虑了温度、含水率、密实度、含盐量的影响，对粉质黏土进行了室内冻胀正交试验，分析了不同因素状态下的冻胀曲线，推导出考虑这四个因素的冻胀预测模型，研究表明温度和含盐量对冻胀影响明显。

以上研究主要针对竖向一维冻结条件下的冻胀，大多是通过观察和分析室内冻胀试验获取的现象和数据总结冻胀发生与各因素之间的关系，冻胀强烈发育的关键是温度梯度诱导下的水分迁移，适用于建筑地基、路基等竖向冻胀问题。像寒区越冬基坑、边坡、渠道、矿井、隧道、人工冻结等往往面临水平冻胀或双向冻胀问题。为此，张明[29]针对人工冻结技术在矿井中的应用问题，通过开放场与封闭场条件下土体冻胀试验、单向冻胀试验与侧向冻胀试验以及矿井人工冻结现场监测，验证了冻结过程水分迁移现象，同时得到了冻结温度和侧向冻胀力发展的关系、开放系统和封闭系统对冻胀特性的影响、外荷载与冻胀力和冻胀量的关系。于琳琳、徐学燕[30]通过恒温和正弦温度变化两种模式研究了开放和封闭系统粉质黏土侧向冻结，探索了不同工况下冻胀速率和冻结锋面发展规律。张学强[31]通过对顾桥矿南区井筒人工冻结作业的监测，获得了水平冻胀力随时间的变化规律，研究发现水平冻胀力最大可以达到初始地压的2倍左右。Abahzlimov[32]通过隧道现场试验研究了水平冻胀与变形问题。李阳等[33]对淮南矿区重塑黏土开展了封闭条件下单向和双向对称冻结试验，研究表明单、双向冻结模式下冻胀力均呈非线性增大，但双向对称冻结冻胀力增速明显高于单向冻结模式，且双向冻结的冻结锋面推进速率是单向冻结的3倍左右。Zhang等[34]针对软弱富水地层盾构隧道加固问题，通过现场监测和水热力耦合数值分析的方法研究了杯型水平冻结条件下土体冻胀。Zhao等[35]针对二维冻结问题，采用研制的二维冻结装置研究冻结过程中冰透镜体的生长与冻胀特征，发现了与二维冻结冰透镜体相关的独特冻胀现象，二维冰透镜体的分布平行于温度梯度，认为二维冰透镜体各向异性生长对热质耦合的冻胀模型具有重要意义。Tang等[36]通过室内试验和数值分析研究了封闭场不饱和水热耦合的水平冻胀问题，并建立了考虑基质势、孔隙冰、温度及未冻水含量的冻胀模型。李忠超等[37]通过开展富水粉细砂水平冻结室内模型试验，研究了不同冻结温度条件下冻结壁厚度、温度场发展规律，为人工冻结技术的发展提供了参考。

通过研究发现，影响冻胀的内部因素主要是土体的粒径分布，一般来讲，细粒土相比粗颗粒土更易冻胀，尤其是0.005～0.05mm之间粉粒含量影响尤为明显，更小粒径的黏粒因与水有更强的物理化学作用，土体的渗透性大大减小而导致冻胀敏感性降低。荷载和约束对冻胀的抑制作用明显，土体冻胀率随荷载增加而急剧减少，最终达到既定条件下冻胀力与整体外部约束的平衡。根据布勒吉曼与秦曼关于冰融解与外部压力之间的经验关系[21]，荷载作用下，冻结土的冰点下降，破坏了冰与未冻水之间的平衡而使未冻水向低应力区迁移，从而抑制冰的分凝，这也是高应力状态下分凝冰减少或消失的原因。

总体上，目前对水平冻结或二维冻结的试验研究还较少，研究水平冻结过程及水分水平迁移机理具有重要意义。同时，荧光素及CT等现代可视化示踪技术被用来研究冻结过程水分和水汽的迁移。Zhang等[38]采用荧光素研究了铁路路基粗粒土冻结过程中水分和蒸汽的迁移特性，研究表明蒸汽迁移是粗粒土冻结过程水分重分布的主要原因。Wang等[39]、刘波等[40]分别通过CT扫描技术研究冻土冻结和融化过程水分分布，研究表明，土体冻结过程中水分向着冻结缘不断迁移，是引起冻胀的重要原因。曹宏章[41]通过CCD相机记录了饱和土单向冻结过程中冻结锋面处土体相变过程。此外，周国庆[42]、周金生等[43]以及胡坤等[44]探索了通过控制冻深的间歇冻结模式与连续冻结，研究了两种模式下冻胀变形、冻结锋面、温度场的变化规律，结果表明即使对冻胀敏感性的土体，通过控制冻深的间歇冻结模式能有效抑制冻胀的发展。

1.2.2 冻胀模型

1. 毛细冻胀理论

基于早期的研究，Everett[45]提出了毛细冻胀理论（第一冻胀理论），建立起了孔隙水吸力与冰水界面能及等效孔隙半径之间的定量关系。根据此理论，土体水分迁移的动力来源于冰水界面表面张力与冰水界面能形成的毛细力吸力，这个吸力产生的原因是冻结区产生的冰晶与未冻孔隙水之间压力差引起的吸力梯度，最大的影响因素是土体的孔径，它解释了冻胀的主要原因是冰透镜体的产生，根据此理论可以对冻胀和冻胀力进行定量解释和估计。按照毛细理论，土体的冻结仅仅是一个力学变化过程，与温度、温度梯度等因素无关，这与实际不符。而且，Penner[46-47]发现实测的冻胀力和冻胀量远大于毛细理论计算的结果，而且无法解释不连续冰透镜体的形成。因此，Holden 等[48]结合 Clausius-Clapeyron 方程改进了毛细理论，建立起了与孔隙半径、冻结点降低、冻结吸力等因素之间的关系。Williams 和 Smith[49]指出 Holden 等改进的模型仅在 0℃有效，并且迁移的水分和冰透镜体的形成大多在透镜体的底部而非冻结锋面。

2. 冻结缘理论

认识到毛细理论存在的不足，针对细粒土冻胀问题，Miller[50-51]提出了冻结缘理论（第二冻胀理论）。他发现在冻结点以下冰透镜体仍会在冻结锋面后面形成，因此提出了“冻结缘”的概念，见图 1.3。在冻结锋面与冰透镜体之间存在一个冰水共存而无明显冻胀的部分冻结区域，随冻结锋面推进，既有冰晶侵入未冻区，同时又有水分通过冻结锋面吸入到后部的冰透镜体并凝结，从而促使透镜体不断增长。这个区域一直存在着水分的迁移（由未冻区向冻结锋面迁移）—凝结（冰水共存区域）—融化—迁移（由冻结锋面往冰透镜体迁移）—再凝结（在冰透镜体处再凝结）的循环过程，或者说冻结缘是一个冰水动态平衡的区域。该理论得到广大学者的认可，Loch（1975）[52]、Penner 和 Goodrich[53]及 Satoshi[54]均验证了冻结缘现象。

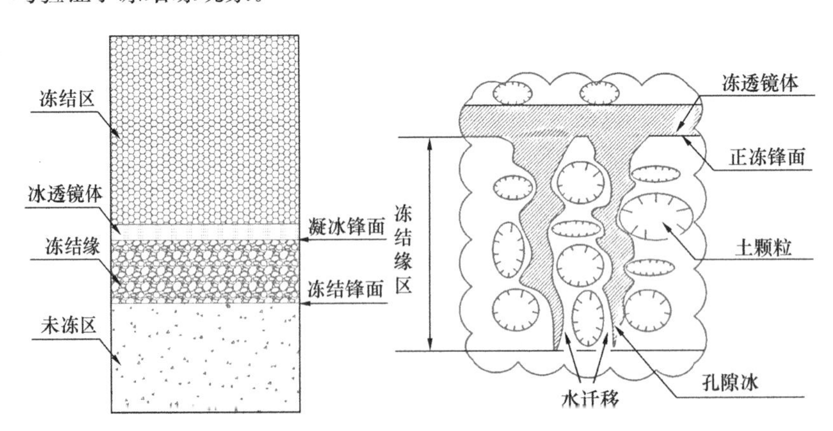

图 1.3　冻结缘示意图

自 20 世纪 80 年代以来，毛细理论和冻结缘理论逐渐趋于协调，毛细理论应用于粒状土中，第二冻胀理论应用于黏性土中，而分凝冻胀理论常被补充在两者之中。

3. 刚性冰模型

O'Neill[55]改进了冻结缘理论形成了刚性冰模型。以刚性孔隙饱和颗粒土为研究对象，提出了重结冰假设，认为冻结缘内孔隙冰与新生成的分凝冰是刚性连接的，孔隙冰的移动速率与分凝冰的分凝速率相同。其过程如下：从未冻区迁移来的水分在冻结缘的冰晶暖端积聚，含水率增加引起的水压增加破坏了冰晶暖端冰水界面的平衡，为重新达到平衡，一部分水凝结成冰，随冰含量增加冰压相应增加，此时达到一个短暂平衡。但是，水分相变释放的潜热传导到冰体的冷端引起部分冰的融化，冰含量降低引起冰压降低，此时冰晶体冷端的平衡再次被打破。冰压和水压在冰晶体两个界面的反复变化产生了冰体从暖端到冷端的迁移，如图 1.4 所示。当驱动力足够大时，土颗粒被冰晶体分离并随水分的不断迁移、积聚、凝结，新的冰透镜体就产生了。

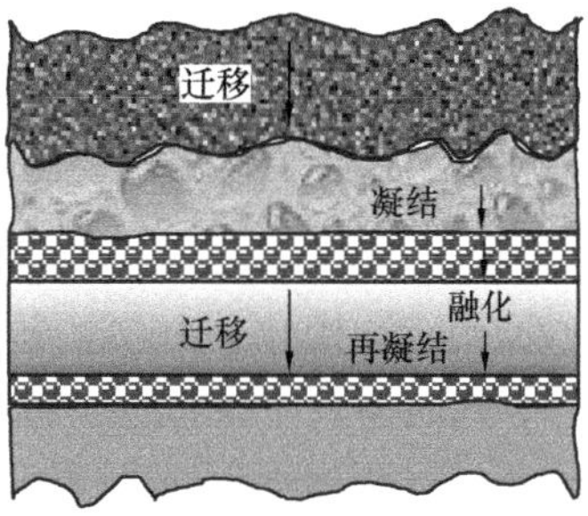

图 1.4 刚性冰模型示意图

Hopke[56]首次提出荷载作用下的冻胀模型，并以原中科院兰州冰川冻土研究所的室内饱水补水一维土柱在附加荷载 500kPa 作用下的冻胀过程进行了模拟计算：温度方程采用预报差分格式、水分方程采用隐式差分格式，同时引入毛细理论和 Clapeyron 方程，得到了附加荷载对冻胀的指数抑制关系。刚性冰模型认为相变区冰、水压力满足 Clausius-Clapeyron 方程，区域内渗流满足 Darcy 定律，冰含量是孔隙水压力和冻结温度的函数。刚性冰模型提出了冻结缘内冰透镜体形成的判定准则，即由孔隙水压和冰压按照一定权重共同构成的等效孔隙压力大于外荷载时，土颗粒之间脱离形成新的分凝冰。刚性冰模型针对土体冻胀问题提出，类似冻结缘中凝结冰的产生，是一个分凝冰反复形成并生长的过程，解释了不连续透镜体的现象，但因参数较多、计算复杂其发展受到一定阻碍；另外，分凝冰形成前后时刻冰压不相等，进而造成计算不收敛[56]。刚性冰模型被 O'Neill 和 Miller[57]进一步发展，Shah 和 Razaqpur[58]、曹宏章[41]建立了二维刚性冰模型并采用有限单元法和有限差分法分别求解控制方程的空间和时间。为便于冻胀数值计算，一些学者对刚性冰模型进行了一定的简化[59-61]。

4. 水动力学模型

随计算机技术的快速发展，为数值法解复杂的偏微分方程提供了便利，尤其是在有限元和有限差分法的帮助下，越来越多学者对冻胀现象进行定量研究。基于非饱和未冻土与部分冻结土中水分迁移的相似性，以及冻结过程仅液态水传输的假设，1973 年 Harlan[62]首先提出了饱和正冻土的水动力学模型（水热耦合模型），此模型从热学和水动力学角度出发，根据能量和物质守恒描述了传热与传质的过程，为水分迁移引起的冻胀问题开辟了新思路。水动力学模型包括传热与传质两个方程，分别基于傅里叶传热定律和 Darcy 渗透定律，通过冰相含量建立起了耦合关系，一方面冰相构成了正冻土的总体含水率，另一方面相变部分水释放潜热影响了温度场平衡，是典型的两场耦合模型。

水动力模型考虑了土体冻结过程中的温度、水分驱动力、冰含量及未冻水含量的关系，认为水分迁移的驱动力是土水势，即使处于冻结状态仍存在未冻水，未冻水的存在提供了水分迁移的来源，也就解释了土体温度低于冻结点时仍存在水分迁移的现象。此模型不是基于冰分凝相关的物理过程，未考虑冻结缘的存在及外荷载的影响，也不能解释冰透镜体的形成与生长，也没有计算冻胀量，但是相比之前的研究从定量角度很好地阐述了冻胀机理，使学者们开始考虑冻土中耦合效应对整体系统的影响，为后续水热耦合、热力耦合、水热力耦合及水热力盐耦合等多物理场耦合模型的建立奠定了基础，推动了冻胀机理的发展。

Richards 推导了一般形式的非饱和土体水分运动方程，可用于非均质、饱和与非饱和土体，同时考虑土中水分特性的滞后效应。Nixon[63]、Taylor 和 Luthin[64] 认为水对流带来的热量影响仅为热传导的 1/1000～1/100，因此可以忽略不计，从而提出了一个不考虑水对流影响的简化方程，大大简化了计算工作量。对于水分迁移的动力问题，Taylor 和 Luthin[64]、Sheppard[65] 等根据冻结特征曲线（未冻水含量与土水势关系）确定土水势，推进了水动力学模型的发展。后来，Jame 和 Norum[66]、Newman 和 Wilson[67] 等学者也采用这一简化模型。

基于水动力学模型，Outcalt[68] 将冻胀量计算方法引入模型中，一般认为含冰量超过某一临界值才发生冻胀，冻胀量为超出的冰体积。Kay 等[69] 将这一临界值定为土体孔隙率与未冻水含量的差值，而 Taylor 和 Luthin[64]、Shen 和 Ladanyi [70] 采用的是孔隙率的 85%作为冻胀判别准则。另外，Jame 和 Norum[66]、Guymon 等[71-73] 分别基于水动力模型建立了依赖时间变化的有限元模型和有限差分数值模型。国内方面，明锋等[74-75] 采用 Clapeyron 方程描述冻土内温度、冰压力和水压力之间的关系，根据质量和能量守恒原理提出了一维非饱和冻土水热耦合冻胀模型，同时引入冰分凝判定准则模拟不连续冰透镜体的产生，通过室内一维冻胀试验证明了模型的有效性。胡坤[76] 以等效水压力为水分迁移动力，考虑临界分离压力修正了冰分凝形成准则，基于能量守恒和质量守恒原理建立了饱和土体改进的水热耦合控制方程，建立起了更完备的冻土水热耦合分离冰冻胀模型。另外，陈正汉[77]、苗天德等[78-79]、周扬等[80]、尚松浩等[81]、周家作等[82] 学者从热力学与混合物理论的角度建立起多相介质水、热耦合模型，分析了土体冻结过程中的冻胀响应。

5. 分凝势模型

基于 Miller 的冻结缘概念，Konrad 和 Morgenstern[83-84] 提出了分凝势模型，并假设：(1) Clausius-Clapeyron 方程在冰透镜体底部是适用的；(2) 水分在冻结缘连续迁移并形成新的冰透镜体；(3) 冻结缘内渗透性为常数且温度场与基质势线性分布。由此可见，当土体达到稳态时，冰透镜体的吸水通量与冻结缘的温度梯度呈正比，比例系数即分凝势，它通过水流与温度梯度直接的线性关系耦合了传热与传质过程，水分迁移的驱动力为分凝势。关于分凝势的影响因素，Konrad 和 Morgenstern[83-85] 通过试验发现分凝势随冻结锋面吸力的增加而降低，同时也与温度梯度和渗透性相关；Konrad 和 Morgenstern[86] 建立了外荷载对分凝势的指数函数修正关系。通过冻结缘水流凝结速率并考虑原位水分冻胀可以推导出土体冻胀变形速率，从而评估土体的冻胀速率。基于上述认识，Nixon[87]、Knutson 等[88]、Saarelainen[89] 等采用了分凝势模型分析了现场实测结果和室内试验冻胀数据，发现当已知温度梯度时此模型能够满足工程计算精度，但分凝势未建立起与土性之间的相关性，当温度梯度未知时很难确定分凝势，也就限制了此模型的应用。

6. 水热力耦合模型

对于工程而言，冻胀过程中产生的变形与应力对于评估结构的受力与变形至关重要，关系到建筑物与构筑物的功能能否长期发挥。Blanchard 和 Fremond[90]首次提出水热力耦合冻胀模型，但是未考虑冻土的蠕变及冻结缘水压与冰压的平衡问题。为此，Shen 和 Ladanyi[70]基于能量守恒、质量守恒原理提出了一个考虑冻土弹性应变、蠕变、体应变的水热力耦合模型，忽略重力作用及对流换热的影响，通过对时空的离散，采用有限差分法求解冻结过程的传热、传质方程，而用有限元法计算冻土的应力应变响应。

Kay 和 Groenevelt[91]引入 Clausius-Clapeyron 方程描述冻结缘孔隙水压力、冰压及温度的关系，假定冻结缘暖端处冰压为 0，冷端处冰压等于外荷载。水热力耦合模型主要处理含土骨架、水相及冰相的饱和土体。为了简化计算，将传热与传质耦合方程与应力的耦合分开，变成两场耦合问题，Selvadurai 等[92]综合了迁移水分和原位水分冻结引起的冻土体积变化，假设土颗粒不可压缩，提出了定量的冻胀体应变方程如下：

$$\varepsilon_{\mathrm{v}} = 0.09(\theta_0 - \theta_{\mathrm{u}} + \Delta\theta) + \Delta\theta + (\theta_0 - n) \tag{1.1}$$

水热力耦合模型最初主要针对饱和土体冻胀过程，未考虑分凝冰的形成与生长，对于冻胀量的计算依据土体中水分相变量与孔隙率的关系确定，未考虑外荷载对冻胀的抑制效应。为此，赖远明等[93]建立了以温度、土体孔隙率和位移为变量的开放场饱和土体单向冻结数值模型，结合试验研究了温度梯度、外荷载及冻结温度对水分迁移和冻胀的影响；采用 Clapeyron 方程作为冰、水相变平衡的条件，提出了冰透镜体形成与终结的综合判定准则。Li 等[94-95]通过开放场一维冻结试验和寒区水渠现场监测研究冻胀机理，基于能量、质量及动量守恒原理，建立了考虑黏塑性应变和冻胀体应变的饱和冻土水-热-力数值模型，分析了冻结过程温度场、水分场、变形场及相关力学变化过程，并通过试验数据和现场监测分别验证了模型可靠性，也阐明了正冻土的热-水-力相互作用机理。另外，国内学者何平等[96]、李洪升等[97]、许强等[98]、武建军等[99]、何敏等[100]也针对饱和冻土问题建立水热力三场耦合模型。

对于非饱和土体，冻结过程中除了液态水的迁移，还涉及水汽的扩散[101-103]，特别是不饱和的大孔隙土体的冻结过程，水汽迁移尤其明显。水分迁移的驱动力可以概况为总土水势梯度（包括基质势、重力势、渗透势、溶质势等），而水汽在不饱和土体中的扩散主要源于温度梯度作用下的水汽压力梯度，压力梯度导致了水汽浓度梯度，从而驱动水汽在孔隙中从暖区向冷区的扩散，潜热和传质带来的热量增强了传热效果，而且对流换热效果更明显。正如 Santeford[104]的研究表明，湿土中的水汽扩散效应明显。陈飞熊等[105]和李宁等[106]基于饱和土的多孔介质理论，考虑非饱和多相微元体受力推导了多相体系有效应力原理、平衡方程、连续性方程及能量守恒方程，建立了考虑气相的非饱和多孔介质水、热、变形相互作用理论框架和 3G2001 有限元多场耦合软件系统，相关成果在青藏高原花石峡路基与路面的温度场和变形分析中得到应用。Yin 等[107]基于已有饱和土冻胀模型，以温度、外荷载及饱和度为变量，考虑孔隙比与饱和度的关系以描述孔隙压力分布，并将孔隙比作为冰透镜体产生的依据，建立了水-水汽-应力-热耦合的数学模型，分析了不同初始饱和度、温度梯度和压力的非饱和冻结过程，研究表明更大的饱和度、更大的温度梯度及更低的外荷载更容易产生冻胀，而应力场和饱和度对温度场几乎没有影响。Bai等[108-110]针对饱和-非饱和土体的冻胀问题，引入有效应变比，建立起了非饱和土冻胀应变与温、湿度场的关系，并提出了简化的有效应变比计算方法，建立了饱和-非饱和土体冻胀通用模型，并通过粉质土的整体冻结与单向冻结试验验证；随后分别通过粉土和粉质黏土的一维冻结研究了初始含水率和冷却温度对非饱和土热、水、蒸汽迁移和变形的影响，解释了高速铁路路基冻胀主要发生在顶层的困惑。李智明[111]基于非饱和土复合混合物理论框架，得到了考虑冻结状态下多孔多相介质多物理场耦合理论，发展了考虑干空气和水汽迁移、不连续冰透镜体形成条件和冰压力不为零的非饱和冻土水、热、力、汽多场耦合模型框架。

1.2.3 冻胀对支挡结构影响

对于各类工程结构，无论是天然冻结还是人工冻结引起的冻胀响应，均是冻土与结构物（约束）相互作用的结果。因温度梯度变化引起的液态水和蒸汽运动驱动力梯度向着温度梯度反方向，因此未冻区的水、汽向着冻结锋面迁移并形成凝结冰和一定厚度的透镜体，从而引起冻胀发生及生长的各向异性[3]。因自然界地貌或建设活动引起的温度梯度分布，主要包括竖向、（近似）水平向及多向几种情况，对应着如基础竖向冻胀和支挡结构物的水平冻胀等问题。因人类早期地下空间开发活动较少，更多面临竖向冻胀问题，因此国内外学者对竖向冻胀研究较多；随着经济建设的发展，寒区深基坑工程、边坡挡墙工程、隧道工程、矿山以及人工冻结技术在工程中应用越来越多，水平冻胀引起结构物的失稳、强度破坏及大变形失效等大量冻害问题。然而，目前针对水平冻胀的研究相对有限，更多集中在挡土墙冻胀力的监测和计算上[36]。

1.2.3.1 冻胀对挡土墙影响

为研究水平冻胀力的分布，丁靖康和娄安金[112]设计了 1～1.4m 的层叠式模型挡土墙，在青藏高原多年冻土区开展越冬期间水平冻胀力的现场测试，研究发现水平冻胀力随冻结的深入不断增长，最大冻胀力随深度先增加后衰减，最大值约在 0.64H 处（从上部算起），此研究没有介绍测试装置水平支撑杆的变形刚度情况，不同的约束条件会产生不同的冻胀力。管枫年等[113]总结了国内外支挡结构物水平冻胀力试验成果，认为水平冻胀力常是主动土压力的几倍乃至十几倍，冻胀作用下破坏形式主要包括稳定性破坏和强度破坏，水平冻胀力的大小和分布与含水率、冻结模式及结构特性相关，提出了消除或减小水平冻胀力的几种工程措施。童长江等[114]通过对扶壁式挡墙不同填土材料冻胀试验发现，冻胀力与含水率密切相关，塑限是水平冻胀力是否出现的临界含水率，在液限附近达到最大冻胀力，并且冻胀力随温度的降低而增加直到某个冻结温度达到最大；冻胀力同时与粉质黏粒含量相关，最大水平冻胀力出现在约 0.6～0.8 倍支挡结构物高度附近（从上部算起），这一点与管枫年的结论基本一致。隋铁龄等[115-116]通过全约束状态层叠对顶式模型挡土墙现场试验，分析了双向冻结、约束程度及土性等水平冻胀力影响因素，获得了季冻区挡土墙水平冻胀力及温度场分布，并通过包络图统计方法获得了挡土墙水平冻胀力分布，并经修正后给出了设计取值方法。

进入21世纪以后，对挡墙的水平冻胀问题已有更深的认识，从数值仿真角度开展研究，并逐渐进入系统应用阶段。赵坚等[117]综合了国内挡土墙抗冻胀研究成果，介绍了适用于墙高不大于5m的允许变形的季冻区挡土墙防冻设计方法、荷载效应组合、冻胀力计算及验算挡土墙稳定性和强度的方法。梁波等[118-122]通过对青藏铁路5m高的L形挡土墙的温度场和土压力现场监测，得到墙后土压力随季节和墙高的变化规律，提出了冻土地区支挡结构的土压力修正模型，探究冻胀力与土压力的受力模式，确定了墙后换填对土压力分布的影响，并提出一种二级垛式悬臂挡土墙形式，并采用弹塑性本构模型分析了墙体与土体的相互作用，得到了墙体变形和土压力的关系。胡坤鹏[123]针对青藏高原冻土区公路重力式挡土墙冻胀问题，采用有限元方法分析了挡土墙温度场和冻胀力分布，分析了聚苯乙烯泡沫塑料保温板（EPS）不同布置方案对冻胀力的减缓程度。张子白[124]采用试验和数值分析的手段研究了L形挡土墙水平冻胀响应，分析了含水率对温度场和水平冻胀力分布的影响，绘制了双向冻结的冻结锋面时空变化图形，并从力学角度推导了水平冻胀力的计算公式，但其适用性有待研究。Rui等[125]在北海道通过现场试验和数值仿真研究了L形预制挡墙不同防护工况下的冻胀响应，得到了墙体的变形及墙后回填物内冻结锋面和温度场分布，对冻胀损伤机理有了一定认识，给出了一定冻深时的换填区域范围；在此基础上，探索了颗粒废弃物作为防冻胀回填材料的可行性，为废弃物在治理冻胀换填材料的使用提供了借鉴。

为对支挡结构物的水平冻胀问题进行研究，原铁道部西北研究所青藏高原风火山试验站、中国科学院兰州冰川冻土研究所、黑龙江省水利勘测设计院、黑龙江省低温建筑研究所、日本特殊土壤开发研究室等也都通过现场或室内试验对支挡建筑物水平冻胀力进行了研究。前期研究更多关注在冻胀力的极值和分布上，忽视了冻土与结构物相互作用的问题。为此，王家东等[126]对青藏高原多年冻土地区L形挡土墙的施工实况进行了有限元数值分析，采用弹塑性本构模型、相关联的流动法则，考虑几何非线性影响以及摩尔-库仑屈服准则，并设置了模拟土体与墙面相互作用的Goodman接触单元，分析了墙背填土的变形和受力。计算表明，墙体位移和土压力受墙体刚度、墙背粗糙度、填土弹模等因素影响，挡土墙的土压力表现出非线性特征，与实际吻合。吕鹏[3]针对青藏高原重力式挡墙冻胀问题，采用室内试验、理论分析、数值计算等手段，以冻土与结构相互作用机理及冻融过程多场耦合模型为切入点，研究了冻胀融沉机理、冻土与支挡结构相互作用以及支挡结构的变形和稳定性问题，建立了冻土与混凝土两种介质材料界面力学特性和基于温度与体积含冰量的冻胀模型，分析了不同回填工况和保温工况的效果。刘珣[127]通过系列物理、力学试验研究极端冰雪灾害条件下，温度、含水率、封闭与开放系统冻融循环等多因素作用下，岩石、岩体与挡土墙支护结构相互作用、岩体与喷锚支护结构相互作用的变形规律和三种情况的破坏形态、强度特性、强度屈服准则及强度指标，基于统计损伤理论建立了冻融前后砂岩、砂岩与喷射混凝土相互作用的冻融损伤软化统计三维本构模型和冻融循环后砂岩与喷射混凝土相互作用损伤软化统计一维本构模型，提出了岩体与支护结构相互作用的物理模型试验方法，得到了两种材料相互作用的动态响应规律及破坏机理。

1.2.3.2 冻胀对基坑支护影响

早期国内外学者主要通过现场监测认识到水平冻胀对基坑的影响。Mcrostie 和 Schriever[128]对位于加拿大的某越冬基坑进行现场试验，观测到约 15～30kPa 的冻胀力作用于支护结构，并带来约 2.1cm 的水平位移，认为造成水平位移的原因就是水平冻胀力。Sandegren 等[129]通过锚索-板桩墙现场试验发现，越冬期间土体侧压力明显增长，其结果不符合朗肯土压力理论，部分锚杆因冻胀作用失效，锚杆荷载比设计初值增加了50%～100%，并探索了间歇加热降低土压力。Guilloux 等[130]对法国 La Clusaz 地下车库的土钉支护越冬基坑工程进行监测发现，土体冻结导致土钉拉力增加，钉头拉力增加最多，最大可达冻前 4 倍，土钉轴力分布从冻前中间大两头小变为受冻后钉头最大且沿钉长逐渐减小，冻胀导致支护产生位移，且解冻后位移不再恢复。周德源[131]针对内蒙古季节性冻土区渠系水工建筑物冻害问题开展现场试验，研究了水分迁移及冻胀量与冻结指数的关系、水平冻胀力与冻胀量之间的关系，研究表明水平冻胀力与冻胀量呈幂函数关系，即随冻胀量的增长水平冻胀力也随之增长，但是增长速率逐渐放缓。陈树铭等[132]在北京某土钉墙支护基坑工程开展现场试验，发现季节性冻土可能危及土钉墙支护安全，认识到土体含水率是引起较大冻胀力的主要因素，每根土钉荷载可增加 100%以上，最大增加 40kN 以上。姚直书等[133-135]针对润扬长江公路大桥锚碇基坑支护工程，通过深基坑冻土墙模型冻胀力试验和排桩冻土墙弹塑性有限元分析，分别研究了冻土墙温度场分布、冻土墙厚度与冻胀力关系、卸压孔对水平冻胀力的效果、冻土墙围护下的开挖全过程，研究表明一定厚度的冻土墙结合排桩满足基坑开挖支护要求，卸压孔能有效降低水平冻胀力。裴捷[136]、张菊连[137]等也基于此项目开展了冻结法止水帷幕冻胀影响研究。另外，李欣等[138]、王家伟[139]、范学敏[140]对越冬深基坑现场监测研究均表明冻胀对基坑水平变形影响显著，越冬基坑设计时需要考虑冻胀的影响。

随着对冻胀认识的加深，数值分析手段和模型试验等方法逐渐被用来分析基坑冻胀影响因素及结构响应，尤其是基于多场耦合作用下基坑冻胀响应。王艳杰[141]针对寒区越冬基坑水平冻胀力影响因素，通过多场耦合数值分析，分析了冻结负温、热传导系数、支护刚度、基坑深度、初始含水率、补水条件（开放或封闭）等因素对基坑水平冻胀力的影响，研究发现水平冻胀力与冻结温度、导热系数、含水率、支护刚度等因素近似成线性关系，开放条件下影响最明显，冻胀力翻倍。孙超和邵艳红[142]采用数值方法研究了寒区基坑悬臂桩支护结构在粉质黏土和黏土两种土质条件下的冻胀响应，土体采用摩尔-库仑本构模型，研究表明水平冻胀力呈现上下小中间大的抛物线形分布模式，最大值在 0.5～0.8 倍深度，冻胀力是冻胀前的 2～15 倍，位移量是初始值的 8.4～11.4 倍。胡意如[143]针对长春市地铁 6 号线某车站越冬基坑冻胀问题，在现场监测基础上，通过水热两场耦合计算基坑温度场及水分场，并通过材料二次开发将冻胀特性作为材料参数嵌入到有限元中计算等效厚度薄壁墙的基坑应力场。王建州等[144]通过季冻区越冬基坑室内模型试验，研究了基坑在冻融过程中水平冻胀力的变化，研究发现冻结过程中基坑底部冻胀力急速增加，试验测得冻胀力达到了42kPa，对挡墙水平冻胀力在基坑工程上的适应性提出疑问。

综上所述，寒区支挡结构的冻胀问题需要基于水-热-力（水-汽-热-力）多场耦合理论，充分挖掘饱和与非饱和条件下的传质与传热机理，考虑介质在冻结过程的物理力学变化，以及介质与结构物的相互作用系统问题，从而实现冻结过程介质物理场与结构受力与变形的动态响应预测；另外，从工程应用角度，基于多场耦合冻结过程的合理假设和简化，对冻胀成果应用具有重要意义。

1.2.4 冻结特征曲线

一般地，土中水分以自由水（重力水、毛细水）和结合水的形式存在。在冻结过程中因为土水的物理化学作用，一定量的水分在负温状态下仍保持未冻结状态。未冻水含量与温度之间的关系曲线称为冻结特征曲线[145]。未冻水含量对冻土力学特性[146-147]、热学特性[148]及渗透特性[16]具有重要影响，关系到冻土多场耦合及土水动力学分析，影响着寒区工程建设、农业及林业等领域。土体未冻水含量受冻结温度、外荷载、含水率、土体特性（如比表面积、孔径分布、矿物成分及含量）等因素的影响[149-150]。

确定未冻水含量的方法主要有核磁共振法（NMR）、介电常数法、量热法、膨胀法、射线法和电阻率法等。其中，NMR法是公认最可靠的测试方法，但是因其不能连续测试且设备昂贵而不能广泛采用。介电常数法因其操作简便、连续测试、高精度及合理价格等优势被广泛应用，主要包括时域反射法（TDR）和频域反射法（FDR）。它是利用土体内水分含量的差异引起土体表观介电常数 K_a 差异的原理进行测试（液态水，$K_{aw}=80\sim88$（0～20℃）；干土，$K_{as}=3\sim5$；空气，$K_{aa}=0.99$；冰，$K_{ai}=3.27$）[151]，而温度变化对除液态水外其他成分的介电常数影响几乎可忽略[152]，冻结过程液态水含量发生了巨大变化。因此正冻土的介电常数依赖温度变化引起含水率变化，这样基于各成分差别建立介电常数与含水率的关系就成为可能[153]。Topp等[154-156]获得了表观介电常数与土体体积含水率的经验关系（误差在1.3%左右），Patterson等[157]通过试验验证了Topp的经验公式，发现介电常数对冰含量的变化并不敏感而对未冻水含量敏感。

图1.5为各类TDR传感器及其信号分布[158]。随着电磁波沿着埋在土中的TDR探针的横向传播，信号能量随传播路径上的电导率成比例衰减，这种信号比例的减少与土壤的导电性相关。由图1.5可见，围绕中心探针均匀分布的TDR信号采集更均匀，且探针越多精度越高。以往介电常数法测试案例，如表1.1所示，试样直径从45～100mm，均取得了较好的效果。一些学者还采用了多种手段研究未冻水含量变化规律。Suzuki[159]，Watanabe和Wake[146]，Chai等[160]多位学者均通过TDR与NMR研究了未冻水含量与初始含水率的关系，一方面认为未冻水含量依赖初始含水率变化[161]，另一

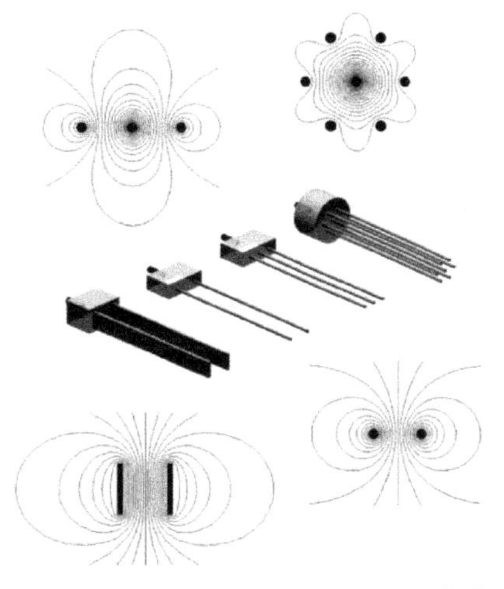

图1.5 各类TDR传感器信号分布[158]

方面认为土体冻结后初始含水率对未冻水含量几乎没有影响[162]，正如 Tice 等[163]（相关）和 Tice 等[164]（不相关）以及 Tang 等[165]（相关）和 Zhou 等[166]（不相关）关于初始含水率对未冻水含量影响的结论。另外，Czarnomski 等[167]、Yoshikawa 等[168]、Zhou 等[166]、Hu 等[169]通过一种或多种介电常数法，并结合 NMR 法、差示扫描量热法或 γ 射线法相互校核研究了未冻水含量与土体成分、溶液浓度、孔隙分布等因素的关系。

未冻水含量测试 **表 1.1**

文献	测试方法	试样尺寸	容器
Chai 等（2018）[160]	TDR	ϕ70mm×130mm	塑料薄膜
Li 等（2018）[152]	电容法	ϕ60mm×75mm	乳胶膜
Zhou 等（2014）[166]	TDR	ϕ53mm×236mm	树脂筒
Topp 等（1980）[154]	TDR	ϕ50mm×330mm	塑料管
Malicki 等（1996）[170]	TDR	ϕ60 mm×80mm ϕ80mm×100mm	烧杯
Patterson 等（1981）[157]	TDR	ϕ50mm×250mm	钢筒
Spaans and Baker (1995)[171]	TDR	ϕ100mm×328mm	铜筒
Liu 和 Yu (2013)[172]	TDR	ϕ71mm×200mm	钢筒
Suzuki (2004)[159]	TDR	ϕ50 mm×178mm	钢筒
Watanabe 等（2009）[146]	TDR	ϕ45mm×120mm	金属筒

在未冻水模型预测方面，一些学者基于试验提出了各种经验、半经验模型；另外，有些学者根据土体特性，建立了考虑未冻水类型的理论模型[173]。将冻结温度作为唯一的自变量，这些模型主要以指数函数[174]、幂函数[165-175]和分段函数[162]的形式呈现，这些模型也同样反映出对初始含水率是否影响未冻水含量理解的不同。Zhang 等[161]、Anderson 和 Tice[175]基于试验结果建立了幂函数模型，模型参数为常数，前者未冻水含量依赖初始含水率，而后者与其不相关；Saberi 等[176]建立了考虑冻融滞后效应的 Sigmoidal 函数未冻水含量模型，并通过有限元程序验证。Kozlowski[177]基于黏土试验数据，提出了冻结和融化统一为一个可逆过程半经验分段函数模型（没有考虑滞后效应），将冻结过程简化为 3 个区间，未冻水含量依赖初始含水率变化。Wang 等[178]、Mu 等[179]、Xiao 等[180]、Chai 等[160]考虑孔径分布，并基于毛细水与结合水理论建立了未冻水含量理论模型，他们均依赖初始含水率。然而，这些模型中有些土体特性（如孔径分布、残余未冻水含量等）因难以用常规手段可靠确定而不便于应用。

上述模型相关参数多为常数，不能很好地适应冻土冻结过程中因水分迁移而不断变化的情形；另外，有些理论模型参数的确定需要开展非常规试验或需要进行复杂积分计算等而不利于工程应用。

1.2.5 导热系数

导热系数是进行热力学分析不可或缺的重要材料参数，表征材料的导热能力。寒区工程建设（如铁路工程、公路工程、水利工程等）、地热资源利用、石油输送、农业、人工冻结技术、矿物开采等领域均涉及温度场影响评估，尤其涉及温度场的多场耦合问题，导热系数会很大程度上影响分析结果[181-182]。导热系数作为傅里叶传热定律中的重要参数，以往的研究往往将其看作常数，在涉及寒区冻结过程中温度场正负温转变的工况下明显是不恰当的。土体作为多孔多相介质，其导热系数与土体的矿物组成、孔隙率、含水率、溶质、有机质、温度工况等物理状态密切相关，它们之间的内在相关性是一个复杂的问题，如何准确地描述土体的导热系数（不同物理状态和温度工况）就成为一个棘手的问题。

过去的几十年，各国学者开展了大量关于土体导热系数的研究，概括起来主要包括试验研究和理论研究。导热系数测试方法主要包括稳态法和瞬态法。稳态法方面，俞亚南等[183]采用稳态平板法研究干密度和含水率对导热系数的影响，并建立了两种土导热系数关于干密度和含水率的线性函数关系。王铁行等[184]基于准稳态平板法研究了黄土不同含水率和干密度的导热系数与比热容。稳态法主要根据傅里叶热传导定律测试导热系数，它要求试样内达到稳定的温度梯度，因此稳态法是一种长耗时且易受水分重分布和潜热释放干扰的方法[185]，对于一些导热系数较低、潮湿且绝缘的材料，稳态法的测试效果较好。

瞬态法则种类繁多，例如瞬态平面热源法（Hot Disk method）、热线法、热脉冲法等，它能够同时测其他热特性，且测试效率更高。例如，Bovesecchi[181]使用热探针技术测量了火山灰土和蓝色泥灰岩在－20～＋20℃的导热系数，分析了温度、孔隙率、粒径分布及矿物成分等因素对导热系数的影响，发现冻结状态比未冻结状态的导热系数高30%左右。Overduin等[182]在阿拉斯加州针对多年冻土通过瞬态热脉冲法开展了现场测试，分析了不同冻结状态下的未冻水含量、比热容、导热系数等随温度变化规律，分析表明冬季导热系数比夏季高50%。Tang等[186]通过热线法测试了美国怀俄明州的MX80膨润土（未冻结状态）导热系数，分析了干密度、成分效应、迟滞效应的影响，建立了导热系数与空气体积含量之间的线性模型。Zhang等[187]在室内用一个集合了TPT和TDR技术的探针通过热脉冲法试验研究了黏性土冻结-融化过程（相变过程）中的热物性参数变化规律。Xu等[188]通过对内蒙古根河地区路基粉质黏土开展了不同干密度、不同含水率和不同温度条件下的导热系数室内试验，获得了导热系数关于温度的线性（正温区）和指数（负温区）函数关系，并通过回归分析评估了各影响因素的影响程度，分析表明温度、干密度和含水率对导热系数有很大影响：在正温区导热系数随温度呈线性规律变化，在负温区呈指数规律变化；发现含水率对导热系数的影响在正温区只比干密度的影响稍大，而在负温区大概是干密度影响程度的2倍。邓友生等[189]通过非稳态的热线法开展了氯化钠与硫酸钠对导热性影响的室内试验。

理论研究方面，Shen等[190]基于分形几何理论和热电类比法建立了不饱和多孔介质的一般导热系数模型，研究了孔隙结构对不饱和多孔介质结构导热系数的影响；Zhang等[191]建立了随机混合模型来预测多相介质的有效导热系数，通过各成分及其体积含量的组合获得介质的有效导热系数，分析显示影响导热系数和蓄热系数的主要因素包括土的类别、孔隙率、饱和度以及含水状态，而且冻结和未冻状态土导热系数的差别是由于冰与液态水导热系数的差别引起的。Gori等[192]建立了一个类球形的三相土体理论模型，利用平行热流假定下稳态传导方程求解不同饱和度和孔隙率下的有效导热系数，避免了使用经验参数。统计物理学和计算机科学也被应用于导热系数建模。例如，李守巨等[193]基于 ANSYS 的 APDL 参数化语言，建立了多孔介质材料不同孔隙率的二维稳态传热随机模型，研究多孔的岩土材料孔隙率与等效导热系数的关系，研究表明有效导热系数随孔隙率的增加而减小，且表现出逾渗特性。何发祥等[194]及李国玉等[195]通过建立神经网络模型分析土体导热系数随含水率、干密度、含冰量之间的非线性关系。平均数方法（如加权算术平均、调和平均、几何平均等）也是构建模型的重要思路。刘为民等[196]针对青藏铁路沿线多年冻土，基于土体成分导热系数及其含量构造了土体导热系数非线性加权函数，对于冻结状态，假定水分完全转化为冰而忽略未冻水的影响。Zhang 等[197]通过热线法测试了青藏高原粉质黏土在冻结和融化过程中的导热系数，并用加权算数平均模型、加权调和平均模型及加权几何平均模型分别进行导热特性评估，分析表明加权几何平均模型与试验数据吻合最好。Bi 等[198]基于未冻结不饱和土体成分的并联结构模型和串联结构模型，根据土体不同冻结阶段进一步构建了并-串联结构模型，根据土体不同冻结阶段，将未冻水和冰分别假定为并联和串联结构状态，用加权算术平均的方法将冻结阶段的两个模型再组合，获得了不同冻结阶段的广义导热系数模型。Orakoglu 等[199]建立了一个导热系数的统计学-物理模型来评估纤维增强土体的热特性，模型中考虑了土体各成分的体积分数、含水率、冻融循环次数及温度的影响。Johansen[200]及 Côté-Konrad[201]分别基于加权几何平均的思路建立了考虑土体不同状态（冻结和未冻结）的导热系数预测模型，用一个与饱和度相关的权重参数将干燥状态和饱和状态土体导热系数组合起来，Johansen 模型认为土体在冻结和未冻结状态导热系数为常数，而 Côté-Konrad 模型因为对冻结状态土体同时考虑了冰和未冻水含量的影响，在冻结状态更准确，在未冻结状态 Johansen 模型更有优势。

1.3 问题与不足

随着国内外学者对冻胀机理认识的加深，在冻土物理力学特性、冻胀模型、冻胀试验等方面开展了大量工作、取得了丰硕的成果，但是在正冻土的冻结特性、热学特性、水平冻胀特性等方面仍存在不足，而寒区桩锚越冬基坑的受力与变形是冻结土体在一定荷载和刚度约束下的水平冻胀问题，涉及冻结土体与支护体系复杂的相互作用问题，在冻胀特性研究方面仍存在不足：

（1）土体冻结过程因水分迁移含水率动态变化，现有的冻结特征曲线模型或者不考虑含水率的影响、采用恒定的模型参数，适用于特定含水率条件；或者，模型是含水率的函数且采用常数模型参数，未冻水含量随含水率线性变化。另外，部分理论模型复杂，参数较多且难以确定，不利于应用。实际上，一定冻结温度下未冻水含量受限于结合水含量，未冻水含量也存在上限而不会随含水率增加持续增加。未冻水含量的评估关系到导热性、冰含量及冻胀量等冻胀特性的评估。因此，需要建立随含水率动态变化且能描述未冻水含量上限的冻结特征曲线模型。

（2）导热系数是冻土传热分析的关键参数。目前对导热系数的评估往往采用与冻土成分及含量相关的预测模型或复杂的理论模型，相关参数不易确定，不便于工程应用。因此，建立基于土体宏观物理参数的预测模型对工程应用具有重要意义。

（3）以往对冻胀试验研究多关注恒定荷载条件的竖向冻胀，对水平冻胀的研究更多基于现场试验的挡土墙冻胀问题，且主要关注水平冻胀力的极值与分布；而基坑与挡土墙在支护高度、力学约束（包括初始应力和约束刚度）、温度边界、水分场、土性等方面存在巨大差异，挡土墙冻胀相关成果对基坑冻胀问题不适用。实际基坑冻胀问题是在一定力学约束、开放条件下的多场耦合问题，是正冻土、未冻土、支护桩、锚索（内支撑）、腰梁等体系的综合响应。因此，需要开展水平冻胀试验研究结构约束条件下的土体冻胀特性。

（4）目前的冻胀分析主要针对竖向冻胀问题，对于水平冻胀研究较少。而且，分析更多基于水-热两场耦合，应力场对水分场与温度场的影响考虑不足；基于水-热-力三场耦合的冻胀理论复杂，参数之间耦合性强，不利于工程应用。因此，考虑多场耦合背景的冻胀评估简化分析方法对工程应用具有重要意义。

1.4 本书主要研究内容与技术路线

1.4.1 主要研究内容

为深入研究桩锚支护基坑土体冻胀特性，本书采用试验研究、理论分析和数值计算等手段，在获得冻土热学、力学、未冻水、渗透等物理力学特性与宏观物理参数关系基础上，研制可实现一定应力与温度场条件的水平冻胀试验系统，并开展开放条件下饱和与非饱和土体一定力学约束的水平冻结试验；建立多孔多相介质水-热-力耦合冻胀模型，并通过试验验证；最后，提出基于冻胀率模型与温度场分析的冻胀变形简化分析思路。主要研究内容如下：

（1）通过不同含水率与不同冻结温度条件下的冻土单轴压缩试验，采用邓肯-张本构模型确定不同物理参数下冻土初始弹性模量，分析含水率和冻结温度对冻土初始弹性模量的影响。

（2）研制高效热交换试验装置以提升土体热参数测试效率，采用瞬态平面热源法（HOTDISK法）试验研究土体冻结过程导热系数、比热容变化规律，探索导热系数与土体物理指标（含水率、干密度、温度）之间的内在联系，并考虑上述因素影响构建覆盖正负温度区间的导热系数一般预测模型。

（3）采用时域反射技术（Time-Domain Reflectometer，TDR）试验研究土体不同含水率、不同干密度条件下冻结过程冻结特征曲线变化规律，提出冻结特征界限含水率的概念，建立未冻水含量与冻结度的关系，确立随含水率变化的、覆盖正负温度区间的统一预测模型，克服以往模型随含水率持续增长的未冻水含量问题。

（4）针对桩锚支护基坑，分析土体与基坑支挡结构的相互作用，提出等效约束变形刚度计算模型，制作不同支护方案的等效变形刚度弹簧，研发可实现一定初始应力与温度场条件的水平冻胀试验系统，开展不同力学约束、不同冻结模式的开放条件下饱和与非饱和土水平冻胀试验，分析水平冻胀温度场、水分场、冻胀及冻胀力之间的变化规律，建立考虑应力与约束刚度影响的、源于多场耦合的冻胀率模型。

（5）基于能量、质量和动量守恒定律，从多孔介质理论与冻胀的宏观现象出发，采用水动力模型和孔隙率变化速率模型建立土体水-热-力耦合冻胀理论模型，将冻胀变形描述为受冻结温度、温度梯度、孔隙率及应力影响的土体孔隙率变化，研究孔隙率变化速率模型参数变化对分析结果影响规律，结合试验探讨不同工况下温度场、水分分布、冻胀变形及冻胀力等的变化规律，验证模型有效性。

（6）根据拉格朗日中值定理，提出基于多场耦合平均冻胀率的冻胀变形简化分析方法，并建立冻胀率与线膨胀系数之间的联系，通过温度场分析即可确定基坑温度场与冻胀变形，并在长春某基坑项目初步应用，提出了越冬基坑冻胀防控建议。

1.4.2　技术路线

本书从室内试验、模型试验、理论分析及工程应用四个方面开展工作：通过系列冻土物理力学与热学试验确定了冻胀理论模型参数；研制了一定应力场与温度场条件下的水平冻胀试验系统，并开展了不同冻结模式与不同力学约束条件下的水平冻胀试验，获得了与力学约束相关的冻胀率模型；基于水动力学模型与孔隙率变化速率模型建立了水-热-力多场耦合冻胀模型，并通过试验验证；采用多场耦合背景下的冻胀率模型，开展了基于温度场分析的基坑冻胀变形简化分析。技术路线如图 1.6 所示。

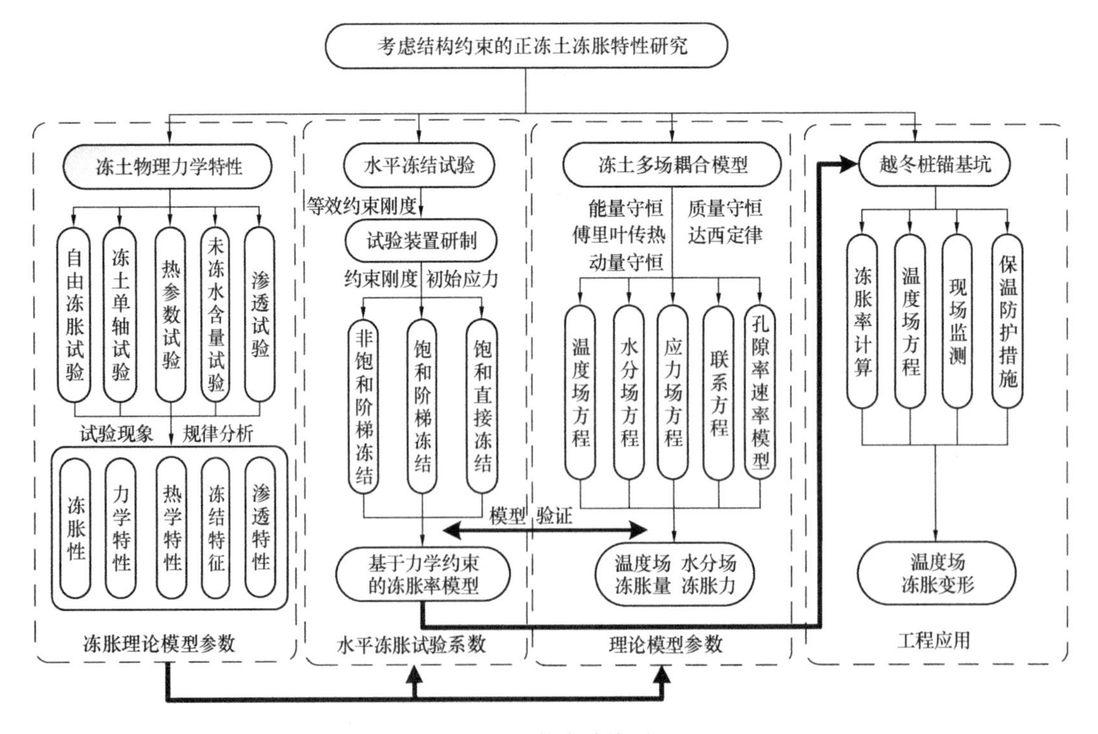

图 1.6　技术路线图

第2章　冻土本构模型参数试验研究

本章以粉质黏土为例，通过常规物理力学试验、冻土单轴压缩试验、热物性参数试验、未冻水含量试验、渗透试验、自由冻胀率试验等系列物理力学试验研究了冻土物理力学与热学特性。其中，通过冻土单轴压缩试验分析一定冻结温度条件下应力-应变关系，确定了冻土与温度、含水率相关的初始弹性模量；通过时域反射技术研究了不同物理状态下土体冻结过程中未冻水及冰含量变化规律，确定了随土体总含水率变化的冻结特征曲线；通过热物性参数试验确定了粉质黏土不同物理状态下土体导热系数预测模型及比热容；通过饱和土体渗透试验及非饱和土渗流理论确定了与孔隙率及未冻水含量相关的部分冻结土体渗透系数。

2.1　土体基本物理力学参数试验

土体的物理力学特性是岩土工程受力与变形分析中的关键指标。本书以粉质黏土为研究对象，通过原位取样测试，土体的天然干密度 ρ_d 在 1.45～1.65g/cm^3，天然含水率在 20%～35%。根据《土工试验方法标准》GB/T 50123—2019 相关规定，通过室内试验获得土体的基本物理力学指标，主要包括土体颗粒级配曲线、液限、塑限、颗粒相对密度 d_s、黏聚力 c、内摩擦角 φ、自由冻胀率 η_0 等，所需试验仪器主要包括试验筛、甲种密度计、液塑限联合测定仪、比重瓶、全自动应力-应变控制三轴仪、冷浴等，如图 2.1 所示。

土体颗粒级配曲线如图 2.2 所示，可见土体粉粒（0.005～0.075mm）和黏粒（<0.005mm）含量分别占 67%和 25%，0.075mm 以上含量较少，研究表明粉粒含量的多少是土体是否易冻胀的关键。三轴试验采用全自动三轴仪，如图 2.1(c) 所示，试样采用原状样，如图 2.3 所示，围压为 100～400kPa。结果如图 2.4 所示，在试验初期应力随应变增长较快，随应变增大应力增长速率逐渐降低；随围压的增大，土体的强度也明显增长。根据邓肯-张本构模型计算土体的初始弹性模量，如式（2.1）、式（2.2）所示。通过对应力-应变曲线进行线性化处理，如式（2.3）所示，并拟合数据可求得参数 a，从而确定初始弹性模量，如图 2.5 所示。可见，土体的初始弹性模量与围压近似呈线性关系，如式（2.4）所示。为便于应用，正温区统一取 5.4MPa。相关物理力学指标汇总如表 2.1 所示。

$$\sigma_1-\sigma_3=\frac{\varepsilon_1}{a+b\varepsilon_1} \tag{2.1}$$

$$E_0=\lim_{\varepsilon_1\to 0}\frac{\partial(\sigma_1-\sigma_3)}{\partial\varepsilon_1}=\frac{1}{a} \tag{2.2}$$

$$\frac{\varepsilon_1}{\sigma_1-\sigma_3}=a+b\varepsilon_1 \tag{2.3}$$

$$E_0=21.98\sigma_3+0.96 \qquad R^2=0.9881 \tag{2.4}$$

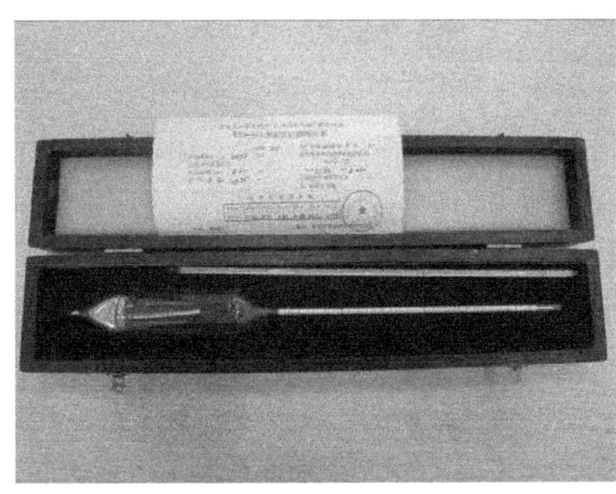

(a) 甲种密度计　　(b) 液塑限联合测定仪

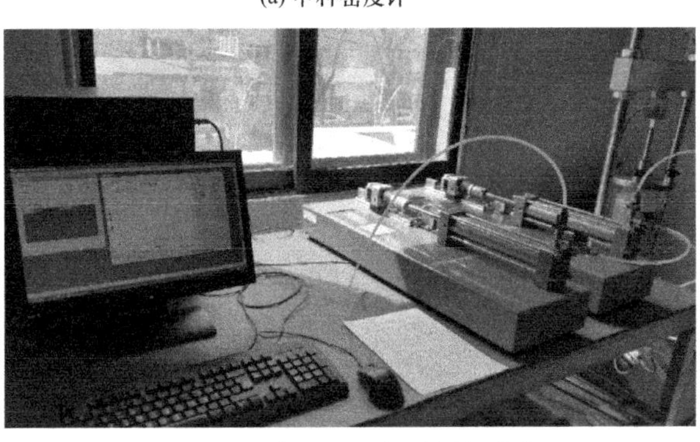

(c) 全自动应力-应变控制三轴仪

(d) 自由冻胀率试验

图 2.1　基本土工试验仪器

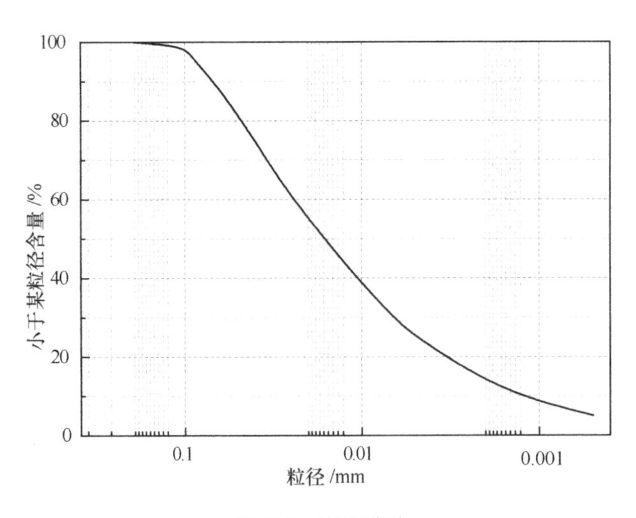

图 2.2　级配曲线

图 2.3　三轴试验试样

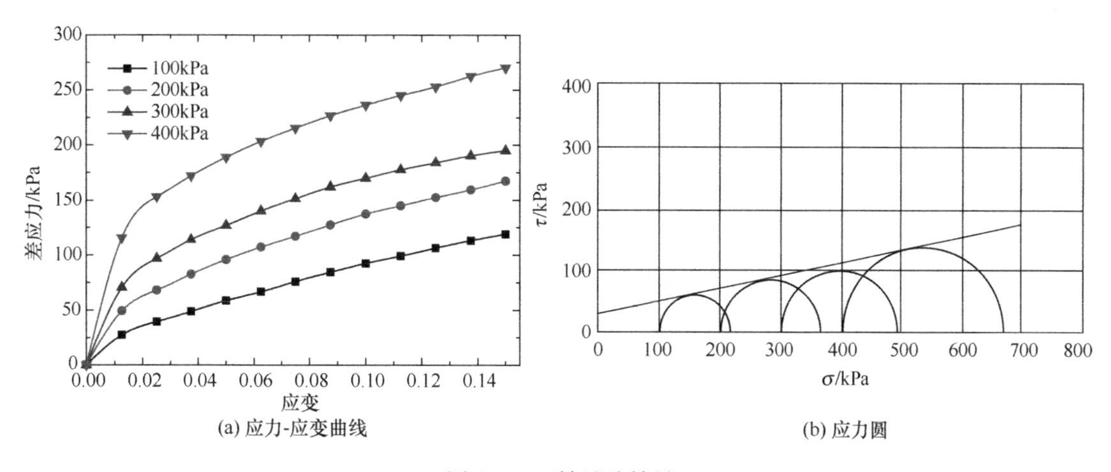

图 2.4　三轴试验结果

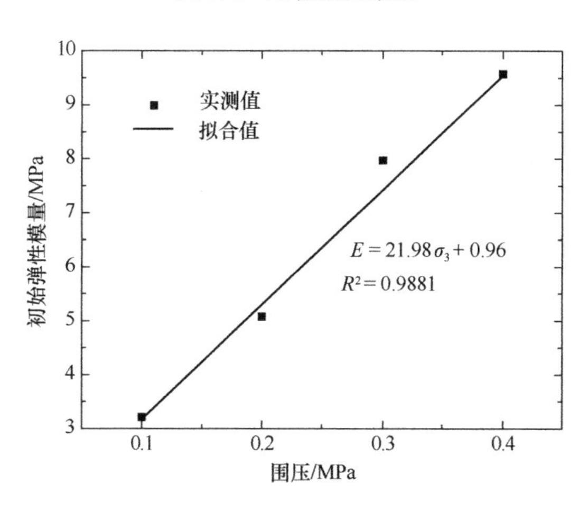

图 2.5　初始弹性模量

土体基本物理力学指标　　**表 2.1**

参数	取值
干密度 ρ_d /(g/cm^3)	1.6
相对密度 d_s	2.71
最大干密度 ρ_{dmax} /(g/cm^3)	1.78
液限 w_L /%	31.3
塑限 w_P /%	18.5
塑性指数 I_P	12.8
内摩擦角 φ /°	11.6
黏聚力 c /kPa	28
弹性模量/MPa	5.4
泊松比	0.3
自由冻胀率 η_0 /%	14.6
比表面积 S^* /(m^2/g)	38.7

注：比表面积 S^* 根据文献［202］与液限的经验关系确定。

2.2 冻土单轴压缩试验

2.2.1 试验概况

国内外学者通过冻土单轴、三轴试验[111,203-206]对冻土的力学参数开展了大量研究，获得了冻结土体黏聚力 c、内摩擦角 φ、弹性模量 E 及泊松比 μ 与冻结温度 T 的关系。本书通过冻土单轴压缩试验研究不同冻结温度、不同含水率（不饱和到饱和）条件下土体的力学特性，为后续数值分析奠定基础。

冻土单轴试验所用设备包括数控冰柜、高低温恒温箱、无侧限单轴抗压仪等，如图 2.6所示。土样取回经初步碾碎后利用烘箱在 110℃环境连续烘干 10h，以达到近似完全干燥状态，然后过 2mm 筛存放到密封袋中备用。按照目标含水率配置土样，然后放在密封袋里浸润 48h，制样时用水分快速测试仪再次检测含水率（以实测含水率为准）。本试验采用 ϕ39.1mm×80mm 的重塑样进行测试，干密度为 1.6g/cm^3，初始含水率为 15.8%、18%、20.8%、23.9%以及 25.4%（饱和），冻结温度取为－20℃、－15℃、－10℃、－5℃及－2℃。

(a) 高低温恒温箱

(b) 无侧限单轴抗压仪

图 2.6　冻土单轴压缩试验设备

制备完成的试样首先放入冰柜内预冻结 10h 以上，将冰柜温度设为试验温度。为监测试样温度，取 2 个平行试样安装热敏电阻放到同等条件冰柜内。试验前，将无侧限单轴抗压仪放置到高低温恒温箱内，关闭箱门，先通过升温祛除箱内水分以消除降温结霜现象，待设备高温运行 20～30min，将高低温恒温箱的温度设置为试验温度。将达到目标温度的试样取出、快速脱模并安装到试验台上，试样两端涂抹凡士林以降低端部效应；关闭箱门，再运行 20～30min，同时通过安装热敏电阻的平行试样监测温度。待试样温度达到测试温度后，开启试验并记录轴力和位移数据，直至试样破坏或轴力出现明显衰减。相关试验过程如图 2.7 所示。

(a) 制样过程

(b) 预冻结

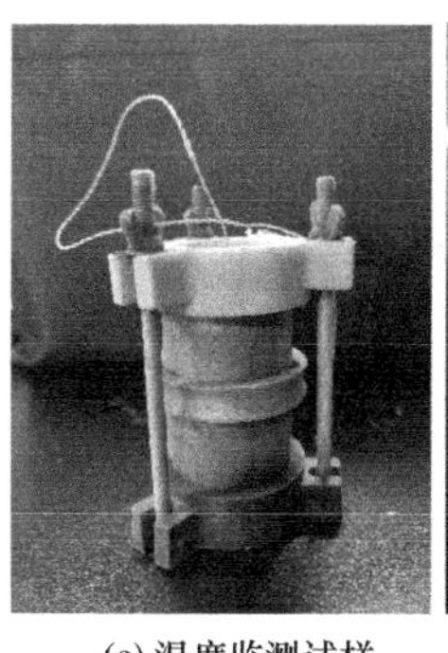

(c) 温度监测试样

(d) 单轴压缩试验

图 2.7　冻土单轴压缩试验过程

2.2.2 试验结果分析

图 2.8 是部分试样在不同含水率、不同冻结温度条件下的破坏形式。由图可见，较低含水率时，不论冻结温度高低，试样均为脆性剪切破坏，而对于较高的含水率（约以塑限含水率分界），尤其对于饱和含水率试样，即使在较低的冻结温度仍表现出较强塑性变形而没有明显破坏，呈典型塑性破坏特征。这一现象说明高含水率条件下更高占比的冰与土颗粒骨架之间的胶结作用更强，对冻结土体的力学性能有直接影响，增强了其塑性变形能力。

(a) 15.8%, −2℃

(b) 15.8%, −15℃

(c) 18%, −15℃

(d) 25.4%, −5℃

图 2.8　试样破坏样式

图 2.9 是粉质黏土在不同含水率、不同冻结温度下的应力-应变曲线。可见，冻土的应力-应变曲线呈现出典型的双曲线形式，大致分为近似弹性阶段、塑性阶段和应变软化阶段，随应变的增长应力迅速增加，但应力的增长速率逐渐降低直至增速为零然后负增长。在较低含水率和较高冻结温度时，更多表现出应变软化现象，而对于更高含水率和更低冻结温度，因土颗粒与冰的胶结作用，表现出一定的应变硬化现象。另外，随着冻结温度的降低和含水率的增加，总体上土的单轴抗压强度也随之增长，一方面随温度降低，冰的强度和模量不断提升，另一方面随含水率的增加，冻结后冰的胶结作用增强，土体的整体性提升。

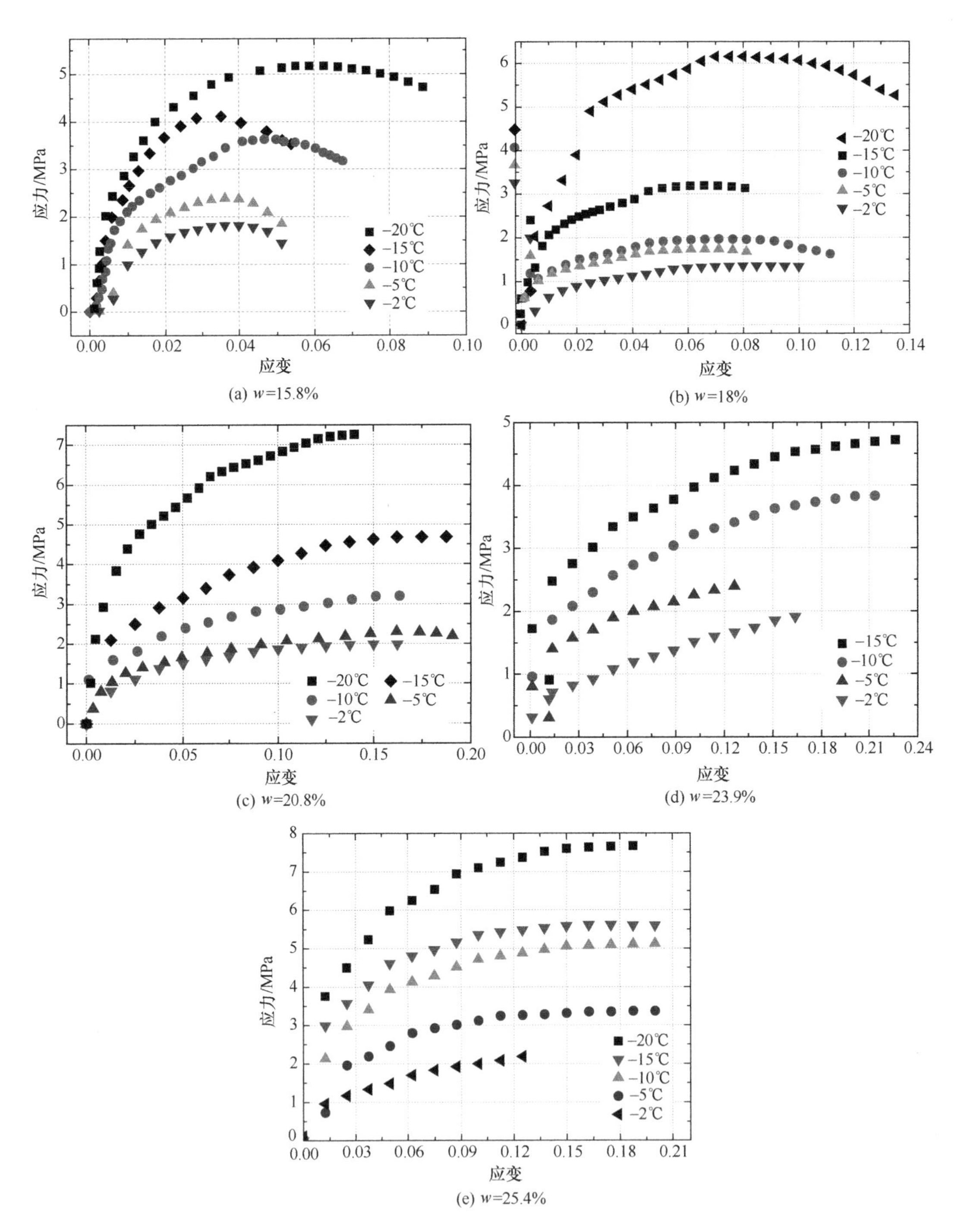

图 2.9　粉质黏土不同含水率下应力-应变曲线

本书采用了单轴压缩试验获得了冻土的力学特性，因未考虑围压的影响（理论上弹性模量相对偏低），因此取土体的初始弹性模量，并根据式（2.1）～式(2.3)计算。粉质黏土弹性模量随冻结温度和含水率的变化规律如图 2.10 所示。可见，随温度的降低，冻

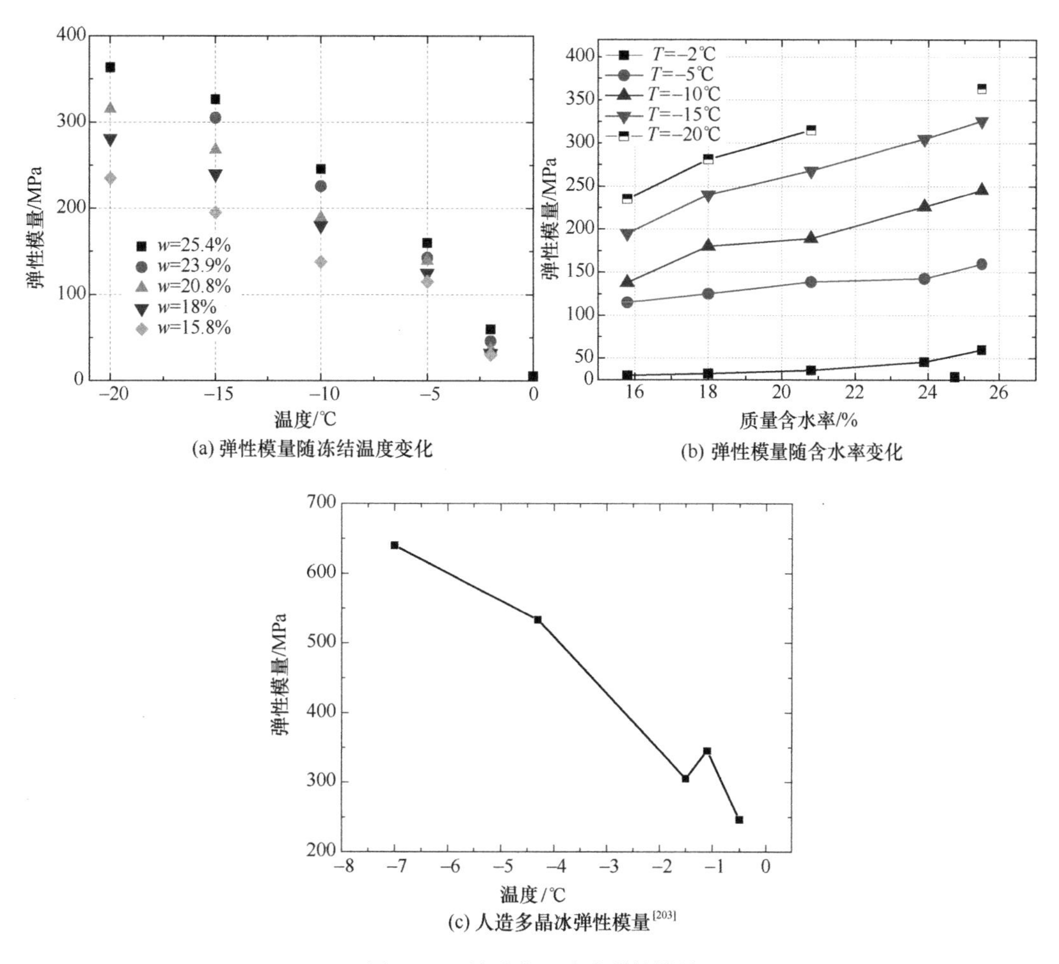

图 2.10　粉质黏土及冰弹性模量

土初始弹性模量逐渐增高，但是增长速率逐渐放缓，类似应力-应变曲线变化。而初始弹性模量随含水率的变化总体上呈近似线性变化，且更低温度状态（如－20℃、－15℃和－10℃）的线性变化斜率基本一致。冻结过程中，越来越多的液态水相变为冰，因冰含量与液态水含量呈现相反变化，在负温区间随温度降低呈类似双曲线变化规律（参见第 2.3 节），因此冻土的弹性模量随冻结温度降低也呈类似规律；而冰含量与含水率呈正相关，因此土体弹性模量与含水率也呈正相关，且近似呈线性关系。总体上，随温度的降低和含水率的增加，冻土的弹性模量越来越接近冰的弹性模量[203]，如图 2.10(c) 所示。图 2.9、图 2.10 中出现波动不平滑现象，分析为制样时试样存在一定不均匀性。

考虑到土体初始弹性模量随温度的非线性变化，以饱和土体（含水率 25.4%）的弹性模量为基准建立随温度变化的预测模型，如式 (2.5) 所示：

$$E(T)=E_0+(362.8-E_0)\Big/\left[1+\exp\left(\frac{T+7.11}{3.28}\right)\right] \tag{2.5}$$

式中，$E(T)$ 为含水率 25.4%的粉质黏土在某一冻结温度下的弹性模量 (MPa)；E_0 为未冻结状态弹性模量 (MPa)；$T(T<0)$ 为冻结温度 (℃)。

通过式（2.5）已获得了25.4%含水率在不同冻结温度条件下的初始弹性模量，仅对式（2.5）考虑含水率 w 影响进行修正即可。拟合−20℃、−15℃、−10℃冻结温度条件下弹性模量3条曲线结果如下：

$T=-20℃,\ E(w)=11.68w+65.51,\ R^2=0.9932$

$T=-15℃,\ E(w)=11.47w+31.73,\ R^2=0.9972$

$T=-10℃,\ E(w)=11.06w-38.23,\ R^2=0.9981$

可见，上述3个温度条件下弹性模量随含水率线性变化，只是各曲线截距不同。因此，假定一定冻结温度条件下初始弹性模量随含水率变化具有相同的斜率，且温度与含水率的影响相互独立，取上述3个温度下弹性模量随含水率变化的斜率平均值，同时为避免正温区间出现负模量计算值，采用分段函数的方法预测初始弹性模量，故此可得到式（2.6）：

$$E(T,w)=\begin{cases}E(T)+11.4w-290.7, & T<0\\ 5.4, & T\geqslant 0\end{cases} \tag{2.6}$$

图2.11给出了含水率25.4%和23.9%土体的初始弹性模量实测值与预测值。可见，随温度的降低，土体的弹性模量逐渐增加并收敛到某一值。另外，因为冻土的初始弹性模量及强度远远大于融土的，因此假定冻土处于弹性阶段。

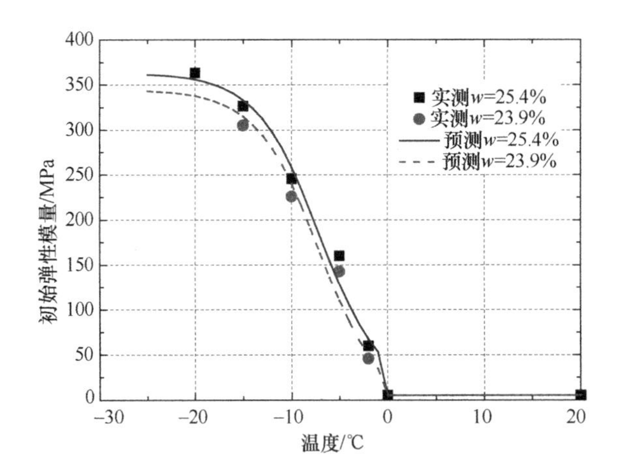

图2.11　初始弹性模量实测值与预测值对比

Li 等[94-95,207]对粉质黏土、黏土等多场耦合分析采用了如下形式的参数，并且取得了较好的效果。本书将结合相关试验采用如下参数：

泊松比 μ_T：

$$\mu_T=\begin{cases}0.3-0.007|T|, & T<0\\ 0.3, & T\geqslant 0\end{cases} \tag{2.7}$$

黏聚力 c_T：

$$c_T=\begin{cases}28+6|T|^{1.24}, & T<0\\ 28, & T\geqslant 0\end{cases} \tag{2.8}$$

内摩擦角 φ_T：

$$\varphi_T=\begin{cases}11.6+3.4\,|T|^{0.38}, & T<0\\ 11.6, & T\geqslant 0\end{cases} \tag{2.9}$$

2.3　土体冻结特征曲线试验

土体冻结特征曲线是土体冻结过程多场耦合分析的关键参数之一，关系到未冻水、冰含量、水分迁移、潜热、导热系数、温度场等物理量的计算，对土体热物性参数和力学特性具有重要影响，直接关系到冻胀预测可靠性。随着技术的进步，核磁共振法（NMR）、介电常数法、量热法、膨胀法、射线法及电阻率法等被用于测试冻土的未冻水含量，基于对试验结果的分析加深了认识，从而提出了各种经验、半经验以及理论模型。现有的模型往往采用常数参数，未冻水含量与冻结温度、总含水率的关系是恒定的。因此，现有模型不能很好适应冻土冻结过程中因水分迁移含水率不断变化的情形；另外，有些理论模型参数的确定需要开展非常规试验或需要进行复杂积分计算等原因而不利于工程应用。本书以粉质黏土为对象，通过温度时程曲线确定了冻结点与含水率及干密度的关系，并采用时域反射技术（TDR）试验研究了不同含水率和不同干密度状态下土体冻结特性，确立了满足正负温度区间且模型参数随含水率变化的统一模型，克服了以往模型随含水率的增加未冻水含量持续增加的问题，有助于提升冻土多场耦合分析可靠性。

2.3.1　试验概况

2.3.1.1　冻结点测试

土体的初始冻结温度（冻结点）是判定土体是否处于冻结状态的关键指标，也是判定冻结深度和人工冻结壁厚度和精度的依据[208]；另外，冻结温度也是土体冻结特征（未冻水含量、基质势）、冻土力学特性研究的重要参数[178]。在寒区工程建设和人工冻结技术中，根据埋设的温度传感器监测温度场从而判断场地的冻结进程和冻结空间分布，特别是在隧道冻结施工、矿井冻结开挖和污染废料处理等领域[209]，用于判断冻结是否到达预定目标厚度，动态调整冻结输出，这直接关系到工程建设的安全性。

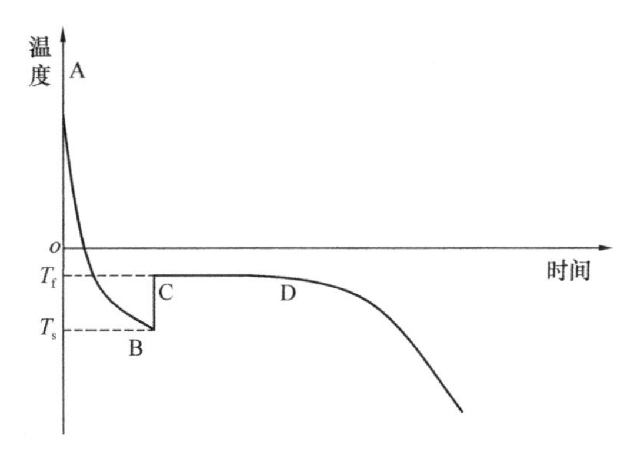

图 2.12　正冻土温度时程曲线

图 2.13　冻结点测试

在冻结过程中往往伴随着过冷现象，即在相变潜热作用下，土体温度达到过冷温度 T_s 后反而迅速回升并在一定时间内保持稳定，该稳定温度即为冻结点 T_f[208]，如图 2.12 所示。测试所用土体基本物理参数如表 2.1 所示。按照含水率 15%、18.5%、22%、25%分别配置土体并在密封袋中浸润 48h，采用 ϕ61.8mm×40mm 环刀分别按照干密度 1.4g/cm^3、1.5g/cm^3、1.6g/cm^3 制样，如图 2.13 所示，将测量精度 0.01℃热敏电阻置于试样中心，饱和试样采用某个初始含水率制样后进行抽真空饱和，3 个干密度的饱和样含水率分别为 34.4%、29.6%和 25.4%；在室温时放入控温设备进行自然冻结，冻结温度设为－20℃，研究表明环境温度和冻结速率对起始冻结温度影响可忽略[210]，因此本研究未考虑这两个因素的影响；采集仪采用安捷伦数据采集仪，数据采集间隔为 3s。通过采集试样冻结过程中的温度时程曲线，根据图 2.12 中 CD 段所对应的温度作为土体冻结点。

2.3.1.2 未冻水含量测试

本书采用时域反射技术测试粉质黏土冻结过程未冻水含量变化，所用设备包括集合了温度测试功能的 5 探针 TDR 土壤水分传感器（4 个 TDR 水分探针和 1 个温度探针）、安捷伦数据采集仪（34970A）、15V 恒压电源和数控冰柜。TDR 的 3 根水分探针呈等边三角形分布在直径 30mm 圆上，第 4 根在圆心处，温度探针在 2 根水分探针之间的圆弧上，如图 2.14(a) 所示。水分探针尺寸为 ϕ4mm×65mm，温度探针尺寸为 ϕ6mm×30mm，探针根部和相关电路元器件封装在上部环氧树脂筒内。95%以上的信号响应在围绕中央探针的 ϕ30mm×60mm 圆柱体内，体积含水率和温度测量精度分别为±2%（m^3/m^3）和±0.2℃。

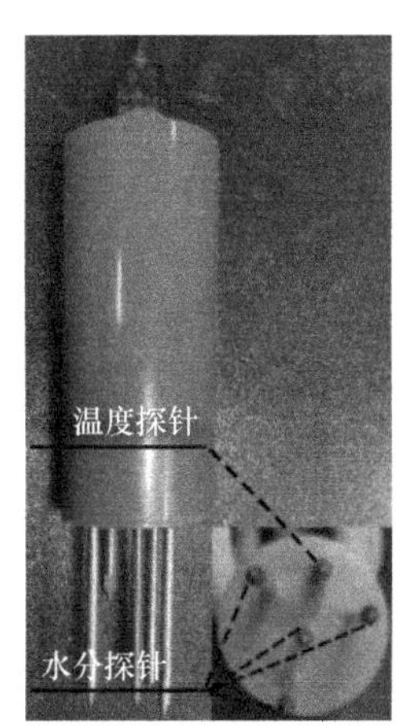

(a) TDR传感器

(b) TDR传感器与试样

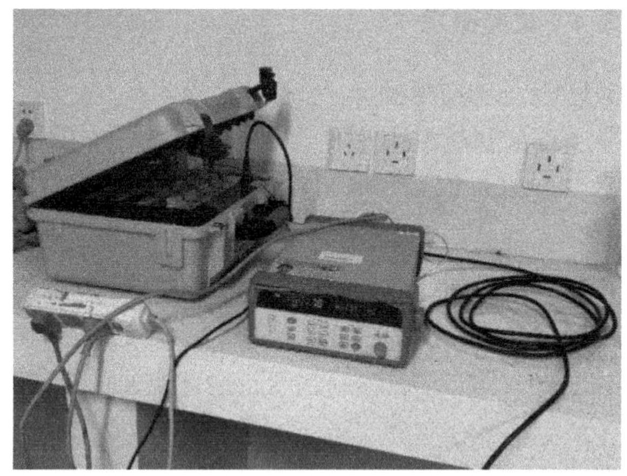
(c) 安捷伦采集仪与恒压电源

图 2.14 未冻水含量试验

本书采用 ϕ61.8mm×125mm 尺寸的试样，测试空间满足精度要求，如图 2.15 所示。关于 TDR 传感器的工作原理及其在未冻水含量测试中的应用，已有学者们进行了详细研究[146-158]，在此处不再赘述。土体在 110℃环境中烘干 10h 后碾碎并过 2mm 筛，以（ρ_d=1.4g/cm^3、1.5g/cm^3、1.6g/cm^3）三种干密度制备重塑试样，并分别配置 5%、10%、12%、15%、18.5%、22%、25.4%（干密度 1.6g/cm^3 时达到饱和）及 34.4%（干密度 1.4g/cm^3 时达到饱和）等不同的质量含水率，制备完成后放置在保湿缸中待用。

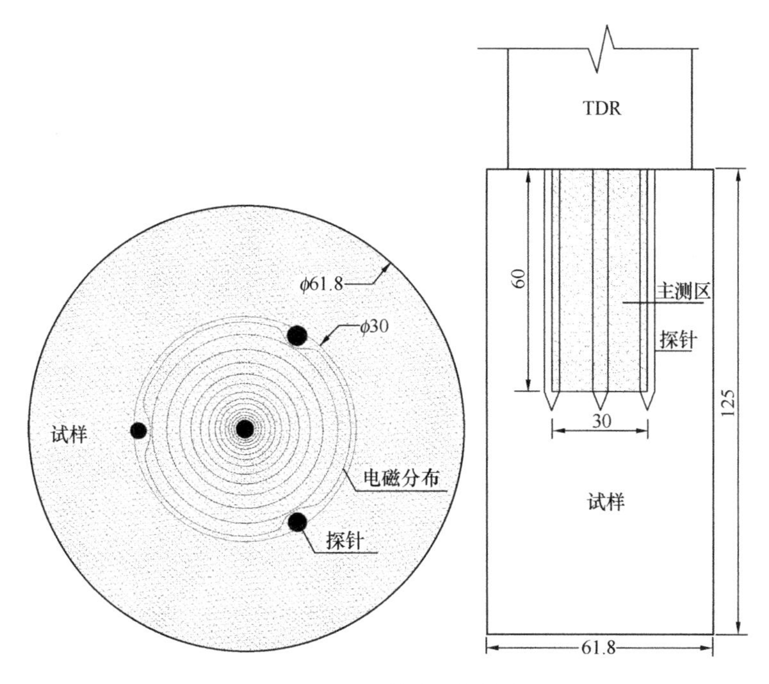

图 2.15　TDR传感器信号分布

试验时，将TDR插入试样中［图2.14(b)］并放入数控冰柜中进行自然降温、冻结。测试温度为0～－20℃。部分文献[174,177]中关于未冻水含量的模型引入了残余含水率的概念，并认为当温度低于－10℃后其仅能产生相当小的改变。为探索本土体残余含水率，部分试样测试温度约－30℃，采集间隔30s。当试样温度降至最低后，将其取出至室温自然融化。利用采集设备记录下整个冻结和融化过程中的未冻水含量和温度数据，本书主要研究冻结过程，融化过程不再深入讨论。由于设备通信和供电故障，部分试样的数据采集出现中断，但曲线整体变化趋势保持一致。根据制造商标定曲线，体积未冻水含量 θ_u (m^3/m^3)、温度 T（℃）与TDR输出电流信号 I (mA) 的换算关系为：

$$\theta_u=\begin{cases}0.0337\times(0.1563\times I-0.625)^3-0.0426\times(0.1563\times I-0.625)^2 \\ \quad +0.2008\times(0.1563\times I-0.625)-0.0041 & \theta_u\leqslant 50\% \\ 17.3611\times I-247.2222 & 50\%<\theta_u\leqslant 100\%\end{cases} \tag{2.10}$$

$$T=7.5\times I-70 \qquad -40℃\leqslant T\leqslant 80℃ \tag{2.11}$$

为验证TDR主测试区域温度均衡性，取15%含水率、干密度为 $1.6g/cm^3$ 的试样进行温度均衡性验证，见图2.16。在中心水分探针（1号）及三个周边水分探针位置各布置一个热敏电阻（直径3cm的圆弧上，2号、3号和4号，4号热敏电阻损坏），测试试样在冻结过程中各点的温度，以保证测试结果的准确性。热敏电阻埋置深度约3～4cm，位于TDR主测试区域的中部，将试样放置到与未冻水含量测试相同的环境中进行自然冻结。

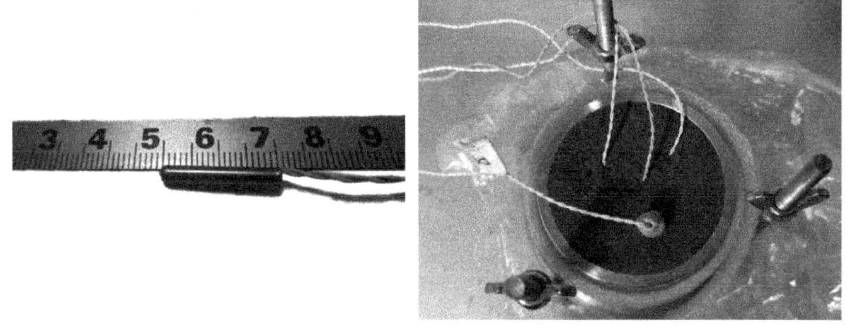

(a) 2.2K热敏电阻　　(b) 测试试样

图 2.16　温度均衡性测试

2.3.2　试验结果与分析

2.3.2.1　冻结点试验结果与分析

冻结点测试结果如图 2.17 所示。初始含水率和干密度均影响土体的冻结点：冻结点随含水率近似呈双曲线增长，随干密度增加近似呈线性降低。自由水含量随着含水率的增加而增加，因此，土体的冻结点会逐步趋近于自由水的冻结点。然而，当含水率增长到某种程度时，冻结点也越来越接近于纯水冻结点。根据冻结点 T_0 的这种非线性变化规律，采用指数函数来描述：

$$T_0 = p + q \times e^{-s \times w_{total}} \tag{2.12}$$

式中，p、q、s 为待拟合参数，w_{total} 为质量含水率，对图 2.17(a) 3 种干密度条件下冻结点随初始含水率变化的曲线分布进行拟合，可得：

$$T_{0,1.4} = -0.4518 - 2.5460 \times e^{-0.1944 \times w_{total}} \tag{2.13}$$

$$T_{0,1.5} = -0.4557 - 2.5584 \times e^{-0.1684 \times w_{total}} \tag{2.14}$$

$$T_{0,1.6} = -0.4583 - 2.5095 \times e^{-0.1458 \times w_{total}} \tag{2.15}$$

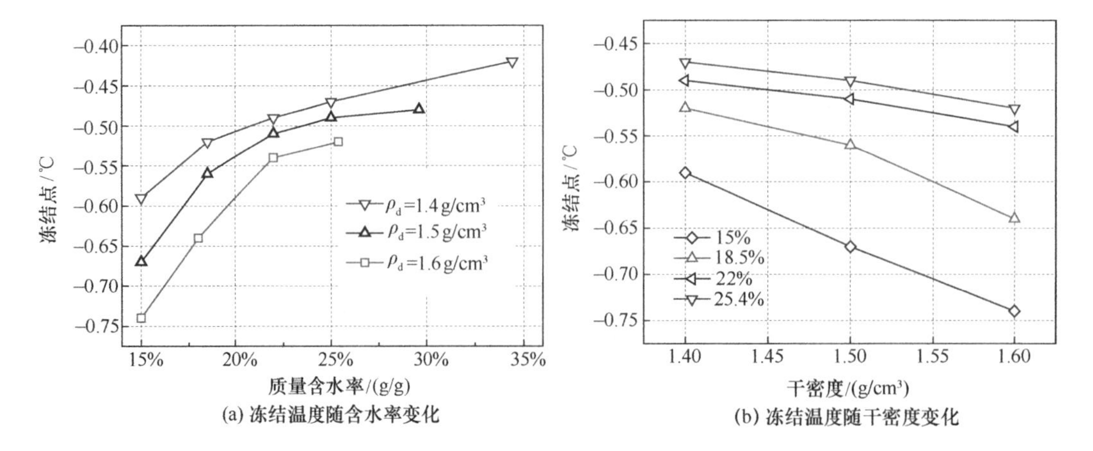

(a) 冻结温度随含水率变化　　(b) 冻结温度随干密度变化

图 2.17　冻结点测试结果

在这些拟合结果中，参数 p、q 的波动仅为 0.77%和 1.12%，因此可以将参数 p、q 视为常数并取其平均值，即：$\bar{p}=-0.4553$，$\bar{q}=-2.5380$。参数 s 随干密度近似呈线性变化，如图 2.18 所示，即：

$$s=-0.243\rho_d+0.534 \tag{2.16}$$

因此，冻结温度 T_0 可以表示为：

$$T_0=-0.4553-2.5380\times e^{(0.243\rho_d-0.534)w_{total}} \tag{2.17}$$

图 2.19 对比了公式拟合曲线与实测值，据此计算拟合公式的纳什效率系数（NSE）为 0.97，公式拟合的效果良好。

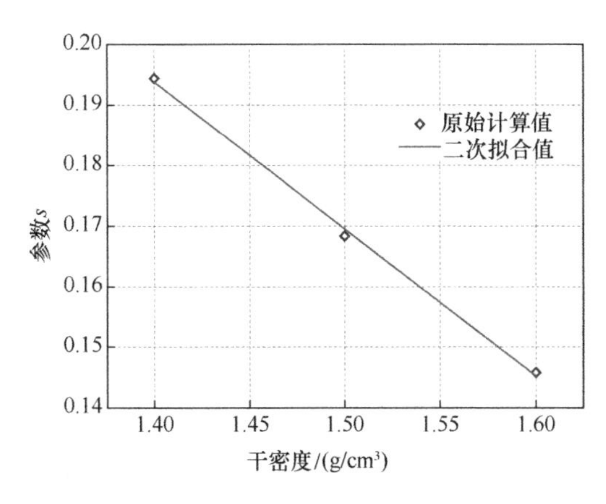

图 2.18　参数 s 随干密度变化

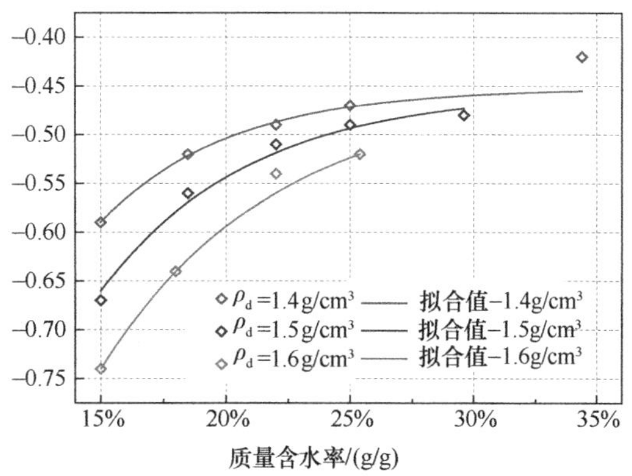

图 2.19　试验值与拟合值的对比

2.3.2.2　未冻水含量试验结果与分析

1. 未冻水含量试验结果

温度均衡性试验结果如图 2.20 所示。测试过程因采集仪与电脑通信中断，最低温度仅采集到－25.1℃。随试样温度降低，试样中心位置和主测试区域边界位置的温度均随冻结不断降低，在冻结初期（约 180～200min）试样出现一段相对恒定的温度段，这个相对恒定阶段一般称之为冻结点。在正温阶段，三个测点的温度基本是均一的；当试样温度从－1℃降低到－25℃，1 号与 2 号测点最大温差从约 0.3℃增长到约 0.7℃，1 号与 3 号测点温差从 0.1℃增长到约 0.34℃。而未冻水在初始冻结阶段（约 0～－5℃）变化速率较大，较小的温差将导致较大的未冻水含量变化；而在冻结后期未冻水含量相对温度变化不再如初期那般敏感。从测试结果看，主测区域的温差在初始阶段差别较小，不会引起较大的测试误差，而在更低温度虽然温差变大，但是未冻水含量变化不再敏感，大温差正好避开未冻水温度敏感区间。因此，认为试样在冻结过程中满足均一性条件。

为便于后续分析，假定以下条件：（1）冻结过程测试每个试样约 8～10h，忽略试样冻结过程中水分重分布；（2）假定试样主测试区域温度均匀，忽略探针之间的温度梯度；（3）忽略水分蒸发、升华等因素影响，假定测试过程中总含水率不变；（4）不同的最低冻结温度造成了冻结速率的差异，会一定程度上影响未冻水含量[209]，本书不考虑冻结速率对未冻水含量的影响；（5）本研究未考虑不同初始含水率土体不同冻胀力对未冻水含量和冻结点的影响。

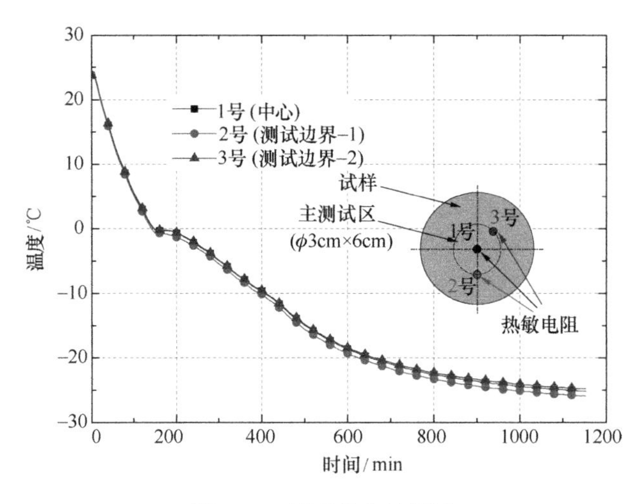

图 2.20　温度均衡性测试

图 2.21 为土体不同物理状态下实测冻结特征曲线。可见，土体的未冻水含量在正温区间几乎为常数并取决于初始含水率。随着温度的降低，在重力水冻结点附近（约 0℃）未冻水含量急剧降低，与 Anderson、Xu、Michalowski 等[150-151,174,177]测试结果一致；急剧降低阶段主要是 0～−5℃，对应着剧烈相变区，重力水和少量毛细水在这个区间快速冻结相变为冰，这也是土体导热系数在此区间快速升高的原因[148]。而随着温度继续下降（−5℃以下），未冻水含量变化速率逐渐放缓，近似呈线性下降，此时从剧烈相变阶段的重力水冻结逐渐进入到毛细水和结合水的冻结阶段[160]，对应着从大孔隙向小孔隙冻结的顺序[176]。

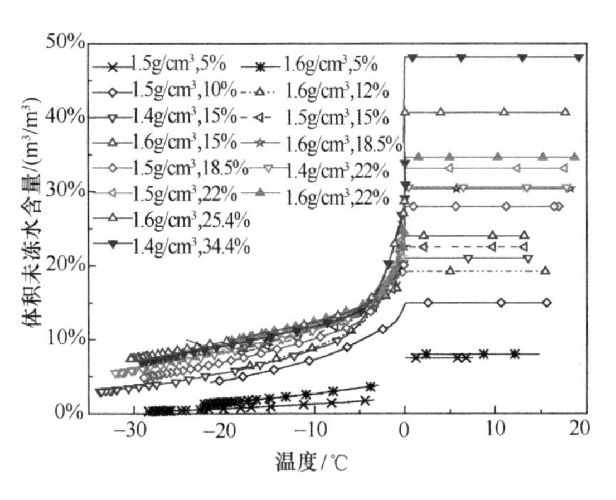

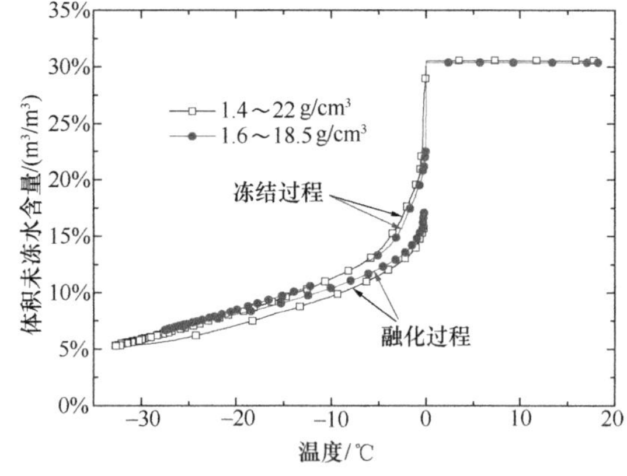

图 2.21　实测体积未冻水含量　　　　图 2.22　冻融过程中的滞后现象

图 2.22 反映了土体冻融过程冻结特征曲线的滞后现象，即在相同的冻结温度下，融化过程中的未冻水含量明显低于冻结过程，这导致了冻土和融土力学性质的不同。学者们提出亚稳态成核、电解质效应、毛细管效应和孔隙堵塞效应等理论解释冻融循环期间的滞后现象，但滞后现象的机制仍需要进一步研究[176]。本书重点关注土体冻结过程，对滞后现象此处不作进一步探讨。Mu 等[179]提出结合水的质量含水率可以达到 7%（对应于体积含量 10%～12%），当含水率进一步提高时，则呈现与毛细水共存的形态，这可以作为划

分冻结过程的依据。根据现有研究成果，冻结过程未冻水含量的变化可以分为四个阶段：未冻阶段、速降阶段、缓降阶段和残余阶段（不可冻结阶段），各阶段的含水率边界与土的组分含量有关。基于之前的研究，在某个参考温度以下存在未冻水含量不受冻结温度影响或影响很小的阶段，此时的未冻水一般称之为残余未冻水或不可冻结水[174,177]，很多预测模型也是基于此概念。限于试验温度和所采用的土体性质，本节明显观测到前三个阶段，而残余阶段不显著，当温度达到－30℃时，未冻水含量仍有继续下降的趋势。事实上，此时未冻水含量的变化率仅为0.1%（m^3/m^3）/℃，某种程度上可视为进入残余阶段，并把某个更低的温度作为其残余阶段的参考温度。

图2.23给出了不同冻结温度下未冻水含量θ_u随总质量含水率w_{total}变化的趋势。明显可见，在5%～15%含水率区间，体积未冻水含量随含水率近似线性增长，在15%～18.5%区间未冻水含量的增速放缓，并逐渐逼近未冻水含量的上限，而且每一个冻结温度均对应一个体积未冻水含量上限；而在22%～34.4%区间的未冻水含量θ_u，几乎不再随含水率的增长而明显增长。

对于此研究对象，基于上述试验现象呈现的未冻水随含水率变化规律，认为存在一个含水率w_{cr}，当含水率低于此含水率时，未冻水含量随含水率的增加而增加；而当总含水率w_{total}高于此含水率w_{cr}时，未冻水含量几乎不再受含水率的影响；此处定义这个含水率为未冻水含量上限的界限含水率，当高于此含水率时，未冻水不再依赖含水率变化，仅随温度变化。对于本研究对象，认为界限含水率w_{cr}在18.5%左右，也就是土体的塑限附近，而15%～18.5%含水率范围可称为过渡含水率区间。试验中，当$w_{total} > w_{cr}$时，θ_u仍存在一定的波动，这主要由测量误差造成，但波动小于0.01m^3/m^3，因此忽略不计。而对于其他土质，冻结过程未冻水含量与含水率关系是否符合这一规律，仍需进一步研究。

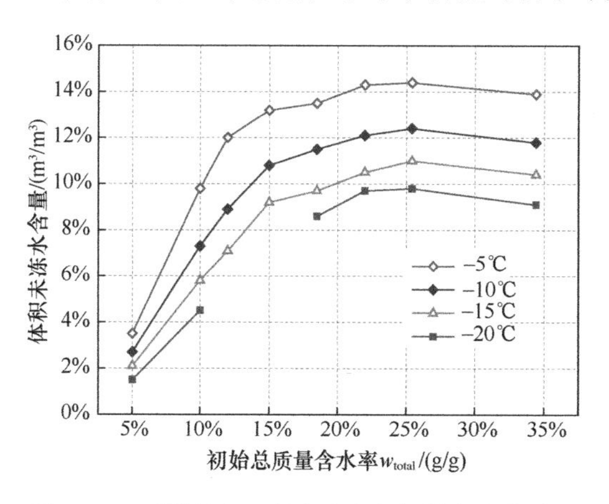

图2.23　不同温度工况未冻水与初始含水率关系

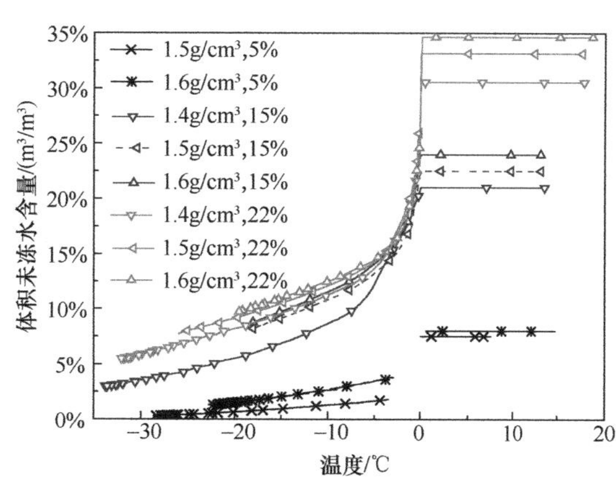

图2.24　密度对未冻水含量影响

图2.24是5%、15%和22%三种质量含水率不同干密度时试样的冻结曲线。相同质量含水率时，干密度大的体积含水率也大，对应的体积未冻水含量更高，即未冻水含量与干密度之间呈正相关关系；在较低总含水率时，干密度对未冻水含量影响相对更明显；随着含水率增长，尤其在界限含水率以上，干密度对未冻水含量的影响不再显著，说明在界限含水率以上时，干密度不是影响未冻水含量的关键因素。按照Gibbs-Thomson方程，

土体孔隙的冻结是从大孔隙、中孔隙到小孔和微孔，对应的是重力水、毛细水和结合水的冻结顺序。对于较低的含水率，未冻水含量变化几乎均以小孔和微孔中结合水的冻结为主，几乎不涉及重力水和毛细水的冻结。因此，较低含水率时不涉及不同孔隙的递进冻结从而呈现类似线性变化现象。

根据总含水率的质量守恒，可以根据未冻水含量计算含冰量。体积含冰量 θ_i、质量含冰量 w_i 与体积未冻水含量 θ_i 之间关系为：

$$\theta_i = \frac{(\theta_{total} - \theta_u)\rho_w}{\rho_i} \tag{2.18}$$

$$w_i = \frac{(\theta_{total} - \theta_u)\rho_w}{\rho_d} \tag{2.19}$$

式中，θ_{total} 为总体积含水率（m^3/m^3）；θ_u 为体积未冻水含量（m^3/m^3），ρ_w（$1.0g/cm^3$）和 ρ_i（$0.92g/cm^3$）分别为水和冰的密度。据此，部分工况冻结过程体积含冰量如图 2.25 所示。冰含量的增长呈现出与未冻水相反的变化特征，在 0 ～ −5℃的剧烈相变区，冰含量从零快速增长，尤其对于高含水率工况。大孔隙中的重力水冰点几乎未受土体孔隙结构和物理化学作用的影响而降低，在冻结初期即发生相变；随冻结深入，冰含量增长逐渐放缓，涉及毛细水和结合水的梯次冻结。当 $w_{total} > w_{cr}$ 时，体积未冻水含量几乎不再受总含水率的影响，然而由式（2.18）和图 2.25 可见，冰含量将呈现出较大差异，也就导致冻胀变形的差异性，这也是以往水热耦合冻胀模型中未冻水含量作为联系方程的角色所在[81]。

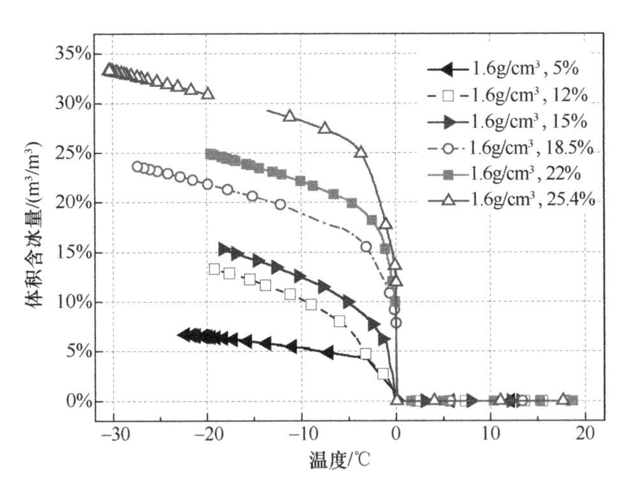

图 2.25　体积含冰量变化曲线

2. 冻结特征曲线模型建立

冻结特征曲线在正负温区变化呈现出类似 S 形曲线。以往的冻结特征曲线模型往往采用分段函数考虑正负温度的影响，而主函数以幂函数和指数函数为主，在分段点处需要平滑函数处理以避免计算收敛问题。然而，考虑正负温度区间、没有分段点的平滑统一模型仍是重要思路。另外，现有模型参数多数是常数，不能随含水率变化，对于依赖初始含水率的模型，就不可避免存在含水率变化时未冻水含量随之持续变化的问题，这与本书实测结果不符。

Wang 等[178]在 Liu 和 Yu[172]的成果基础上，提出了一种基于土体微观结构的冻结特征曲线模型。根据该模型，未冻水包括未冻结孔隙和冻结孔隙中的液态水，冻结孔隙中的未冻结水含量需要通过复杂的积分进行计算，它与水膜厚度和球形孔隙的表面积相关，而未冻结孔隙中未冻结水的含量则基于孔径分布函数计算。因此，总的未冻水含量是两者之和，相关计算复杂、计算量大。未冻孔隙中的未冻水含量如式（2.20）所示，这个模型是覆盖正负温度区间的一条光滑曲线，模型在整个定义域上是连续可导的，这对冻胀多场耦合求解至关重要。

$$\theta_u = \theta_{total}\left\{\frac{1}{\ln\left[e+\left(\frac{e^{-T+T_0}}{a}\right)^n\right]}\right\}^m \tag{2.20}$$

式中，参数 a、m、n 是土体孔径分布函数中的参数，分别与大孔（>50nm）、小孔（<2nm）和中孔（2～50nm）的占比有关。理论上，一旦土体确定，参数 a、m、n 和孔径分布函数就确定了，意味着冻结特征曲线也是一条确定的曲线。Wang 等模型给出了基于 3 个参数的孔径分布函数，然而实际测量土体的孔径分布和体积占比存在诸多困难。因此，这 3 个参数无法快速、方便地确定，导致该模型给多场耦合分析及工程应用带来不便。

忽略 3 个参数背后的孔径分布问题，而利用特定含水率条件下的未冻水含量宏观表现对其进行拟合，可以得到一系列不同含水率条件下的冻结特征曲线，然而当土体在冻结过程中总含水率时刻发生变化时，按照此模型未冻水含量会随总含水率持续增长，按照本书试验认识，这样的固定参数模型显然是不合理的（对于本节的未冻水含量测试，处于封闭场中的试样无外界水源补给，总含水率即为初始含水率；而对于实际处于开放系统中的土体，冻结过程中有外界水源补给，总含水率会随温度梯度引起基质吸力梯度产生的水分迁移而变化，在迁移过程中，总含水率和相变曲线是连续变化的），然而当总含水率到达一定程度时，未冻水含量并未明显增加。

式（2.21）定义了相对饱和度 S_L，部分结果如图 2.26 所示，相对饱和度即某个温度下未冻水含量与总含水率的比值。在正温区，S_L 恒为 1，且随着冻结温度的降低不断衰

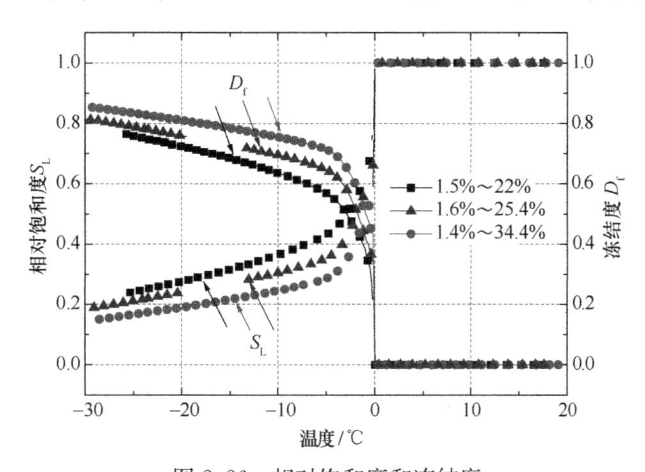

图 2.26　相对饱和度和冻结度

减。不难看出，当3个参数为定值时，相对饱和度 S_L 也为定值，则相同温度下具有不同总含水率的试样仍然具有相同的 S_L。此外，随着总含水率的增加，未冻水含量也随之增加，特别是对于过饱和试样，这与试验结果不符。因为当 $w_{total} > w_{cr}$ 时，负温下的未冻水含量受总含水率的影响很小。

$$S_L = \frac{\theta_u}{\theta_{total}} = \frac{w_u}{w_{total}} = \left\{ \frac{1}{\ln\left[e + \left(\frac{e^{-T+T_0}}{a} \right)^n \right]} \right\}^m \tag{2.21}$$

式（2.22）定义了土体的冻结度 D_f，可见未冻水含量与相对饱和度间接反映了土体的冻结程度和土体的冻结状态（未冻结、部分冻结、完全冻结），即未冻结时 $D_f = 0$，完全冻结时 $D_f = 1$，部分冻结时 $0 < D_f < 1$。

$$D_f = \frac{\theta_{total} - \theta_u}{\theta_{total}} = \frac{w_{total} - w_u}{w_{total}} = 1 - S_L \tag{2.22}$$

图2.26给出了3个试样的相对饱和度 S_L 和冻结度 D_f 曲线，其中冻结度与图2.25中的含冰量变化规律相似，两者在冻结初期（剧烈相变区）增长迅速随后减慢。自然冻结状态下，由于不可冻结水的存在（残余未冻水），理论上 D_f 无法达到1，因此冻结度还可以考虑残余未冻水的影响写为式（2.23）的形式，这样冻结度就可以达到1。从图2.26还可以发现，总含水率越高，相同温度下的 D_f 也越高，这归结于其更高的重力水含量。这是描述冻结过程的另一种方式，对于人工冻结技术应用十分重要。总的来说，总含水率越高，相对饱和度 S_L 越低，冻结度 D_f 越高，显示出水分迁移过程中的差异性。

$$D_f' = \frac{(\theta_{total} - \theta_{res}) - (\theta_u - \theta_{res})}{\theta_{total} - \theta_{res}} = \frac{\theta_{total} - \theta_u}{\theta_{total} - \theta_{res}} \tag{2.23}$$

研究试验数据曲线发现，对于某个试样冻结特征曲线，温度每变化1℃，记录的数据总量差异是很大的；对于不同试样，受到总含水率、干密度、最低冻结温度（影响了导热系数和冻结速率）的影响，相同温度区间内的记录数据总量差异也很明显。为了消除拟合过程中数据总量不同导致权重不均衡，采用Python编程对试验数据进行分组（例如每0.1℃），然后在每组中抽取等量的数据，确保相同温度变化下的数据权重是相同的（程序详见附录）。

研究发现，当 $w_{total} > w_{cr}$ 时，干密度对负温下的冻结特征曲线并不明显，即对于相同的总含水率和不同的干密度，可以将该组试验曲线进行联合拟合。按照式（2.20）对质量含水率大于15%的试验数据进行拟合，得到拟合参数 a、m、n 的结果如表2.2所示。

模型参数拟合结果 **表2.2**

w_{total} /(g/g)	a	m	n	R^2
15%	0.881	0.395	0.856	0.981
18.5%	0.668	0.347	2.203	0.992
22%	0.804	0.311	3.047	0.994
25.4%	0.825	0.301	6.064	0.997
34.4%	0.937	0.299	12.564	0.998

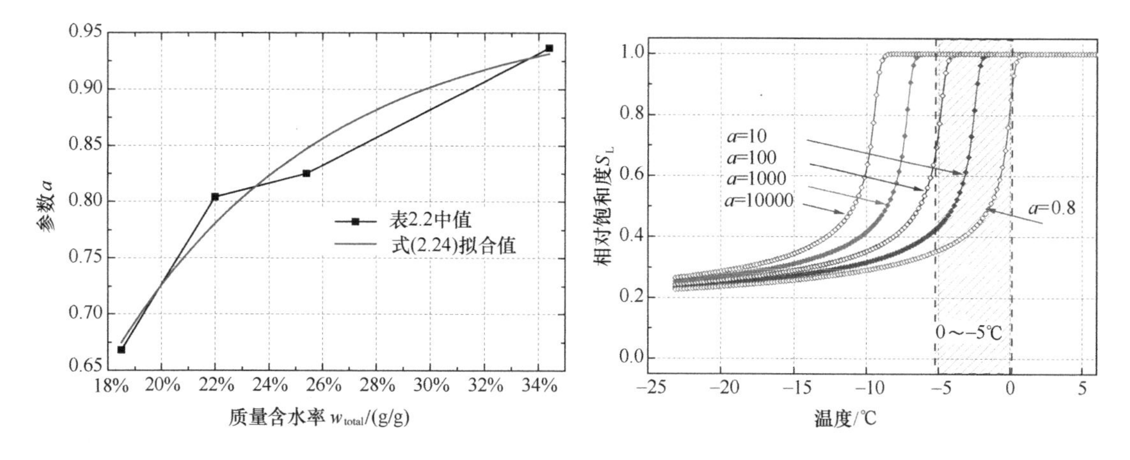

图 2.27　参数 a 与 w_{total}　　图 2.28　不同 a 值下的模型曲线（m=0.3，n=6）

从表 2.2 可见，3 个参数随含水率的增加呈现出一致的规律，即随着总含水率 w_{total} 的增加，3 个参数是单调变化的，而且拟合效果越来越好，R^2 均达到 0.98 以上，说明当 $w_{total}>15\%$时，采用该模型评估冻结特征曲线的精度较高。图 2.27 给出了参数 a 与 w_{total} 的关系，并采用式（2.24）进行拟合，$R^2=0.908$，说明拟合效果较好。将拟合曲线也绘制在图 2.27 中。

$$a=0.971-3.067e^{-0.126w_{total}},\ R^2=0.908 \tag{2.24}$$

图 2.28 给出了当 $m=0.3$、$n=6$，而 a 从 0.8 增大到 10000 时的曲线变化趋势。随着 a 的增大，曲线整体向左平移，形态保持不变，即 a 的增大对应于冻结温度的下降。参数 a 越大，曲线往负温区移动幅度越大，等效于更低的冻结点。当 a 从 0.8 增加到 10 进而增加到 100 时，曲线每次平均向左平移了约 2.5℃。当含水率从 18.5%增加到 34.4%时，a 的数值仅增加了 0.27，因此曲线的平移是不明显的。当 a 从 0.668 增加到 0.937，θ_u 的计算结果小于1%（m^3/m^3），即后续的分析中不再考虑冻结温度 T_0 的影响，并认为 $T_0=$ 0℃，曲线的水平位置统一由参数 a 控制。

图 2.29 给出了参数 m 与 w_{total} 的关系。随着总含水率的增大，m 不断减小并趋于稳定值，并采用式（2.25）描述两者之间关系，$R^2=0.976$，说明拟合效果较好。图 2.30 给出了 $a=0.8$、$n=6$，m 从 0.3 增大到 1.1 时的曲线变化趋势。参数 m 控制着冻土的最低相对饱和度 S_L，也就是冻结度 D_f 上限。换言之，m 与土体的残余未冻水含量有关，m 越大，负温区的曲线越低，对应于残余未冻水含量越小。从表 2.2 和图 2.29 可见，随着总含水率的不断增大，m 趋于定值，说明当 $w_{total}>w_{cr}$ 时，不同的土体存在相同的相对饱和度 S_L。

$$m=0.294+2.858e^{-0.222w_{total}},R^2=0.976 \tag{2.25}$$

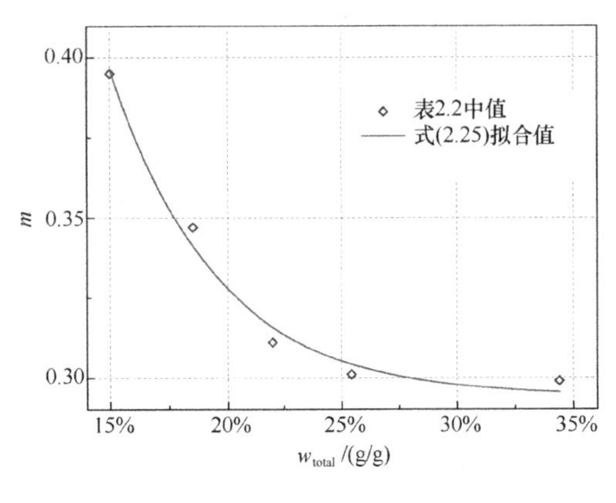

图 2.29 参数 m 与 w_{total}

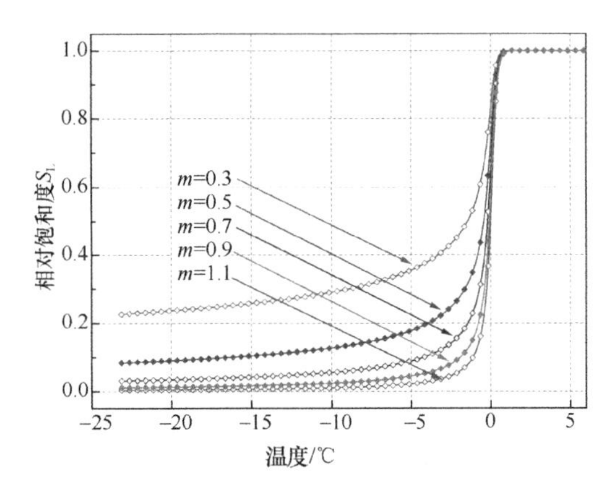

图 2.30 不同 m 值下的模型曲线（$a=0.8$，$n=6$）

图 2.31 给出了参数 n 与 w_{total} 的关系，随着总含水率不断增大，n 不断增加。采用式(2.26) 进行拟合，$R^2=0.984$，说明拟合效果较好。图 2.32 给出了当 $a=0.8$、$m=0.3$，而 n 从 1 增大到 18 时的曲线变化趋势。n 越大，曲线在相变区越陡峭，即未冻水更快转化为冰。当总含水率较高时，重力水含量占比较高，在迅速下降阶段首先冻结，剩下的毛细水和结合水则缓慢冻结。

$$n=2.859e^{0.054w_{total}}-5.670,\ R^2=0.984 \tag{2.26}$$

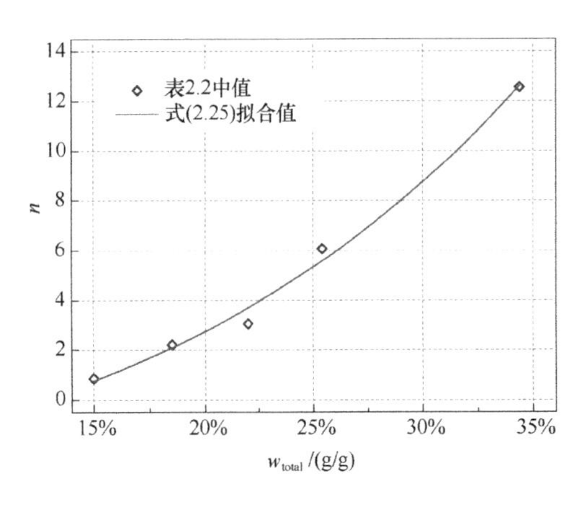

图 2.31 参数 n 与 w_{total}

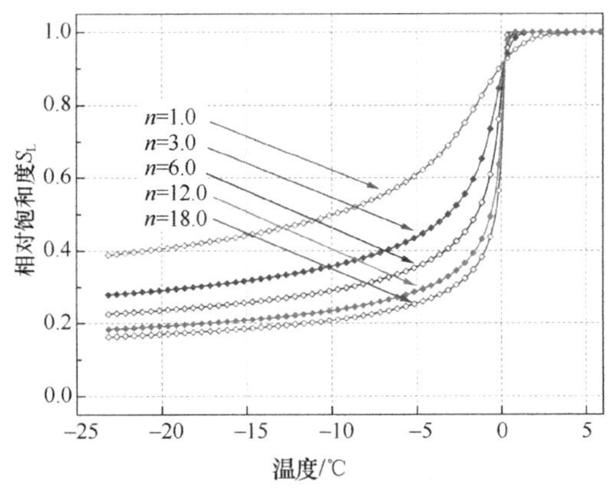

图 2.32 不同 n 值下的模型曲线（$a=0.8$，$m=0.3$）

以上分析说明，参数 a、m、n 分别影响冻结特征曲线的冻结点位置、残余未冻水含量以及冻结烈度。图 2.33 对比了原模型和本节提出的修正模型。在原模型中，采用固定参数值 $a=0.8$，$m=0.3$，$n=6$；而修正模型则采用了式（2.24）～式(2.26）的拟合参数公式。在原模型中，未冻水含量随总含水率增加而持续线性增加，而在修正模型中，未冻水含量则有上界。因为，毛细水和结合水的含量在土体内是有限的，而在较低冻结温度状态下结合水控制了未冻水含量，因此未冻水含量不会一直随着总含水率增加而持续增加，侧面说明修正模型是合理的。模型的这种特性对于多场耦合分析是非常关键的，特别是对于高饱和状态，直接影响了含冰量的计算，进而影响了冻胀变形和冻胀力的计算。

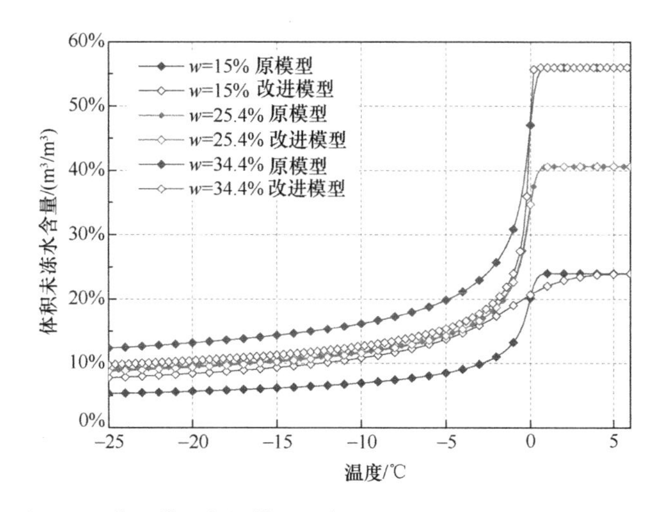

图 2.33　修正模型与原模型（当 $a=0.8$，$m=0.3$，$n=6$）对比

式（2.24）～式（2.26）拟合结果 R^2 均超过 0.9，甚至达到 0.98 左右，说明 3 个参数与 w_{total} 有很强的相关性。将这些公式代入到式（2.20），得到土体冻结特征曲线修正模型，该模型克服了原模型及现存模型 θ_{u} 会随着 w_{total} 持续增大的弊端，同时该模型在多场耦合分析中也便于分析总含水率不断变化下的未冻水含量。图 2.34 显示模型的预测值和试验值吻合较好，说明模型的可靠性。3 个参数的拟合结果仅基于本节所采用的粉质黏土，对于其他土体尚需要进一步研究。

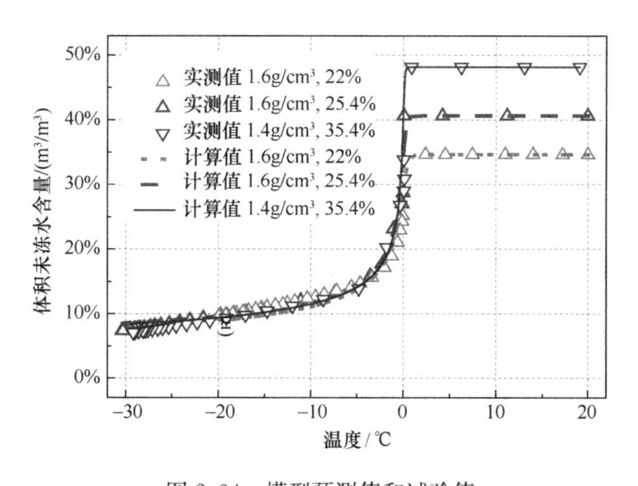

图 2.34　模型预测值和试验值

表 2.3 给出了 $w_{\text{total}}<15\%$ 时分别采用试验数据拟合和修正模型计算的 3 个参数值。采用试验数据拟合得到的 3 个参数，R^2 均超过 0.98，说明拟合效果良好。然而，3 个参数并不像 $w_{\text{total}}>15\%$ 那样呈现出一致规律，干密度对 3 个参数也造成了影响。因此，不能利用式（2.24）～式（2.26）计算 $w_{\text{total}}<15\%$ 时的 3 个参数。事实上，天然土体含水率一般不会这么小，此处不作更多研究。

采用试验数据拟合和修正模型计算的3个参数值（w_{total} < 15%） 表 2.3

w_{total} /(g/g)	密度 /(g/cm³)	采用试验数据拟合				利用式（2.24）～式（2.26）计算		
		a	m	n	R^2	a	m	n
5%	1.5	0.924	0.343	27.175	0.987	−0.662	1.236	−1.925
5%	1.6	0.463	0.409	1.678	0.988	−0.662	1.236	−1.925
10%	1.5	1.840	0.527	0.440	0.990	0.101	0.604	−0.764
12%	1.6	3.129	0.443	0.671	0.997	0.295	0.493	−0.204

Michalowski（1993）模型[174]、Anderson 和 Tice（1973）模型[175]和 Kozlowski（2007）模型[177]是3个典型的冻结特征曲线模型，模型以幂函数和指数函数为主，通过分段函数将描述范围扩大到正温度区间，如式（2.27）～式（2.29）所示。因3个模型均为分段函数，在分段点处不可导，在冻土耦合分析时将导致计算不收敛，需要借用平滑函数进行处理。此处以质量含水率25.4%（1.6g/cm³）和34.4%（1.4g/cm³）两个工况对各模型进行对比并评估其预测能力，如图2.35所示。

Anderson 和 Tice（1973）模型：

$$\theta_u = \begin{cases} \theta_{total} & T \geqslant T_0 \\ 23.525\,(-T)^{-0.31} & T < T_0 \end{cases} \tag{2.27}$$

Michalowski（1993）模型：

$$\theta_u = \begin{cases} \theta_{total} & T \geqslant T_0 \\ \theta_{res} + (\theta_{total} - \theta_{res})\,e^{[0.48(T-T_0)]}, & T < T_0 \end{cases} \tag{2.28}$$

Kozlowski（2007）模型：

$$\theta_u = \begin{cases} \theta_{total} & T \geqslant T_0 \\ \theta_{res} + (\theta_{total} - \theta_{res})\,e^{\left[-3.35\left(\frac{T_0-T}{T-T_m}\right)^{0.37}\right]} & T_m < T < T_0 \\ \theta_{res} & T \leqslant T_m \end{cases} \tag{2.29}$$

其中，Anderson 和 Tice（1973）幂函数模型建立起了模型参数与土体比表面积之间的关系，经评估此处效果不理想。因此，Anderson 和 Tice（1973）模型和 Michalowski（1993）模型参数通过对实测结果拟合获得，冻结温度 T_0 统一取 0℃；$T_m = -31$℃；残余未冻水含量参照文献[177]确定，如式（2.30）所示。

$$\theta_{res} = (0.042S + 3)\rho_d/\rho_w \tag{2.30}$$

总体上，各模型通过分段函数建立起了覆盖正负温度区间的土体冻结特征曲线，预测值与实测值变化规律基本一致，仅在部分温度区间呈现不同。对于这两个含水率，Anderson 和 Tice 模型在大部分温度区间表现出优秀的预测能力，与实测值吻合较好，但是在0℃附近预测值偏大，这是幂函数特征决定的。Kozlowski 模型在冻结初期预测值大于实测结果，但是在−2～−10℃区间很快衰减到接近残余含水率并趋于稳定，从而导致比实测值小；Michalowski 模型预测曲线在负温区间贴近实测结果，但又比实测值稍低。后两个模型因为采用了相同的残余含水率，因此两条曲线在负温末端重合在一起。

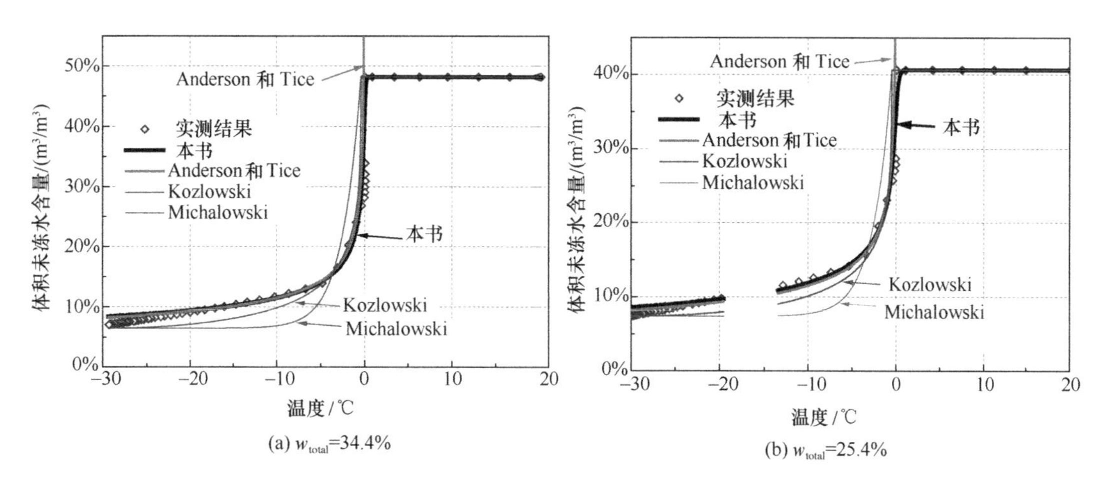

图 2.35　实测值与模型预测值对比

以上 3 个典型模型，Anderson 和 Tice 模型的未冻水含量不受总含水率的影响，对于界限含水率以上的工况，其预测能力较好；但是对于从界限含水率以下变化到界限含水率以上时，因参数恒定，此时不能很好应对。Kozlowski 和 Michalowski 模型的未冻水含量线性依赖于总含水率，因此只要总含水率出现变化，其预测值均会随总含水率的增加而增加，对于多场耦合分析中时刻变化的水分场其预测能力会有所降低。

为分析本书提出的修正模型和其他 3 个模型的预测效果，采用均方根误差（RMSE）、平均误差（AD）、平均绝对误差百分比（MAPE）和纳什效率系数（NSE）4 个指标对上述两个含水率工况在−0.5 ～ −28℃进行评估[148]，如表 2.4 所示。本模型和 Anderson 和 Tice（1973）模型的 NSE 指标均不低于 0.97，此外其他指标也要优于 Kozlowski（2007）和 Michalowski（1993）模型，说明本模型和 Anderson 和 Tice（1973）模型的预测效果更好。但是，当温度接近 0℃时，Anderson 和 Tice（1973）模型的局部预测结果要偏大得多，该模型的参数未能考虑总含水率的影响。Michalowski（1993）模型在冻结初期的预测结果偏高，而在冻结末期的预测结果偏低，导致其整体的预测效果不理想，NSE 值仅约为±0.25。Kozlowski（2007）模型仅能在 0～−5℃有限的温度区间内呈现较好的效果，当温度进一步降低时，未冻水含量 θ_u 则被低估了（AD<0）。

各个模型的评估指标　　**表 2.4**

模型	w_{total} =34.4% (g/g)				w_{total} =25.4% (g/g)			
	RMSE /(m³/m³)	AD /(m³/m³)	MAPE /%	NSE	RMSE /(m³/m³)	AD /(m³/m³)	MAPE /%	NSE
本书模型	0.75%	0.42%	7.09	0.97	0.51%	0.22%	4.58	0.98
Anderson 和 Tice	0.74%	0.44%	6.14	0.97	0.54%	−0.06%	3.53	0.98
Michalowski	4.50%	−1.16%	26.22	−0.26	3.51%	−0.99%	19.68	0.25
Kozlowski	2.04%	−1.12%	16.03	0.74	1.49%	−1.13%	12.17	0.86

2.4　土的热物性参数试验

作为冻土水-热-力耦合数值模拟中的关键参数，导热系数显著影响着计算结果，将其简单地视为常数是不可取的。研究表明[211-213]，冻结状态对导热系数有明显影响，而现有的导热系数模型存在如模型不连续、仅能单独地计算正温区或是负温区、参数不明确或难以通过常规手段测定等问题，从而不利于应用。因此，考虑土体宏观物理参数影响，建立与土体热物性参数内在关系并覆盖正负温度区间的统一模型具有重要意义。本书以粉质黏土为研究对象，研制了高效热交换测试装置，采用瞬态平面热源法试验研究不同影响因素（含水率、干密度、温度）对土体热物性参数的影响，并考虑含水率和干密度影响建立覆盖正负温度区间的一般预测模型。

2.4.1　试验概况

瞬态平面热源法（Transient Plane Source Method，TPS），即 Hot Disk 法（Hot Disk Method），如图 2.36(a) 所示，用于测量导热系数的一种方法，是由瑞典 Silas Gustafsson 教授基于其测定设备（Hot Disk Thermal Constants Analyser）发展起来的一项专利技术，其优点在于测试效率高，所测结果重复性好，测量精度高，可以用于测定导热系数 λ、热扩散系数 κ、体积比热容 C_v 等热物性参数[214]。测试传感器单元被设计成夹在两片聚酰亚胺薄膜或云母薄片之间的镍双螺旋结构，以最小化样品的总尺寸，如图 2.36(b) 所示。传感器同时作为热源提高样品的温度，并作为“电阻温度计”记录随时间变化的温度升高。传感器夹在两个相同的样品之间，如图 2.36(c) 所示，并通过恒定功率和一定的持时进行电加热。

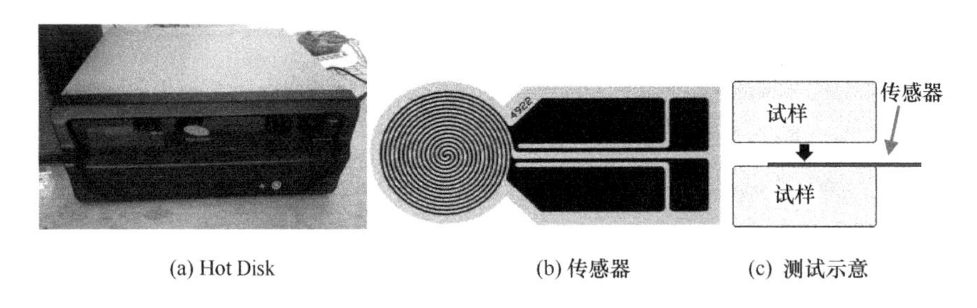

(a) Hot Disk　　(b) 传感器　　(c) 测试示意

图 2.36　Hot Disk 法试验系统

与稳态法相比，Hot Disk 法具有测试时间短、可忽略温度梯度影响、避免水分重分布等优势[197,215-216]。而与其他的瞬态法（例如瞬态热线法、激光脉冲法、探针法）相比，Hot Disk 法则具备如下优势[217]：更小的试样尺寸、更大的测量范围、消除了接触热阻、良好的可重复性（波动约为±2%）、高测量精度，并可同时测量各向同性和各向异性材料的导热系数、热扩散系数、体积比热容及蓄热系数等参数。在 Hot Disk 法中，热源温度升高引起的导热系数误差约为 0.002W/(m·K)[216]。在实际试验条件下，传感器比热容、热损耗和输出功率的波动等因素对热源加热功率的影响共计不超过 1%[217]。此外，当温度远低于 0℃时，冻土的未冻水含量不再发生较大变化，冻土导热系数也趋于稳定[197]。综上所述，采用 Hot Disk 法测定冻土的导热系数是合理的。

试验材料为粉质黏土。土样取回经初步碾碎后利用烘箱在 110℃环境连续烘干 10h，然后过 2mm 筛存放到密封袋中备用。按照目标含水率配置土样，然后放在密封袋里浸润 48h，制样时再次检测含水率（记录以实测含水率为准）。本试验采用尺寸为 ϕ61.8mm×20mm 的重塑样进行测试，每组重塑样包括两个完全相同的试样，取 1.4g/cm³（记为ρ_1）、1.5g/cm³（记为ρ_2）、1.6g/cm³（记为ρ_3）三个干密度，初始含水率选择了 0%～20%（每 5%一个梯度）；为模拟冻结过程中土体导热系数的变化规律，试验温度按照 25℃、20℃、15℃、10℃、5℃、0℃、−1.5℃、−5℃、−10℃、−15℃、−20℃、−25℃的顺序降温，15 组试样进行了约 165 次测试。

本次试验系统如图 2.37 所示，包括 2 台冷浴、热常数分析仪 HOTDISK TPS-500S、温度监控模块、计算机和一套新研制的高效热量交换试验装置。本装置由图 2.38 所示两个相同的瓣模、压紧装置和保温箱组成，测试试样放在瓣模内部，瓣模内两个试样夹住双螺旋测试探头和一个热敏电阻放到有弹簧压紧盖板的底座上，保证测试过程中探头一直与两试样紧贴；整个装置用保温箱罩住，减少与外界的热量交换。其中，每个瓣模由高导热的铜制内部构件和低导热的尼龙制外部构件组成，两个构件形成内外两个腔，将试样安装在铜制构件的外腔，达到目标温度的无水乙醇从冷浴中流出在封闭内腔流动，通过高导热的铜质构件完成与试样的高效热传导。

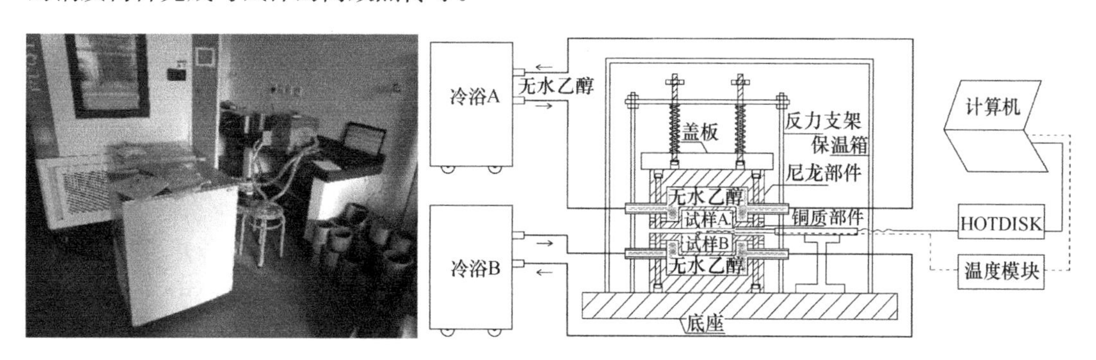

图 2.37　热参数试验系统

图 2.38　新研制的高效热量交换试验装置

为减少冻土多相平衡扰动带来的测试影响，特别是潜热影响，采用了较小的加热功率（0.15～0.35W）和较短的持时（20～80s），每个温度采用不同的加热功率和加热持时进行至少3次测试，每次间隔5min以消除测试影响。结果显示测点参与计算的数据总温升约0.7～1.6℃，温度影响深度约8～12mm，总体比特征时间0.4～0.9，因此所有的指标都符合理论要求，导热系数的差异性在0.004W/(m·K)以内。

利用本试验装置每个目标温度测试时间仅需10～15min，一组试样测试完毕仅需4h左右，相比之前采用的风冷（每个温度约3.5～4h）试验方式效率提升了约13倍。试验完毕，仅装置周边铜制构件边缘有微小的结霜现象，而其他构件均处于干燥状态，说明试验过程中有冷媒循环的新装置在保温箱内未与外界发生明显的热量交换而导致空气中水分冷凝，本试验装置的优势是能显著提升热量交换效率并降低热量散失，从而提升测试效率。

2.4.2 试验结果分析

利用Hot Disk法可以同时测得土体的导热系数λ、热扩散系数κ、体积比热容C_v、蓄热系数等热物性参数。为满足冻土的水-热-力耦合模型的模拟计算需要，本节仅针对导热系数λ和体积比热容C_v作具体分析。

2.4.2.1 导热系数结果分析

土体作为典型的多孔介质材料，其导热系数受干密度（关联孔隙率）、含水率（关联饱和度）、温度、成分含量、粒径、结构性等因素影响。众所周知，冻土是由固、液、冰、气多相组成的体系，固体矿物颗粒、冰、水、空气的导热系数分别为（2～7.5）W/(m·K)、2W/(m·K)、0.5W/(m·K)、0.024W/(m·K)，各成分之间导热系数差别1～20倍，可见土体各成分含量的差别会导致土体宏观导热系数差别很大[1,2,191]。本次试验主要研究粉质黏土导热系数受干密度、含水率、温度三因素的影响规律，试验总体结果如图2.39所示。由图可见，三种干密度下土体处于干燥状态（$w\approx0\%$）时，试样导热系数差别不明显，均维持在较低的水平（(0.22～0.25) W/(m·K)），且在冻结过程中（由正温向

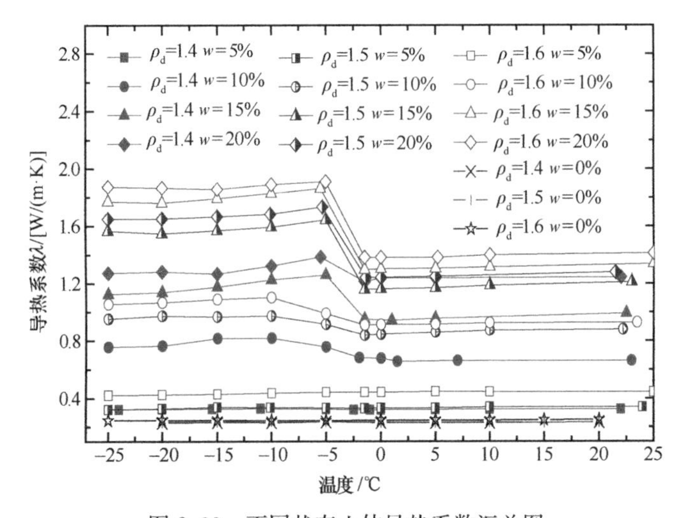

图2.39　不同状态土体导热系数汇总图

负温转变）几乎没有明显变化，后续模型预测分析将不再考虑此工况。

1. 温度对导热系数的影响

为使各因素对导热系数的影响规律更直观，将图 2.39 试验数据进行分组剥离。图 2.40是各含水率土样导热系数随温度变化图。综合图 2.39、图 2.40 可见，当土体含水率从干燥状态增长到 5%及以上时，导热系数均有所增长，且 ρ_3 干密度土样增长更明显（约 83%），但是 5%含水率时土样在冻结过程中导热系数与干燥状态相似，在正负温区未出现明显变化，此时土体中的水分主要以结合水的形式存在，主要依靠固体颗粒间热传导，而温度对固体成分导热系数的影响较小；当含水率达到 10%及以上时，导热系数出现明显增长，且在冻结过程中，负温区相比正温区导热系数出现阶梯状跃迁式增长（约增长 20%～50%），且含水率越高变化越明显。分析其原因，主要是土体由正温进入负温后，液态水（包括自由水和结合水）逐渐相变为冰，而冰的导热系数是水的 4 倍左右，从而导致土体进入负温区时导热系数宏观上表现出明显升高[188]；试样在－1.5℃时，导热系数已出现增长，说明此时土体内液态水已发生相变；在－5℃及以下温度时，15%和20%两个含水率导热系数完成跃迁式增长，说明土体已基本进入深度冻结状态，土体的剧烈相变区在 0～－5℃之间，且土壤完全冻结后温度的变化对导热系数的影响不再如此显著，与文献[2]关于冻结温度与剧烈相变区的研究结果基本一致；仅 10%含水率的土样在－10℃时导热系数达到最大值；土体含水率为 5%时，土体虽进入负温状态，但受到冻结点显著下降现象的影响[218]，仅存约 5%的水分（残余含水率）仍处于未冻结状态，因此

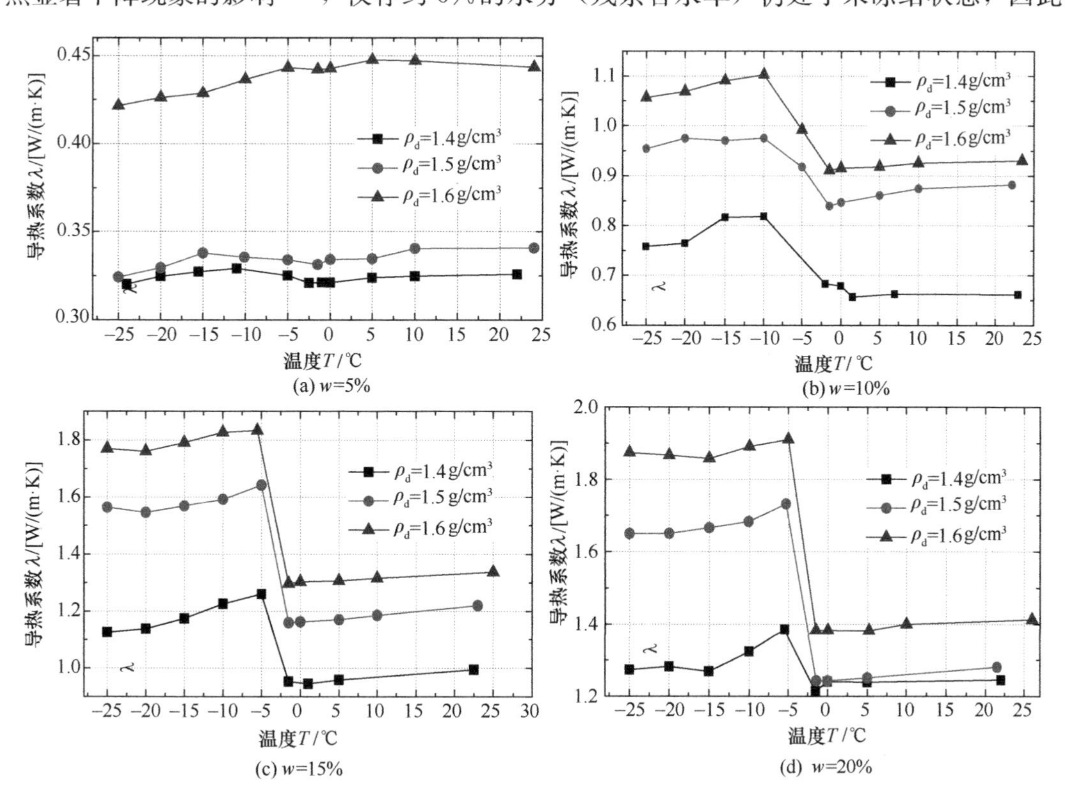

图 2.40　导热系数随温度变化图

未明显改变试样整体导热系数。

另外，导热系数随温度变化还呈现另一规律：冻结过程中，在正温区随温度降低，导热系数也出现不明显的降低现象；而在负温区，导热系数在达到最大值后随温度的降低均出现一定程度的降低趋势，与文献[181]、[187]试验现象类似，这与上述随温度降低未冻水含量降低、冰含量升高，从而导热系数有所增长的推断有差异，分析其原因大概有五个方面：

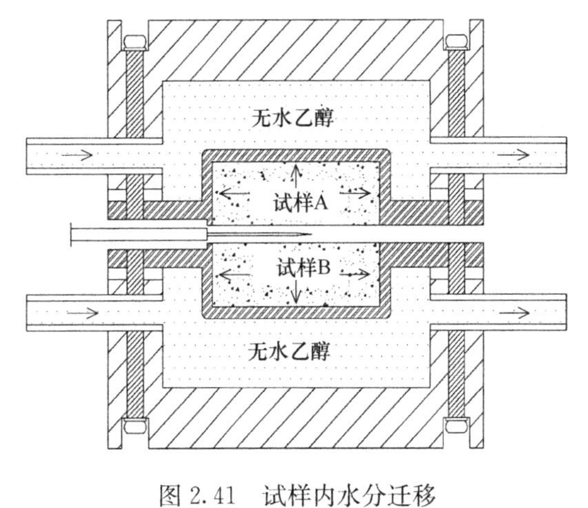

图 2.41　试样内水分迁移

(1) 在冻结过程中因温度梯度的存在，试样内部仍发生了向着试样与装置接触面方向的水分迁移与重分布[185,216]（每个目标温度约 20min，累计下来约 4h），导致在冻结过程中，测试面处含水率比初始时有所降低，如图 2.41 箭头所示水分迁移方向。

(2) 冻结过程中，矿物颗粒发生轻微体积收缩，导致颗粒间的接触面积降低增加热阻，从而导热系数降低[188]。

(3) 从 20℃降低到 0℃，纯水的导热系数降低了约 0.04W/(m·K)[219]。

(4) 试验过程中试样表面水分蒸发。

(5) 尽管采用了较小的加热功率和较短的持续时间，并且样品总体处于均匀的温度状态，但仍不可避免地有一些热量引起了冰的融化、蒸发和升华，导致轻微的温度波动（融化是吸热过程），这影响了导热系数的计算。在剧烈相变区会更加明显，因为该区域的体积未冻结水含量（与冰含量相关）受温度变化影响更为显著[161,182]。为了精确分析这种影响，利用如下公式计算该热传导过程（忽略蒸发和升华潜热的影响）：

$$C_v \frac{\partial T}{\partial t} = \nabla \cdot (\lambda \nabla T) + \dot{\phi} - L\rho_i \frac{\partial \theta_i}{\partial t} \tag{2.31}$$

式中，C_v 为体积比热容，T 为温度，t 为时间，$\dot{\phi}$ 为热源，L 为相变潜热（L=334kJ/kg），ρ_i（920kg/m^3）为冰的密度，θ_i 为体积含冰量，∇ 为拉普拉斯算子。分别假定热源（P_0=0.3W，t=80s）有 10%和 100%的热量转化为融化潜热（实际上当 P_0 =0.3W 时加热时间要比 80s 更短），这对冰含量的改变 ΔV_i 分别为 7.81×10^{-9}m^3 和 7.81×10^{-8}m^3，而 Hot Disk 探头平均探测深度（即影响半径）d_p 为 10mm 这对试样体积 V 的影响约为 4.19×10^{-6}m^3，据此体积含冰量的变化 $\Delta\theta_i$（即 $\Delta V_i/V$）约为 0.19%～1.86%。从组分含量和导热率之间的关系[11,182,191,200]来看，温度对冻土导热率的影响主要源于土壤中冰和水的变化[197]。综上所述，热源加热引起的冰含量变化造成的试验误差相当有限。此外，该热量实际上不能完全转化为冰融化潜热，因此不会导致测试界面的剧烈温度升高。

2. 含水率对导热系数的影响

图 2.42 为部分温度状态下的导热系数随含水率变化曲线图。由图可见，冻结过程中，土体导热系数近似呈 S 形变化。随含水率的增加，λ 先快速增长，在某一含水率时，λ 的

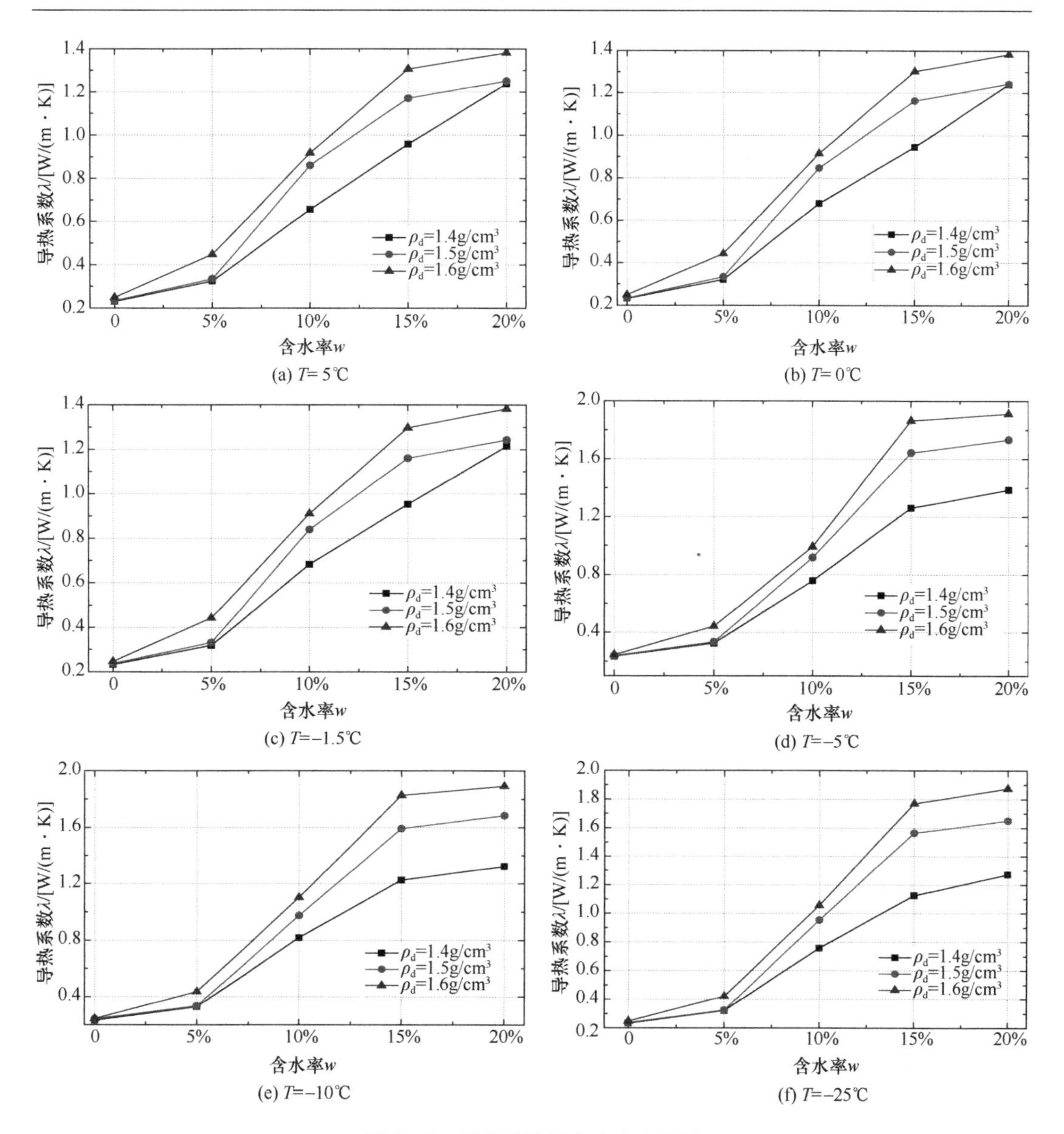

图 2.42　导热系数随含水率变化图

增长速率降低并趋于稳定。图 2.43 为三种干密度状态下，土样完全冻结时相邻两个含水率的导热系数增长率。随含水率增长，不同干密度土体的导热系数 λ 差异越显著。不同密度土体导热系数 λ 在每个含水率下增长分别为 39.6%～78%、150%～190%、50%～70%以及 4%～10%，明显可见，土的导热系数随含水率的增加先快速增大，但是增长到一定程度，其速率变缓。文献［220］、［221］将导热系数随土体饱和度变化划分为 3 个区域：低饱和度下 λ 几乎不变区域、随饱和度增长 λ 快速增长区域、λ 不受饱和度影响的稳定区域，这种区域划分方法也出现在未冻水含量的研究中[222]。本试验数据呈现的规律正契合这种区域的划分。从试验获得的数据中，大致可认定这三个区域的界限含水率为 5%～15%，这对于－5℃以下的温度尤其明显。

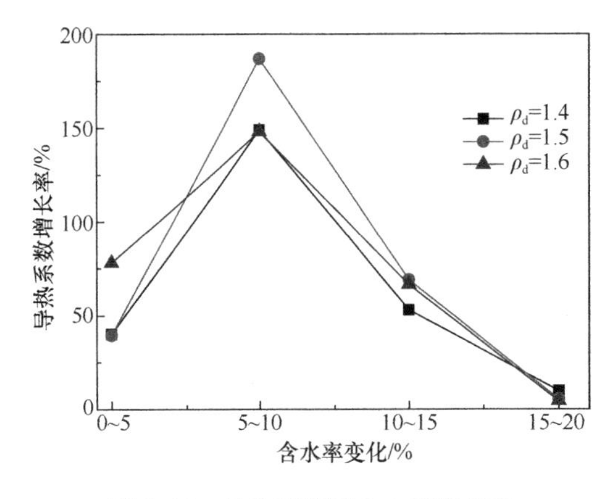

图 2.43 导热系数随含水率增长率

上述规律主要归结为当土体的含水率较小时，孔隙存在更多的导热性弱的气相，随含水率的增加，土体矿物颗粒表面的水化膜迅速吸附大量水分子，液相和固相相互加强了联系，减小了热阻；当土壤含水率处于最大分子含水率和液限含水率之间时，以固体颗粒导热为主逐渐变成以水导热为主，水分引起的土颗粒骨架之间的联系作用成为次要作用，土体导热系数增加的速率变缓[223-224]。由此推断，本土体的最大分子持水量约在 15%～20%（塑限上下）。

3. 干密度对导热系数的影响

图 2.44 为导热系数随干密度变化规律图，总体上土体导热系数随干密度的增大而升高，在 5%含水率时，从 ρ_1 到 ρ_2 导热系数仅增长了 3%左右，从 ρ_2 到 ρ_3 导热系数增长了约 30%；而其他含水率时，随干密度近似呈线性增长，密度每增长 0.1g/cm^3，导热系数增长约 30%，但是干密度达到 ρ_3 时增长放缓。土体干密度越大，固体颗粒排列就越密实，孔隙率也就越小，在土颗粒之间进行的热传导效率也就越高，水和空气的影响越来越弱，其极限将趋于无孔隙的固体矿物颗粒的导热系数。

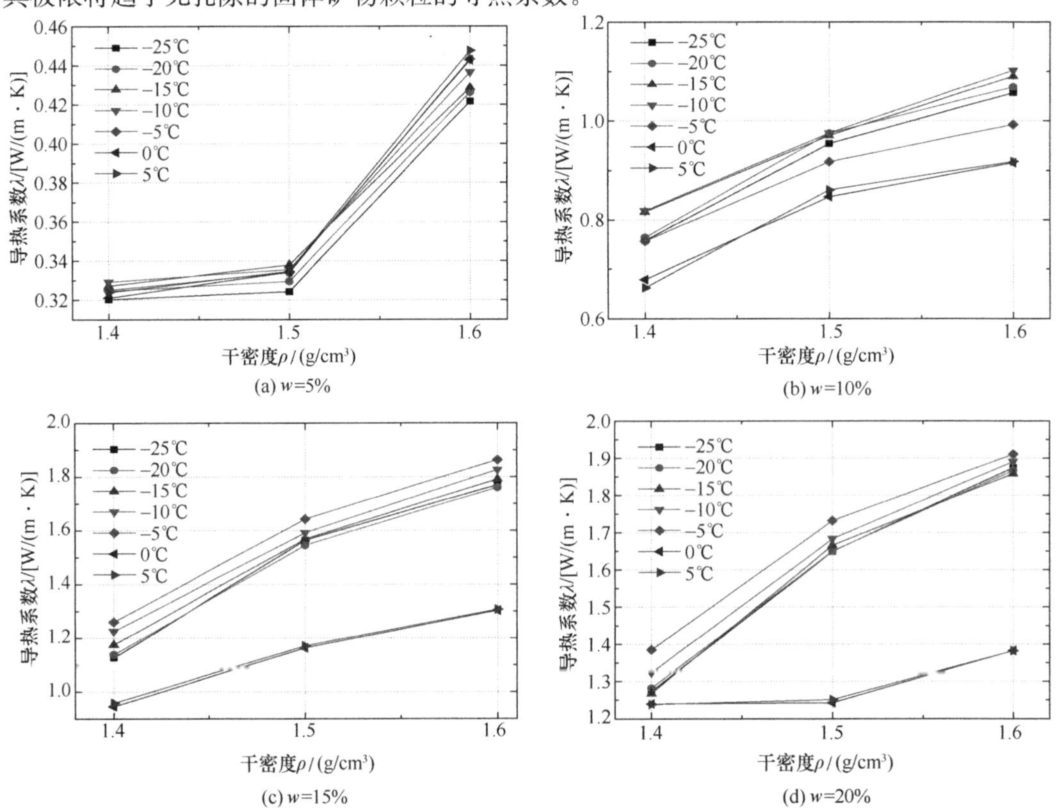

图 2.44 导热系数随干密度变化规律

4. 导热系数一般预测模型

在以往的工程应用中，一般将土体导热系数作为常数，或者根据其冻结状态而将冻土与融土导热系数分别考虑，而未考虑冻土和融土各自的导热系数随温度变化。现有的预测模型关注了含水率（饱和度）、密度（孔隙率）、矿物成分等因素对导热系数的影响，对于温度影响方面，很多模型仅能单独计算正温区或负温区的导热系数，或是利用分段函数来覆盖整个温度区间[188]。这些函数在分界点处是不连续的，或者连续但不可导的，这给数值模拟带来很大不便。本节将基于导热系数宏观试验数据寻求粉质黏土物理量与导热系数的内在联系，建立考虑土体干密度、含水率及温度状态的统一预测模型，从而为工程应用及热力学分析提供关于导热系数的可导模型，也降低了后续学者相关测试工作量。

为了归纳温度、含水率、干密度对导热系数的影响规律，基于试验结果，按照以下思路构建预测模型：选择某一含水率、干密度及其导热系数作为基准值在归一化处理基础上进行回归分析，再对基准含水率和干密度土样的导热系数随温度变化进行修正，最终得到式（2.32）预测模型。该方法的优点在于思路清晰易理解，各因素的影响规律更直观。

$$\lambda = \lambda_0 f(T) g(w) h(\rho_d) \tag{2.32}$$

以下为该模型的具体构建过程。

本次分析干密度为 ρ_1、ρ_2、ρ_3，含水率 w 取值则分为 5%、10%、15%、20%四种。选取中值干密度 ρ_2 和 $w=15\%$ 的各温度工况导热系数 $\lambda^T_{w=15\%}$ 作为特征值，并进行归一化分析，形成 $\ln(\lambda/\lambda^T_{w=15\%})$ 与 $w/15\%$ 的关系曲线簇，如图 2.45 所示。不难看出，在进行归一化处理后，干密度 ρ_2 土样在不同温度下的导热系数随着含水率变化呈现出基本相同的规律。对这组数据进行拟合，得到式（2.33），其曲线如图 2.45 中的实线所示。

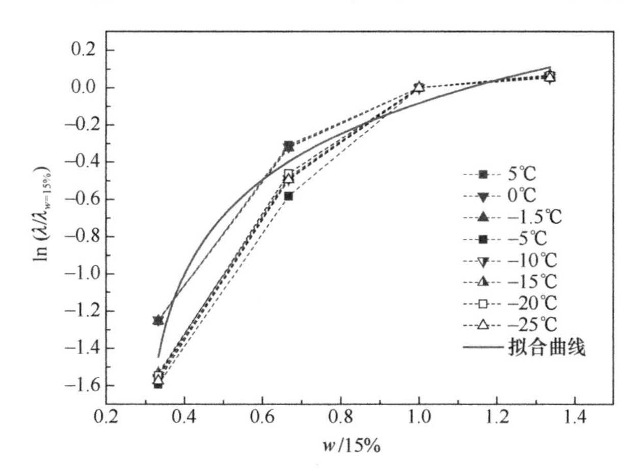

图 2.45　对含水率归一化处理后的导热系数

$$\ln\frac{\lambda}{\lambda^T_{w=15\%}} = 0.0869 + 0.5019\ln\left(\frac{w}{15\%} - 0.2861\right),\ R^2 = 0.972 \tag{2.33}$$

对式（2.33）进一步变换得到式（2.34）：

$$\lambda = 1.091\left(\frac{w}{15\%} - 0.2861\right)^{0.5019} \cdot \lambda^T_{w=15\%} \tag{2.34}$$

由式（2.32）、式（2.34）可知，含水率的修正函数：

$$g(w) = 1.091\left(\frac{w}{15\%} - 0.2861\right)^{0.5019} \tag{2.35}$$

即对干密度 ρ_2 自身而言，此时干密度修正函数 $h(\rho_d) = 1.0$，还需要对导热系数进行温度和干密度的影响修正。

观察在 ρ_2、$w = 15\%$ 下的导热系数随温度变化试验结果，其主要变化特征为：负温区与正温区分界处导热系数呈台阶状急剧变化，在负温区和正温区内部导热系数变化不大。为了避免采用分段函数导致的导热系数不连续，在分析各类函数图像特征的基础上，从 sigmoid（即一种 logistic 函数的特例）函数［式（2.36）、图 2.46］入手，通过对 sigmoid 函数调整形成温度修正函数形式，如式（2.37）所示：

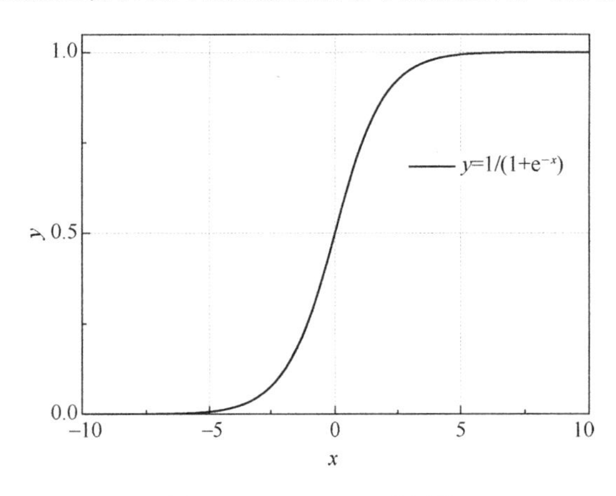

图 2.46　sigmoid 函数图像

$$y = \frac{1}{1 + e^{-x}} \tag{2.36}$$

$$\lambda_{w=15\%}^{T} = f(T) = a + \frac{b}{c + de^{T-t_0}} \tag{2.37}$$

其中，a、b、c、d、t_0 为待拟合参数。

在式（2.37）的基础上进行调整、变形、拟合，拟合过程中应确保分母项（$c + de^{T-T_0}$）不存在零点，避免拟合曲线出现断点，拟合结果如式（2.38）所示。

$$f(T)_1 = 1.17 + \frac{0.397}{1 + e^{T+3.38}},\ R^2 = 0.933 \tag{2.38}$$

考虑到双曲正切函数 $\tanh(x) = \frac{e^x - e^{-x}}{e^x + e^{-x}} = 1 - \frac{2}{e^{2x} + 1}$，因此也可将 $\tanh(x)$ 看作是 logistic 函数的一种变形，其拟合结果如式（2.39）所示。

$$f(T)_2 = 1.39 + 0.0026T - 0.229\tanh(3.25 + T),\ R^2 = 0.992 \tag{2.39}$$

为便于论述，将式（2.38）和式（2.39）分别称为“sigmoid 结果”和“tanh 结果”。“sigmoid 结果”和“tanh 结果”的决定系数（coefficients of determination，R^2）分别为 0.933 和 0.992，说明两个函数与试验值的匹配程度均较好，而且“tanh 结果”拟合效果更佳。试验结果（ρ_2、$w=15\%$的导热系数）与两个拟合函数曲线如图 2.47 所示。sigmoid 函数中 $t_0 = -3.38$℃；tanh 函数中 $t_0 = -3.25$℃，与本土体的剧烈相变区（$-1.5 \sim -5$℃）的中心基本一致，这个过程中先是自由水冻结，再是弱结合水

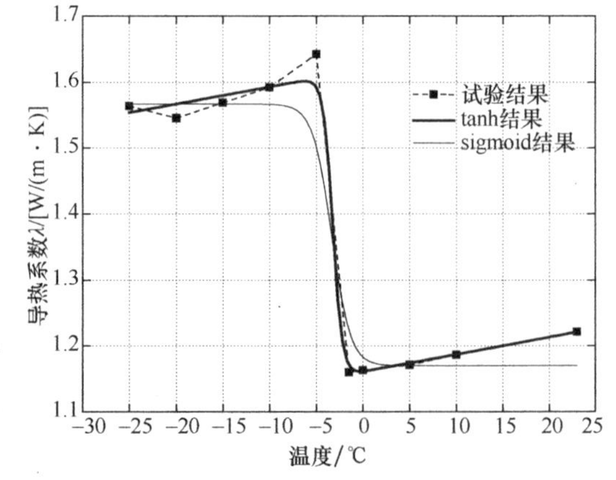

图 2.47　试验结果与两种拟合结果对比

冻结，水相变为冰导热系数增大了3倍，导致土体的导热系数宏观表现为从正温区到负温区的阶梯状跃迁。此外，由于引入了线性增长量$0.0026T$，“tanh结果”的拟合效果要优于“sigmoid结果”，而“sigmoid结果”则在负温区和正温区导热系数为两个常数，其公式形式较为简洁、易于理解和推广。

最后，以ρ_2、$w=15\%$条件下的数据为基准，分析ρ_1及ρ_3条件下（同样有$w=15\%$）的导热系数修正函数。对干密度进行归一化处理，分析相同温度、不同干密度条件下导热系数的比值，形成$\lambda_{\rho_d}/\lambda_{1.5}$与$\rho_d/1.5$的关系曲线簇，如图2.48所示，曲线簇近似呈线性变化。

$$h(\rho_d)=\frac{\lambda_{\rho_d}}{\lambda_{1.5}}=2.5946\frac{\rho_d}{1.5}-1.6266,\ R^2=0.948 \tag{2.40}$$

根据式（2.40）计算得到$h(\rho_1)\approx 0.795$，$\lambda_{\rho_1}/\lambda_{1.5}$的取值范围为[0.720, 0.822]；$h(\rho_2)=0.968$，$\lambda_{\rho_2}/\lambda_{1.5}$的取值则恒为1.0；$h(\rho_3)\approx 1.141$，$\lambda_{\rho_3}/\lambda_{1.5}$的取值范围为[1.095, 1.148]，且干密度修正函数的判定系数R^2为0.948，可见式（2.40）对干密度的修正较好。

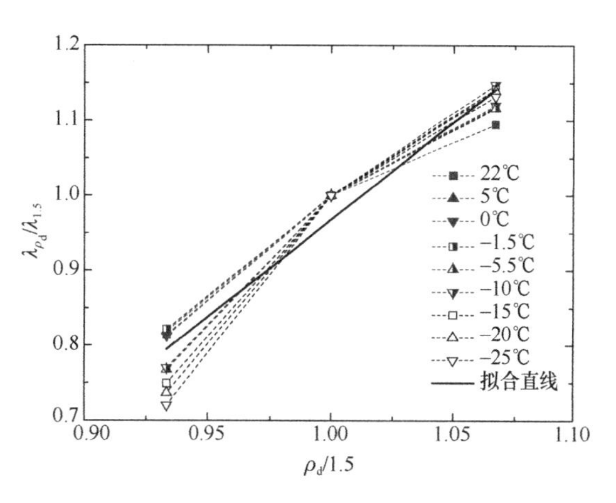

图2.48　对干密度归一化处理后的导热系数

综上，考虑含水率、干密度和温度三因素的导热系数一般预测模型因采用不同的温度修正方法，可形成以下两种预测模型：

模型一（采用sigmoid函数）：

$$\lambda_1=1.091\left(\frac{w}{15\%}-0.2861\right)^{0.5019}\left(1.17+\frac{0.397}{1+e^{T+3.38}}\right)\left(2.5946\frac{\rho_d}{1.5}-1.6266\right) \tag{2.41}$$

模型二（采用tanh函数）：

$$\lambda_2=1.091\left(\frac{w}{15\%}-0.2861\right)^{0.5019}[1.39+0.0026T-0.229\tanh(3.25+T)]\left(2.5946\frac{\rho_d}{1.5}-1.6266\right) \tag{2.42}$$

5. 导热系数模型讨论

Johansen模型[200]、CK模型[201]和Tian模型[225]是三个典型模型，均可用于计算冻土和融土的导热系数，各模型简述如下。

（1）Johansen模型

为计算饱和土和干土的导热系数，Johansen引入了无量纲系数K_e来计算冻土和融土的饱和度。

$$\lambda=K_e(\lambda_{sat}-\lambda_{dry})+\lambda_{dry} \tag{2.43}$$

未冻结的粗粒土：
$$K_e = 0.7\lg S_r + 1 \tag{2.44}$$

未冻结的细粒土：
$$K_e = \lg S_r + 1 \tag{2.45}$$

冻土：
$$K_e = S_r \tag{2.45a}$$

$$S_r = \frac{wG_s}{e} \tag{2.45b}$$

$$e = \frac{\rho_w G_s}{\rho_d} - 1 \tag{2.45c}$$

$$n = \frac{e}{1+e} \tag{2.45d}$$

$$\lambda_{dry} = \frac{0.135\rho_d + 64.7}{\rho_s - 0.947\rho_d} \pm 20\% \tag{2.45e}$$

$$\lambda_{sat} = \begin{cases} = \lambda_w^n \lambda_s^{1-n} & \text{（饱和融土）} \\ = \lambda_i^n \lambda_s^{1-n} & \text{（饱和冻土）} \end{cases} \tag{2.45f}$$

式中，λ_{sat} 和 λ_{dry} 为饱和土和干土的导热系数，K_e 为与饱和度 S_r 相关的无量纲系数，$w(\%)$ 为土体的质量含水率，$G_s(G_s = 2.71)$ 为土壤颗粒相对密度，e 为孔隙比，ρ_w 为水的密度，ρ_d 为土的干密度，n 为土的孔隙率，λ_w、λ_s 和 λ_i 分别为水、土颗粒、冰的导热系数，并有 $\lambda_w = 0.55[W/(m \cdot K)]$，$\lambda_s = 3[W/(m \cdot K)]$，$\lambda_i = 2.2[W/(m \cdot K)]$。

（2）CK 模型

Côté 和 Konrad 在 Johansen 模型的基础上修正了 K_e 和 λ_{dry} 的计算方法。

$$K_e = \frac{\varepsilon S_r}{1 + (\varepsilon - 1)S_r} \tag{2.46}$$

$$\lambda_{dry} = \chi \times 10^{-\eta n} \tag{2.46a}$$

$$\lambda_{sat} = \lambda_s^{1-n} \lambda_w^{\theta_u} \lambda_i^{n-\theta_u} \tag{2.46b}$$

式中，ε 是与土性相关的经验系数，对粉土和黏土，ε 分别为 1.90 和 0.85；χ 和 η 是与土颗粒的形状和尺寸相关的经验系数，对于天然土体，$\chi = 0.75$，$\eta = 1.2$；θ_u 为体积未冻水含量，对于饱和土，可以通过时域反射技术测量其在冻结过程中的变化，具体内容参见第 2.3 节，其测试结果如表 2.5 所示。

饱和土的体积未冻水含量　　表 2.5

ρ_d/(g/cm³)	−5℃	−10℃	−15℃
1.4	0.138	0.117	0.106
1.5	0.142	0.121	0.109
1.6	0.144	0.124	0.112

(3) Tian 模型

Tian 等[225]优化了 de Vries 模型，得到：

$$\lambda = \frac{\theta_w\lambda_w + k_i\theta_i\lambda_i + k_a\theta_a\lambda_a + k_s\theta_s\lambda_s}{\theta_w + k_i\theta_i + k_a\theta_a + k_s\theta_s} \tag{2.47}$$

式中，k_i、k_a 和 k_s 分别为冰、空气和土颗粒的权重系数，可按照如下方法计算：

$$k_n = \frac{2}{3}\left[1 + \left(\frac{\lambda_n}{\lambda_w} - 1\right)g_a\right]^{-1} + \frac{1}{3}\left[1 + \left(\frac{\lambda_n}{\lambda_w} - 1\right)(1 - 2g_a)\right]^{-1} \tag{2.47a}$$

$$g_{a(i)} = 0.333(1 - \theta_i/n) \tag{2.47b}$$

$$g_{a(a)} = 0.333(1 - \theta_a/n) \tag{2.47c}$$

$$\theta_i = w\gamma_d/\gamma_w - \theta_w \tag{2.47d}$$

$$\theta_a = n - \theta_w - \theta_i \tag{2.47e}$$

$$\theta_s = 1 - n \tag{2.47f}$$

式中，λ_n 表示λ_i、λ_a（取为0.025W/(m·K)）和λ_s，分别对应于k_n 表示k_i、k_a和k_s。土体中各成分的导热系数 λ_n 取值应与 Johansen 模型和 CK 模型保持一致。对于土体颗粒，Tian 模型假定 $g_{a(s)}$ 取为0.06。θ_w、θ_i、θ_a 和θ_s 分别为水、冰、空气和土体颗粒的体积含量。同样利用 TDR 测定 θ_w，并利用式（2.45d）确定 n。Tian 模型假定土体颗粒的权重系数 k_s 和导热系数与土性相关（即砂土、粉土和黏土的比例），但是并未对这种相关性作量化研究。将上述三个模型的计算结果整理如表2.6和表2.7所示。显然，Johansen 模型关注的仅为土体是否处于冻结状态，而并非温度变化，导热系数预测结果在冻结温度附近有较大差异。而 CK 模型和 Tian 模型则关注未冻水含量，其计算结果随着不同的负温条件也有所不同。

冻土和融土的导热系数预测结果 **表2.6**

ρ_d/(g/cm^3)	含水率/%	Johansen 模型		CK 模型	Tian 模型
		未冻结	冻结	未冻结	未冻结
1.4	5	0.366	0.531	0.471	—
	10	0.709	0.878	0.688	0.848
	15	0.909	1.225	0.864	1.036
	20	1.051	1.573	1.010	1.181
1.5	5	0.477	0.611	0.548	—
	10	0.838	1.015	0.801	1.002
	15	1.050	1.419	1.001	1.202
	20	1.199	1.823	1.164	1.351
1.6	5	0.602	0.683	0.552	—
	10	0.982	1.131	0.814	1.171
	15	1.204	1.579	1.017	1.377
	20	1.362	2.028	1.177	1.529

CK 模型和 Tian 模型对冻土导热系数的预测结果 **表 2.7**

ρ_d/(g/cm³)	含水率/%	−5℃		−10℃		−15℃	
		CK 模型	Tian 模型	CK 模型	Tian 模型	CK 模型	Tian 模型
1.4	5	0.668	—	0.684	—	0.692	—
	10	1.042	0.895	1.070	0.909	1.084	0.925
	15	1.346	1.133	1.383	1.178	1.403	1.199
	20	1.597	1.377	1.643	1.414	1.667	1.441
1.5	5	0.753	—	0.770	—	0.780	—
	10	1.163	1.054	1.194	1.080	1.212	1.097
	15	1.488	1.323	1.529	1.358	1.554	1.382
	20	1.751	1.602	1.802	1.642	1.831	1.672
1.6	5	0.849	—	0.968	—	0.879	—
	10	1.297	1.218	1.331	1.256	1.351	1.279
	15	1.643	1.549	1.687	1.590	1.714	1.619
	20	1.917	1.854	1.970	1.896	2.003	1.929

图 2.49 给出了不同影响因素下，三个典型模型和本节提出的两个模型的计算结果对比。在干密度 ρ_1 和 ρ_2 以及 10%含水率条件下，模型一和模型二在正温区的预测结果要低于试验值，而在负温区，预测结果则稍高于试验值。在干密度 ρ_1 条件下，三个典型模型的预测值均偏高，其中 CK 模型和 Tian 模型的预测结果要比其他三个模型和试验值高出 20%～25%。然而，模型一、模型二、CK 模型和 Tian 模型的预测结果随着冻结期间温度的降低（即冻结度的提高）而略有增加。在干密度 ρ_3 以及 20%含水率条件下，模型一、模型二和 Tian 模型的预测结果均略高于试验值；Johansen 模型和 CK 模型的结果在正温

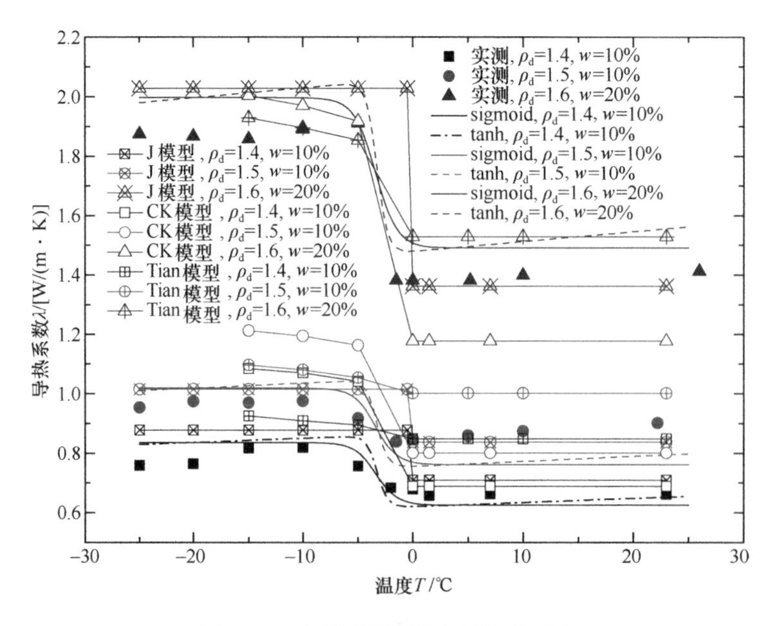

图 2.49 各模型预测值与试验值对比

区略低于试验值，而在负温区则略高于试验值。

总体来看，5个预测模型对不同物理状态土体导热系数预测性能均较好。本节构建的2个模型，其应用范围为干密度1.4～1.6g/cm^3，含水率5%～20%，温度−25～20℃，此模型克服了以往模型参数复杂难以确定以及在冻结点不连续的问题，有利于快速评估应用。当超出应用范围时，模型的预测效果尚需要进一步的验证。受限于测试手段，在试验过程中量化潜热的影响仍然存在诸多困难[215]。利用准确的土壤冻结特性曲线，或可从冻融过程中未冻水含量（或含冰量）的演变角度来修正导热系数，或通过温度场参数的反分析来研究导热系数。

6. 导热系数模型效果评价

基于试验数据构建的2个预测模型，需要对其预测能力和可靠性进行评价。参考以往研究[178,188,199,212]，本节采用均方根误差（RMSE）、平均误差（AD）、平均绝对误差百分比（MAPE）和纳什效率系数（NSE）4个参数来评估模型的预测能力。据此，计算得到表2.8所示评估指标。

模型一和模型二的均方根误差（RMSE）均在0.1W/(m·K)左右，表明2个模型预测值相比实测值偏差较小，而3个典型模型的RMSE值则达到了本节2个模型的约1.5～2.2倍。2个模型的平均误差（AD）均为负值，说明预测模型整体上相对试验值有所低估，且低估约0.03W/(m·K)，而3个经典模型则高估了约0.04～0.08W/(m·K)。2个模型和Tian模型的平均绝对误差（MAPE）在10%左右，对于工程应用在可接受的误差范围内，也可作为先期评估时的参数选取依据。2个模型的纳什效率系数（NSE）均接近于1.0，表示两模型预测效果优秀，可靠性较高；而模型二的上述4个指标均略优于模型一，说明模型二预测效果略优于模型一。

预测模型的评估指标　**表2.8**

模型	RMSE/[W/(m·K)]	AD/[W/(m·K)]	MAPE	NSE
模型一	0.108	−0.036	10.28	0.951
模型二	0.102	−0.029	10.16	0.956
Johansen模型	0.184	0.076	22.13	0.857
CK模型	0.227	0.064	30.38	0.782
Tian模型	0.154	0.041	11.77	0.809

2.4.2.2　体积比热容测试数据分析

大多数学者均基于土体相成分含量的方法计算体积比热容，认为土体的体积比热容应为土体颗粒、水、冰（气相成分，包括空气和水蒸气，其密度远低于液相和固相，且当含水率较高时，气相成分的体积含量也较小，因此通常忽略不计）各自的比热容按照某种权重进行加权求和。例如：

徐学祖等[1]、胡坤[76]认为：

$$C_v = (C_s + C_i w_i + C_w w_u)\rho_d \tag{2.48}$$

李智明[111]、Michalowski[174]及Li等[226]，均采用：

$$C_v = (1-n)\rho_s C_s + n(1-\nu)\rho_i C_i + \nu n \rho_w C_w \tag{2.49}$$

式中，C_v(MJ/(m^3·K))为土的体积比热容，$C_s=0.845$kJ/(kg·K)、$C_i=2.09$kJ/(kg·K)、$C_w=4.18$kJ/(kg·K)分别为土颗粒、冰、水的比热容，$\rho_s=2710$kg/m^3、$\rho_i=920$kg/m^3、$\rho_w=1000$kg/m^{3}分别为土颗粒、冰、水的密度，$\nu=\theta_u/(\theta_u+\theta_i)$为未冻水占比。不难看出，对于单个试样，在降温过程中其干密度、各相比热容及密度均可视为不变量；而未冻水含量θ_u随温度的变化满足冻结特征曲线$\theta_u(T)$（详见第2.3节），冰含量又可以通过式(2.18)、式(2.19)进行换算。

图2.50为体积比热容部分实测数据与上述预测模型的对比。由此可见，随干密度和含水率的增加，土体比热容在正负区间的差异逐渐增大，究其原因是两者的增加均可带来总密度的提升，从而引起比热容提升；而正负温度区间的差异，主要是冰相比水的比热容缩减了一半造成的。上述两个公式的预测值均比实测值大，且含水率越高预测效果越好，式(2.49)更适用于饱和土的比热容计算。综上，在本研究中，本书采用式(2.48)计算土体的体积比热容。

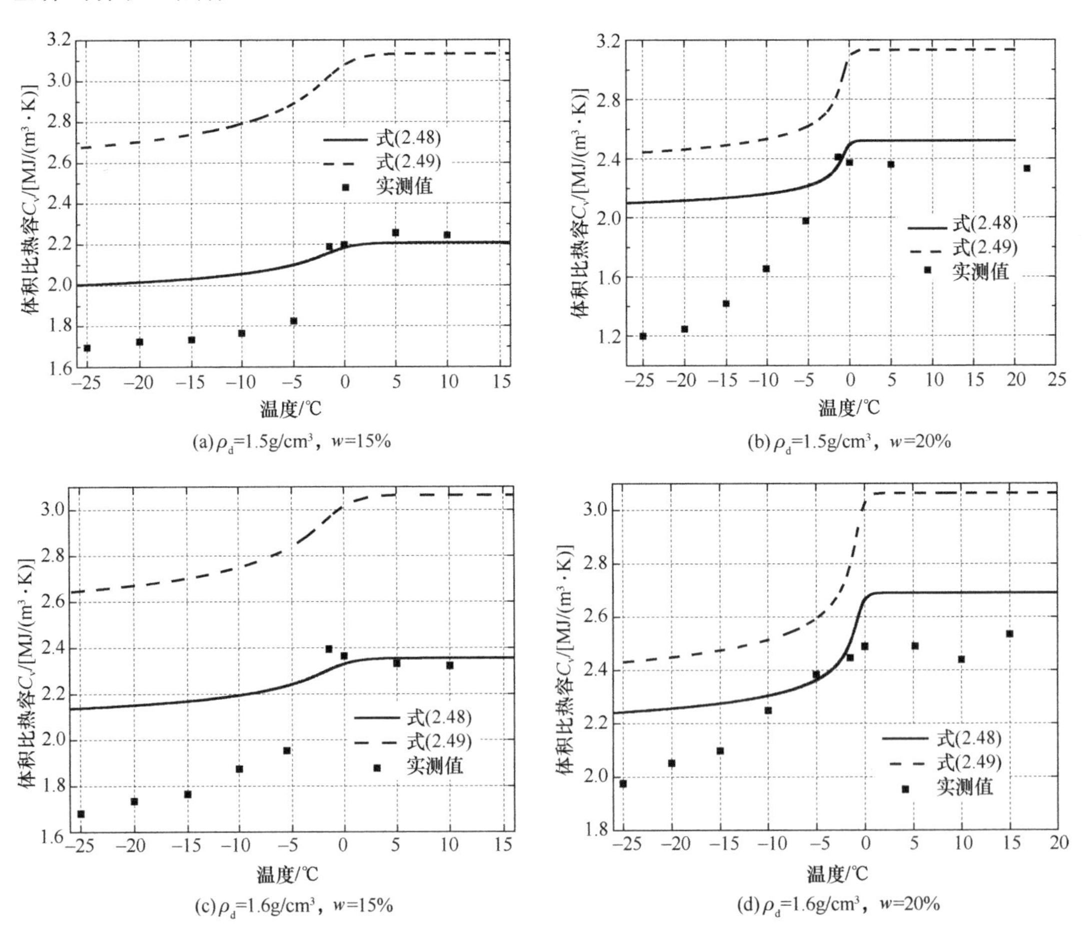

图2.50　不同含水率条件下试样的比热容

2.5 渗透试验

渗透系数是冻土多场耦合中传质方程的重要参数，关系到水分迁移及冻胀计算，因此合理评估正冻土的渗透系数具有重要意义。正冻土因冰的存在而与融土明显不同，且孔隙冰和未冻水随冻结温度的变化动态变化，从而影响渗透系数。因冻土渗透系数很难通过试验获得，故建立正冻土渗透性与温度、含水率等宏观因素的关系是当前难题。

对于水的迁移驱动力一般认为是土水势梯度，而温度、未冻水含量和土水势（包括基质势、渗透势、重力势等）是冻土水分迁移的三大基本要素[1]。Williams 和 Smith[49]研究表明温度每降低 1℃，冻土基质势变化约 125m 水头。另外，关于渗流驱动力还有流体动力假说、物理化学观点、构造形成观点等。正冻土的渗透性主要通过直接法和间接法研究。Williams 和 Burt [16]为克服水分冻结过程中凝结造成的扰动，采用乳糖和乙二醇作为渗流体在一定压力梯度条件下采用直接法首次开展了部分冻结粉土 0～－0.45℃区间的渗透试验，研究发现渗透系数从 10^{-4} cm/s 降低到了 10^{-9} cm/s；Burt[227]对 5 种土体在 0～－0.6℃范围内的砂土和黏土进行测试，发现渗透系数呈指数规律降低了 4 个数量级。后续 Horiguchi 和 Miller[228]也采用直接法测试了 8 种高温冻土渗透系数，发现渗透系数从 0～－0.35℃数量级从 10^{-8} m/s 降到了 10^{-13}～10^{-12} m/s 之间，并指出土体渗透系数随土体物理特性及未冻水含量而变化。对于间接法，是假定部分冻结土的渗流与非饱和未冻土的渗流过程一致。因此，不少学者将冻土的渗透系数假定为未冻水含量的函数，并且等于相同含水率的不饱和未冻土的渗透系数。此外，Taylor 和 Luthin[64]考虑冰晶对渗流的阻塞效应提出了阻抗因子的概念，然而也有学者认为阻抗因子的概念过于武断且缺乏依据[229]，也没有经过试验验证。渗透系数与温度及未冻水含量的关系，国外学者得到了一些经验公式，如表 2.9 所示。

冻土渗透系数预测模型　　**表 2.9**

文献	渗透系数	参数取值
Horiguchi 和 Miller[228]	$k(T)=CT^{D}$	$C=8.8\times10^{-12}$ m/s $D=3.9$
Campbell (1985) [230]	$k=k_{sat}\left(\frac{\theta_u}{\theta_{sat}}\right)^{2b+3}$	$b=d_g^{-0.5}+0.2\sigma_g$ $d_g=\exp\left[m_{cl}\ln(d_{cl})+m_{si}\ln(d_{si})+m_{sa}\ln(d_{sa})\right]$ $\sigma_g=\exp\left\{\sum_{i=1}^{3}m_i[\ln(d_i)]^2-(\sum_{i=1}^{3}m_i[\ln(d_i)]^2\right\}^{-0.5}$ $k_{sat}=4\times10^{-5}\left(\frac{0.5}{1-\theta_{sat}}\right)^{1.3b}\times\exp(-6.88m_{cl}-3.63m_{si}-0.025)$
O'Nell 和 Miller (1978)[57]	$k=k_{sat}\left(\frac{\theta_u}{\theta_{sat}}\right)^{9}$	

续表

文献	渗透系数	参数取值
Taylor 和 Luthin (1978)[64]	$k=k_{sat}10^{-10\theta_i}$	阻抗因子 $I=10^{-10\theta_i}$
Fowler 和 Krantz (1994)[231]	$k=k_{sat}\left(\frac{\theta_u}{n}\right)^{\gamma}$	$\gamma=7\sim9$

根据《土工试验方法标准》GB/T 50123—2019，采用变水头对 1.5g/cm³、1.55g/cm³、1.6g/cm³、1.65g/cm³ 干密度试样进行抽真空饱和后测试土体渗透系数，如图 2.51 所示，假定土体各向渗透系数相同，每个干密度进行 6 个试样的平行试验，采用样本标准差方式剔除异常数据后取平均值，并对试验结果进行拟合，结果如表 2.10 所示。

渗透试验结果　　表 2.10

干密度 ρ_d/(g/cm³)	孔隙比 e	孔隙率 n	渗透系数实测 k_{sat}/(m/s)	渗透系数拟合 k_{sat}/(m/s)
1.5	0.8067	0.4465	5.1×10^{-7}	5.2×10^{-7}
1.55	0.7484	0.4280	2.6×10^{-7}	2.4×10^{-7}
1.6	0.6938	0.4096	4.7×10^{-8}	6.8×10^{-8}
1.65	0.6424	0.3911	1.5×10^{-8}	7.3×10^{-9}

以 1.6g/cm³ 干密度试样为例，根据 Campbell 渗透公式[230]估算的饱和土体渗透系数为 2.01×10^{-7}m/s，可见预测值偏高。由图 2.52 可见，在一定孔隙率范围内（$n>0.39$），渗透系数与孔隙率 n 呈二次多项式关系，渗透系数随孔隙率的增加而增加，且增加速率也增大。考虑孔隙率变化的土体渗透模型 k_{sat}：

$$k_{sat}=1.6023\times10^{-4}n^2-1.2501\times10^{-4}n+2.4390\times10^{-5}\text{，}R^2=0.9934 \tag{2.50}$$

图 2.51　渗透试验

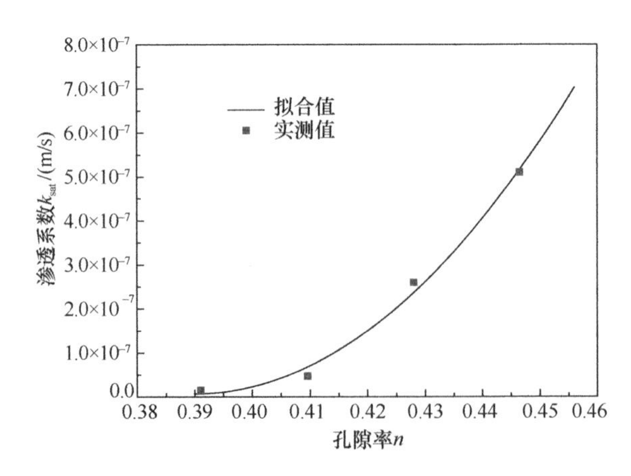

图 2.52　渗透系数与孔隙率关系

基于前文冻结特征曲线相关内容，对于1.6g/cm³干密度饱和土体冻结过程中，各个模型的预测结果如图2.53所示，此处未考虑温度变化导致的动力黏滞系数的变化，对于Fowler和Krantz（1994）模型，此处未考虑冻结过程中孔隙率变化对渗透造成的影响。可见，各模型预测结果具有一致的规律，均在0℃以下随温度降低渗透系数迅速降低。Campbell（1985）、O'Nell和Miller（1978）和Fowler和Krantz（1994）三个模型均采用了相同液态水含量的冻土与非饱和未冻土的渗流过程一致的假定，并采用冻结过程未冻水含量相对融土时的饱和含水率进行折减，区别在于采用了不同的幂。Campbell（1985）模型考虑了土体孔径分布的影响，模型参数具有明确的物理意义，其预测值最低；Fowler和Krantz（1994）模型中γ取9且不考虑孔隙率变化时，与O'Nell和Miller（1978）模型结果一致；各个模型中，阻抗因子预测的渗透系数相对最大。本书采用Fowler和Krantz（1994）模型，且模型参数γ取9。

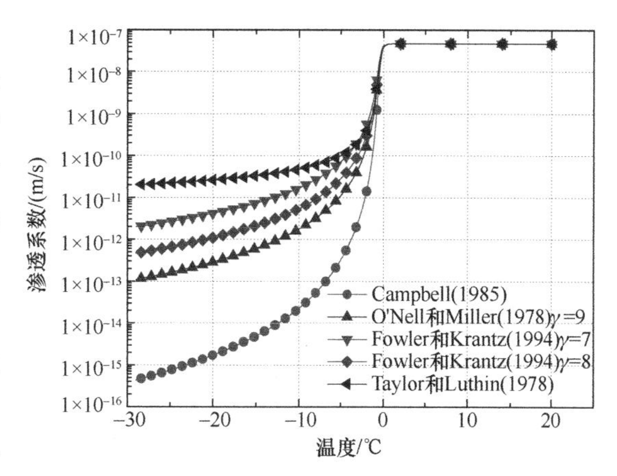

图2.53　饱和土渗透系数模型对比

$$k = k_{\text{sat}} \left(\frac{\theta_{\text{u}}}{n}\right)^{9} \tag{2.51}$$

将式（2.50）代入式（2.51）即为正冻土的渗透公式。

2.6　本章小结

本章通过土体基本物理力学试验、冻土单轴压缩试验、未冻水含量试验、热学参数试验及渗透试验研究了冻土的基本物理力学特性、冻结特征、热学特性及渗透特性，并建立了上述特性与土体宏观物理参数相关的预测模型，为后续的冻土水-热-力耦合分析奠定基础。主要得到以下结论：

（1）冻土单轴压缩试验表明低含水率时土体压缩是脆性破坏，高含水率时是塑性破坏；冻土初始弹性模量随含水率线性变化，随冻结温度指数变化。

（2）通过时域反射技术（TDR）试验研究了不同含水率、不同干密度土体冻结特征曲线，观测到滞后效应；根据未冻水变化规律，提出了界限含水率的概念，即在界限含水率以下未冻水含量随含水率的增加而增长，而在界限含水率以上，未冻水含量几乎不受含水率的影响；基于试验宏观现象，确立了模型参数随总含水率变化而动态变化、覆盖正负温度区间的统一预测模型（连续可导函数），克服了以往模型未冻水随总含水率持续增长的不足。

（3）基于研制的高效热交换试验装置，通过瞬态平面热源法试验研究了不同物理状态下土体冻结过程热参数变化，并提出了考虑含水率、干密度影响的覆盖正负温度区间的导热系数一般预测模型，研究表明土体导热系数在正温区及近似干燥状态冻结过程导热系数几乎不变，而湿润状态在剧烈相变区跳跃式增长20%～50%，与干密度近似呈线性正相关，与含水率近似呈幂函数关系。体积比热容在正温区几乎不随温度变化，冻结后随温度非线性降低。

（4）通过土体不同干密度渗透试验，建立了土体渗透系数与孔隙率的二次多项式关系，同时基于非饱和土渗流理论确定了正冻土渗流特性与冻结温度、孔隙率的关系。

第3章 结构约束条件下土的水平冻胀试验

对土体冻胀的研究，从最初的现象认识逐渐到水分迁移、温度场及约束等主要因素影响规律的认识，再到基于水-热-力的多场耦合定量分析机理认识。冻胀本质上是土体内水分、能量、应力场等多因素的相互作用和冻结土体与外界环境、结构物的相互作用问题。以往的研究，更多关注恒载条件下的竖向冻胀问题，对水平冻胀的研究更多集中在挡土墙的监测和分析上，而挡土墙的约束刚度、温度场、墙后水分场、应力场与基坑均存在巨大差异；另外，水平冻胀涉及水平方向的水分迁移及重力势的影响，与竖向冻胀存在较大差异。本章以桩锚基坑为例，在分析了桩锚支护结构对冻土的等效变形刚度基础上，研制了多场耦合水平冻胀试验系统，并开展了开放条件下不同约束刚度与不同初始应力的水平冻胀试验。

3.1 水平冻胀试验系统研制

3.1.1 试验系统设计

要实现冻土多场耦合水平冻胀试验，需要模拟基坑开放条件下土体与支护体系的环境与受力状态，就要实现土体一定的负温状态和初始应力状态，以及土体冻结过程中与支护结构的相互作用。据此，研制了多场耦合水平冻胀试验系统，主要包括控温系统（2台冷浴）、加载系统、补水系统、数据采集系统、制样装置等，如图3.1所示。与以往冻胀试验装置更多关注竖向恒载工况的冻胀不同，本试验装置主要针对寒区越冬基坑水平冻胀问题。本装置可模拟基坑单元体在一定初始应力（包括水平与竖向应力）与一定变形刚度的力学约束条件下，实现不同冻结温度与温度梯度边界、不同冻结模式的水平冻胀响应规律研究；同时，可模拟开放或封闭体系的水分边界条件，实时监测水平冻结过程中土体温度、变形与冻胀力变化，必要时可监测水分场变化。

3.1.2 桩锚支护结构等效约束刚度推导及弹簧制作

本试验的关键在于实现土体在基坑支护结构约束作用下的冻结。图3.2为桩锚支护基坑示意图。可见，随着气温的降低在基坑临空面形成冻结层后，冻胀的发生是桩锚体系组成的支护结构、冻土层及后部的非冻结层三者之间在一定外界负温环境下的相互作用，如图3.2（a）～图3.2（c）所示。基坑侧壁一定深度土体近似为单向冻结，对于冻结土某一单元体与支护结构的相互作用一定程度上可简化为图3.2（d）所示。靠近基坑侧壁的土体受大气负温影响而冻结，并随冻结锋面向深处推进，背向基坑侧壁远端近似处于恒

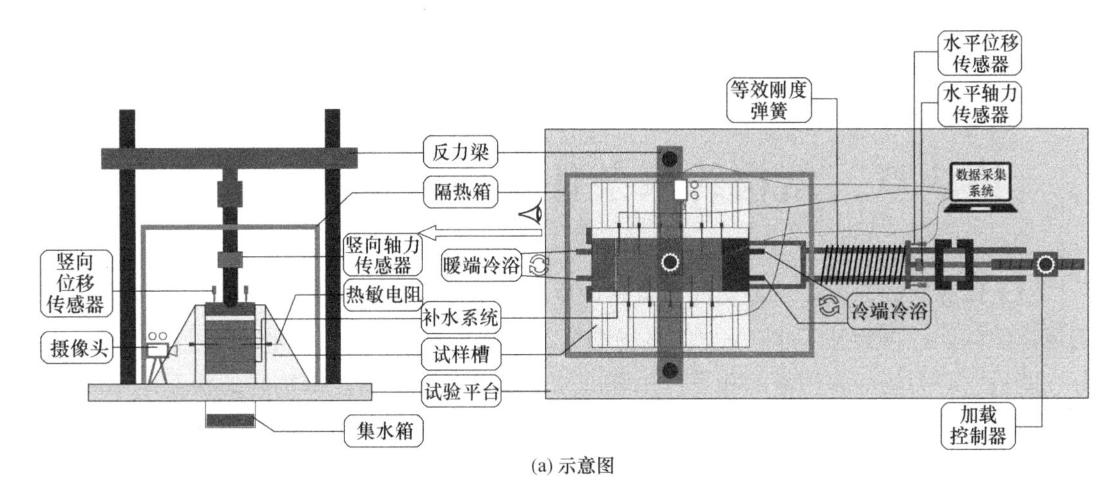

(a) 示意图

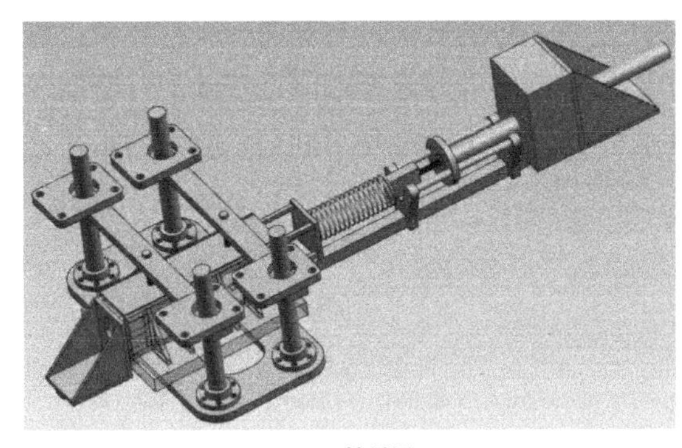
(b) 效果图

(c) 实物图

图 3.1　土-结多场耦合水平冻胀试验系统

温，而侧壁因支护体系预应力条件下的作用受到约束，一定条件下除初始应力外支护结构变形刚度是影响基坑侧壁冻胀的关键因素。对于一个土体单元而言，约束体系可等效为线弹性力学约束。

构成桩锚基坑支护体系的构件主要是支护桩、锚索和腰梁，因此各部分的几何特性、材料特性及空间分布总体上决定了支护体系的变形刚度。经过分析，认为基坑临空面的变形刚度主要存在两种极值情况，分别为同一高度的相邻两道锚索之间桩身位置处以及竖向相邻两道腰梁之间桩身跨中处，即如图 3.2（b）中的 A 点和 B 点所示。

对于图 3.2（b）中的 A 点而言，假定与 A 点相邻的上下两道锚索和腰梁均处于刚性约束状态，即仅 A 点左右相邻处的锚索、腰梁及桩身是弹性状态，那么 A 点处的变形量 S_A 为：

$$S_A = (S_M + S_Y) = S_P \tag{3.1}$$

式中，S_M、S_Y、S_P 分别为 A 点（水平相邻）处锚索、腰梁及桩身变形量（忽略两侧远端结构变形影响），从弹簧变形性质分析，A 点处锚索与腰梁处于串联状态。那么一定面积条件下（如一个锚索间距 $S\times$ 腰梁间距 b 的面积）A 点处总的受力 N_A 为：

$$N_A = K_P S_P + (S_M + S_Y)\frac{K_M K_Y}{K_M + K_Y} \tag{3.2}$$

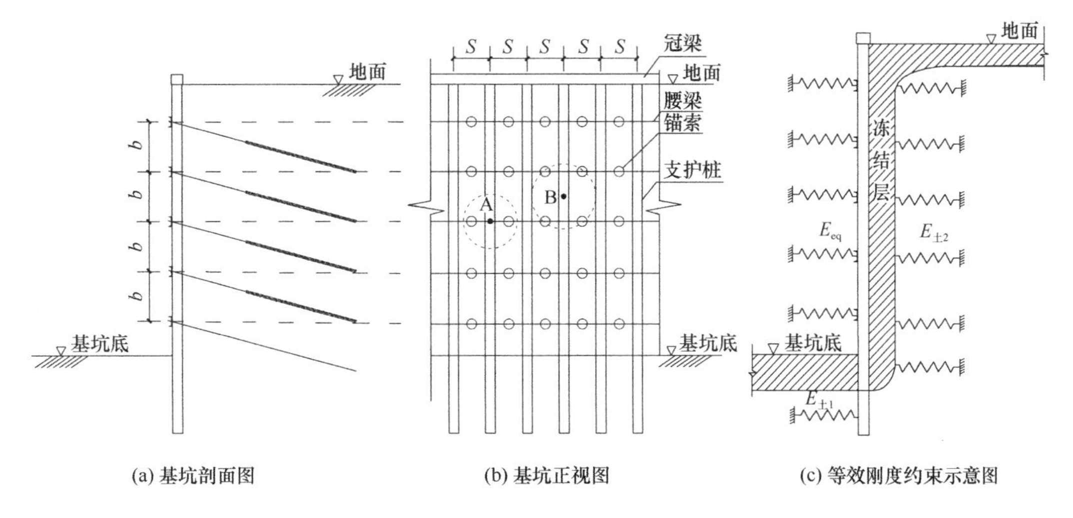

(a) 基坑剖面图　(b) 基坑正视图　(c) 等效刚度约束示意图

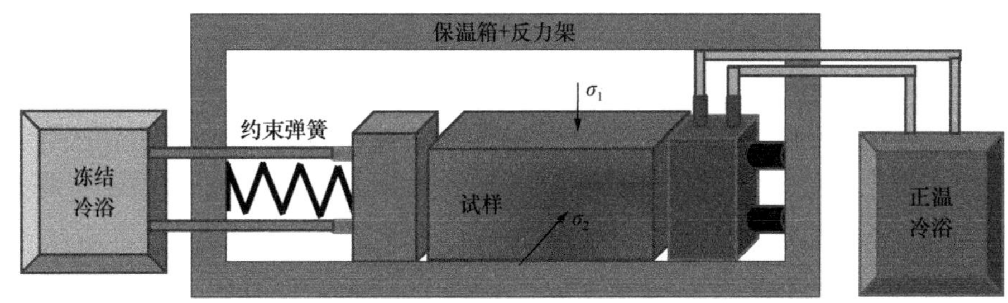

(d) 冻土-结构相互作用简化示意图

图 3.2　桩锚支护基坑示意图

式中，K_P、K_M、K_Y 分别为一定面积条件下 A 点处桩身、锚索与腰梁变形刚度，故此可得 A 点处支护体系的等效变形刚度 K_{eq}：

$$K_{eq}=\alpha_1 K_P+\frac{\alpha_2 K_M K_Y}{K_M+K_Y} \tag{3.3}$$

同理，可推 B 点处一定面积条件下等效变形刚度 K_{eq}：

$$\frac{1}{K_{eq}}=\frac{\alpha_3}{K_P}+\frac{\alpha_4}{K_M}+\frac{\alpha_5}{K_Y} \tag{3.4}$$

式中，α_i 为刚度调节系数，无经验时可取 1.0。可见，对于基坑 A 点处总的等效变形刚度，是锚索与腰梁串联后再与桩并联；对于 B 点的总等效变形刚度是锚索、腰梁与桩身刚度的串联。在支护体系分布连续、材料及各构件特性均匀的情况下，基坑面的变形刚度也是连续的，也就说基坑各点在一定面积条件下的变形刚度一般处于式（3.3）和式（3.4）之间。

对于锚索的水平变形刚度 K_M 可参考基坑规范[232]：

$$K_M=\frac{3E_sE_cA_pAEb_a}{[3E_cAl_f+E_sA_p(l-l_f)]s} \tag{3.5}$$

$$E_c=\frac{E_sA_p+E_m(A-A_p)}{A} \tag{3.6}$$

式中，E_s、E_m 分别为锚杆（索）和注浆固结体的弹性模量；A_p、A 分别为锚杆（索）和锚固体截面积；l、l_f 分别为锚杆（索）总长度与自由段长度；b_a、s 分别为挡土结构计算宽度和锚索水平间距。以一桩一锚为例，间距 1.3m，4 束 15.2 锚索，锚索长度 17m，自由段长度 7m，经计算锚索的变形刚度 K_M 约为 14400kN/m。

变形系数 β 取值 **表 3.1**

连续梁形式	B 点桩身变形系数 β_0（等跨）	A 点桩身变形系数 β_0（不等跨）	腰梁
两跨连续梁	0.521	0.1146	0.911
三跨连续梁（两边跨）	0.677	0.1159	1.146
三跨连续梁（中跨）	0.052	0.0677	0.208
四跨连续梁（两边跨）	0.632	0.1146	1.079
四跨连续梁（两中跨）	0.186	0.06489	0.409
五跨连续梁（两边跨）	0.644	0.1149	1.097
五跨连续梁（两次边跨）	0.151	0.06583	0.356
五跨连续梁（中跨）	0.315	0.07124	0.603

基于连续梁理论[233]，支护桩的变形刚度 K_P 和腰梁的变形刚度 K_Y 分别按照均布荷载和集中荷载分布的模式，简化其为一跨简支梁、两跨至五跨连续梁、悬臂梁等形式，且假定桩后是单位土压力，参照文献[233]可得各跨跨中处的挠度，见式（3.7），从而确定其变形刚度 $K=1/f$。变形系数 β_0 取值如表 3.1 所示。

$$f=\begin{cases}\beta_0\dfrac{ql^4}{100EI} & \text{均布荷载}\\ \beta_0\dfrac{Pl^3}{100EI} & \text{集中荷载}\end{cases} \tag{3.7}$$

对桩身和腰梁的不同跨度变形刚度求平均值并按照式（3.3）、式（3.4）进行组合，表 3.2 是桩锚支护体系在腰梁处（A 点）和竖向两道腰梁之间跨中（B 点）的等效变形刚度 K_{eq} 计算结果，此结果已转化为 10cm×10cm 尺寸的试样面积便于后续用于试验的弹簧设计。通过分析发现，锚杆（索）的变形刚度相对最低，腰梁和桩身的变形刚度大致在相同数量级，且因腰梁处的桩身（A 点处）计算长度更大（不等跨），其变形刚度相对竖向两道腰梁之间的桩身（等跨）变形刚度约小一个数量级。支护体系的等效变形约束刚度在竖向两道腰梁之间跨中处最小（B 点），而在 A 类点处因锚索和腰梁的约束其等效变形刚度明显更大。

部分工况等效约束刚度 **表 3.2**

桩径/m	钢绞线束	倾角/°	锚索总长/m	锚固段长/m	腰梁	锚固径/mm	摩阻力/kPa	10cm×10cm 等效约束刚度/(N/mm)（A 点/B 点）
0.6	3×15.2	15	20	12	双槽钢 25b	150	105	226/27
0.6	2×15.2	15	16	9	双槽钢 25b	150	105	61/24

续表

桩径/m	钢绞线束	倾角/°	锚索总长/m	锚固段长/m	腰梁	锚固径/mm	摩阻力/kPa	10cm×10cm 等效约束刚度/(N/mm)(A点/B点)
0.8	3×15.2	15	20	13	双槽钢25b	150	105	241/29
1.0	4×15.2	15	22	11	双槽钢28b	150	105	352/21
1.0	4×15.2	15	17	10	双槽钢32b	300	105	416/35

压缩弹簧设计参数 **表3.3**

设计值/(N/mm)	实际值/(N/mm)	簧径/mm	中径/mm	有效圈数 n	节距/mm	高度/mm	旋绕比 D/d	高径比 L/D	材质	工艺
1	1.235	3	40	11	15	150	13.3	3.75	65Mn	冷成型
23	24.2	8	60	8	18	150	7.5	2.5		
31	34.4	9	70	6	23	150	7.8	2.1		
60	77	12	82	5	30	150	6.8	1.8		
100	98	10	49	8	17	150	4.9	3.1		
200	270	11	44	8	17	150	4.0	3.4		
350	300	14	54	6.5	24	150	3.9	2.8		
400	350	16	81	3	44	150	5.1	1.9	60Si2	热成型
700	950	22	96	3.5	34	150	4.4	1.6		

注：材质"65Mn"代表"碳素弹簧钢丝65Mn"；"60Si2"代表"热卷弹簧钢60Si2"。

基于此认识，需要设计冻土多场耦合试验的等效约束刚度压缩弹簧。压缩弹簧的关键参数主要包括高度 L、线径 d、中径 D、有效圈数 n、节距 p、旋绕比、高径比等，设计参数如表3.3所示，压缩弹簧两端并紧磨平处理。加工好的压缩弹簧通过万能试验机进行力学参数标定（图3.3），弹簧的压缩变形刚度分别为1.235N/mm、24.2N/mm、34.4N/mm、77N/mm、98N/mm、270N/mm、300N/mm、350N/mm、950N/mm（试验仅采用了部

图3.3 约束弹簧及其标定

分弹簧）。

3.1.3　试验装置研发

1. 加载系统

加载系统主要由水平与竖向加载系统构成。其中水平加载系统由一台丝杆升降机组成，竖向加载系统由四台丝杆升降机组成，并通过同步器控制协同运动，如图 3.4 所示，水平与竖向可分别通过转动各自摇柄进行缓慢加载及卸载。

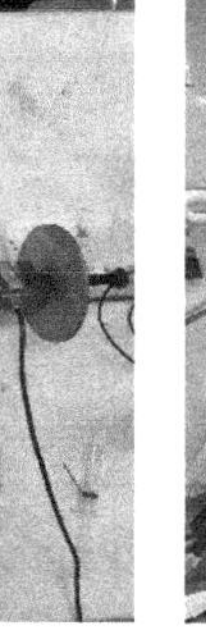

(a) 水平加载系统　　(b) 竖向加载系统

图 3.4　试验加载系统

2. 数据采集系统

数据采集包括水平与竖向冻胀力、温度、冻胀变形等参数。轴力传感器采用的是中航电测 S 形桥路轴力传感器，如图 3.5 所示，并采用静态电阻应变仪进行数据采集。传感器标定时，采用万能试验机以量程的 5％为增量进行加载，直到其量程，加载曲线如图 3.5（e）所示，可见各传感器的线性表现良好。

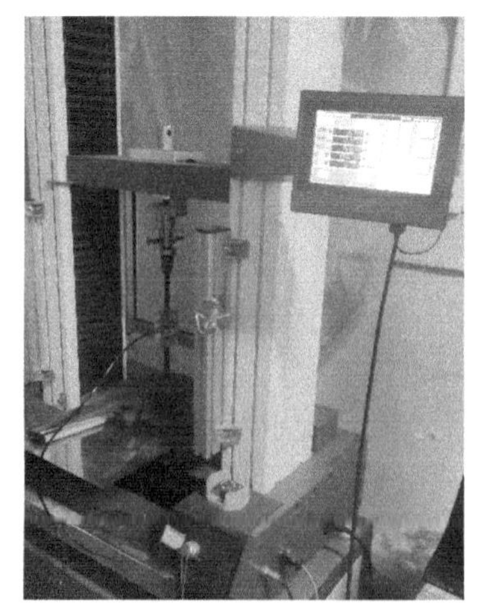

(a) 水平轴力传感器　　(b) 竖向轴力传感器　　(c) 传感器标定

图 3.5　轴力传感器及其标定（一）

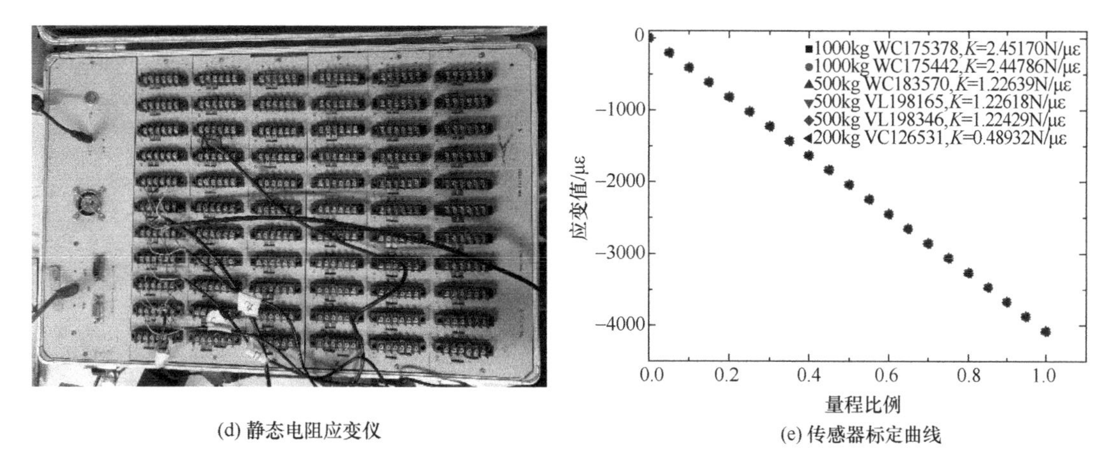

(d) 静态电阻应变仪　(e) 传感器标定曲线

图 3.5　轴力传感器及其标定（二）

为采集试验过程中温度变化，本系统采用 MF5E 2.2K 热敏电阻，精度±0.2%，如图 3.6 所示，沿试样两侧间隔 3cm 交替布置，并采用安捷伦数据采集仪 34970A 配 34901 采集卡进行数据采集。

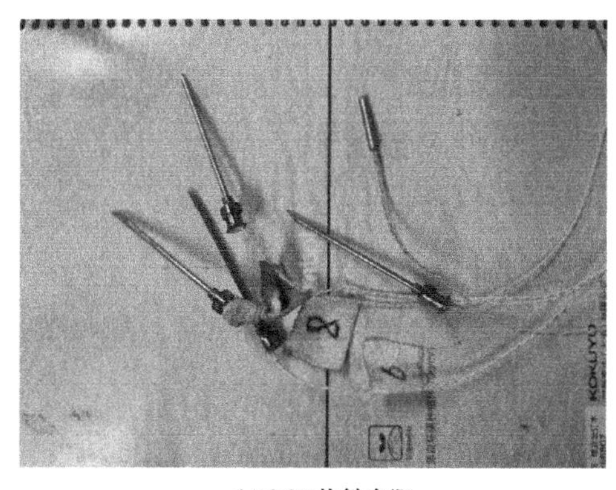

(a) 2.2K热敏电阻

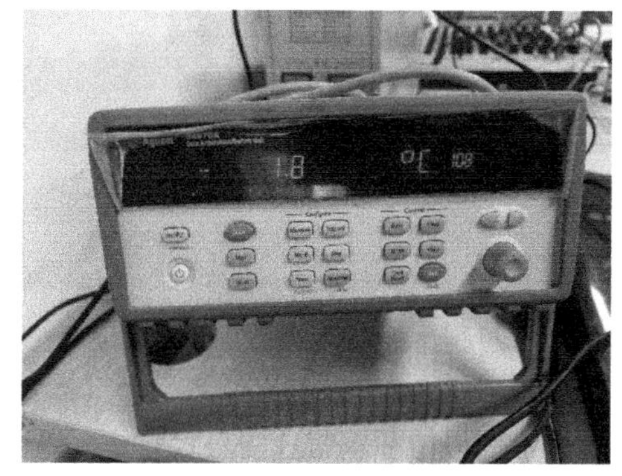

(b) 安捷伦采集仪

图 3.6　温度采集系统

对于冻结过程冻胀变形的测量采用 YWD-50 和 YWC-30 应变式位移传感器（考虑到空间限制及可靠性采用了 2 种位移传感器），其分辨率分别为 200$\mu\varepsilon$/mm 和 405$\mu\varepsilon$/mm，如图 3.7 所示，采用全桥连接的静态应变采集仪进行采集，如图 3.5（d）所示。为研究水平冻结过程中试样上部与下部的冻胀差异，本试验系统采用了 5 组位移传感器，分别布置在冷端试样的左上、右上、左下、右下及上部中间位置，如图 3.7（c）所示。

3. 补水系统

竖向冻结可以方便地在试样底部设计无压补水系统（通过马利奥特瓶无压补水），整个补水面水平且在试样底部分布均匀。而水平冻结试验不同，垂直于水平面的试样一端整个竖向截面不方便设计分布均匀的无压补水系统。为此，设计了在试样暖端竖向不同高度等间距分布的多条水平补水探针（侧面激光打孔的不锈钢针）实现分区近似无压补水，水

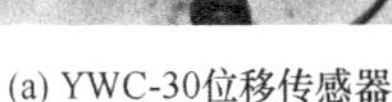

(a) YWC-30位移传感器

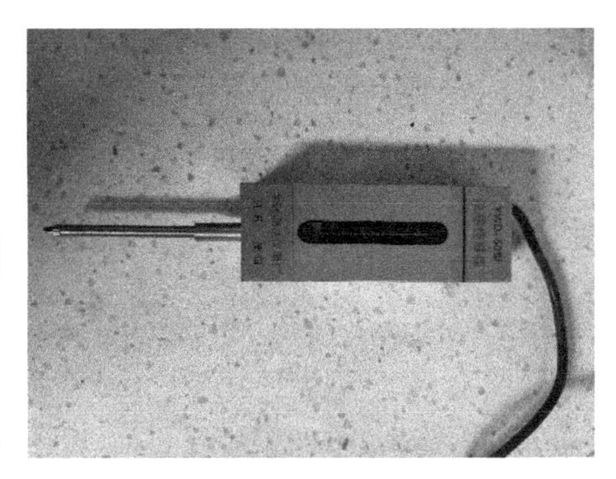

(b) YWD-50位移传感器

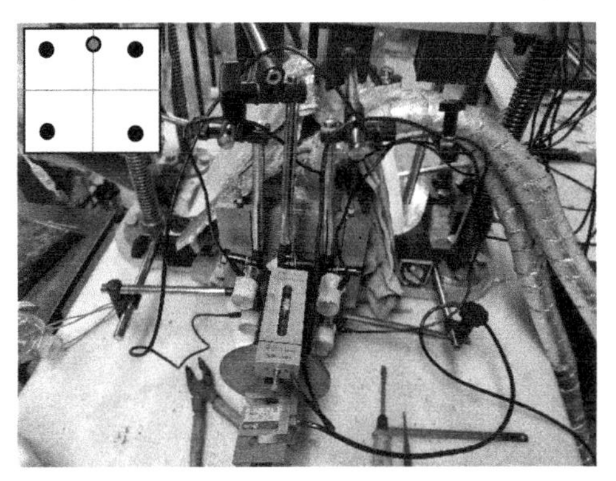

(c) 位移传感器布置

图 3.7　位移传感器

分从探针侧面均匀分布的小孔（激光打孔间距 10mm，孔径 0.5mm）中流出并经与其紧贴的棉布和滤纸进行均匀化处理，每根探针的另一端通过医用静脉输液管（20 滴/mL）分别连接着独立的补水瓶。探针穿过试验槽侧面预留孔插入暖端铜制模块预留槽中，在暖端模块表面布置充分湿润的棉布和滤纸并在初始压力作用下与试样紧贴，试验时控制滴速间隔 15～20s，多余的水分通过试验槽下部的预留槽排出，如图 3.8（a）～图 3.8（f）所示。这样从钢针中流出的水经棉布和滤纸能较均匀分布在试样暖端整个截面，从而利于均匀的水分迁移。

控温系统主要包括两台 JMD4024 低温恒温循环槽（冷浴）[图 3.9（a）、图 3.9（b）]和冷、暖端的热量交换模块 [图 3.8（a）、图 3.9（c）]。其中，冷浴的控温范围为－40～90℃，温度波动±0.1℃，降温速率 0.5～1℃/min，显示精度 0.1℃。采用无水乙醇作为外循环冷媒，外部循环过程中通过尼龙与铜质组合模块进行热量交换，冷浴内部与冷、暖端模块实际温度有一定温差，因此以冷、暖端热敏电阻所测温度为准进行温度控制。冷、暖端热量交换模块采用低导热的尼龙和高导热的铜制成，高导热铜质面与试样相接触提高热量交换效率，低导热的尼龙构件在背部起到一定隔热作用，减少向外界的热量散失。

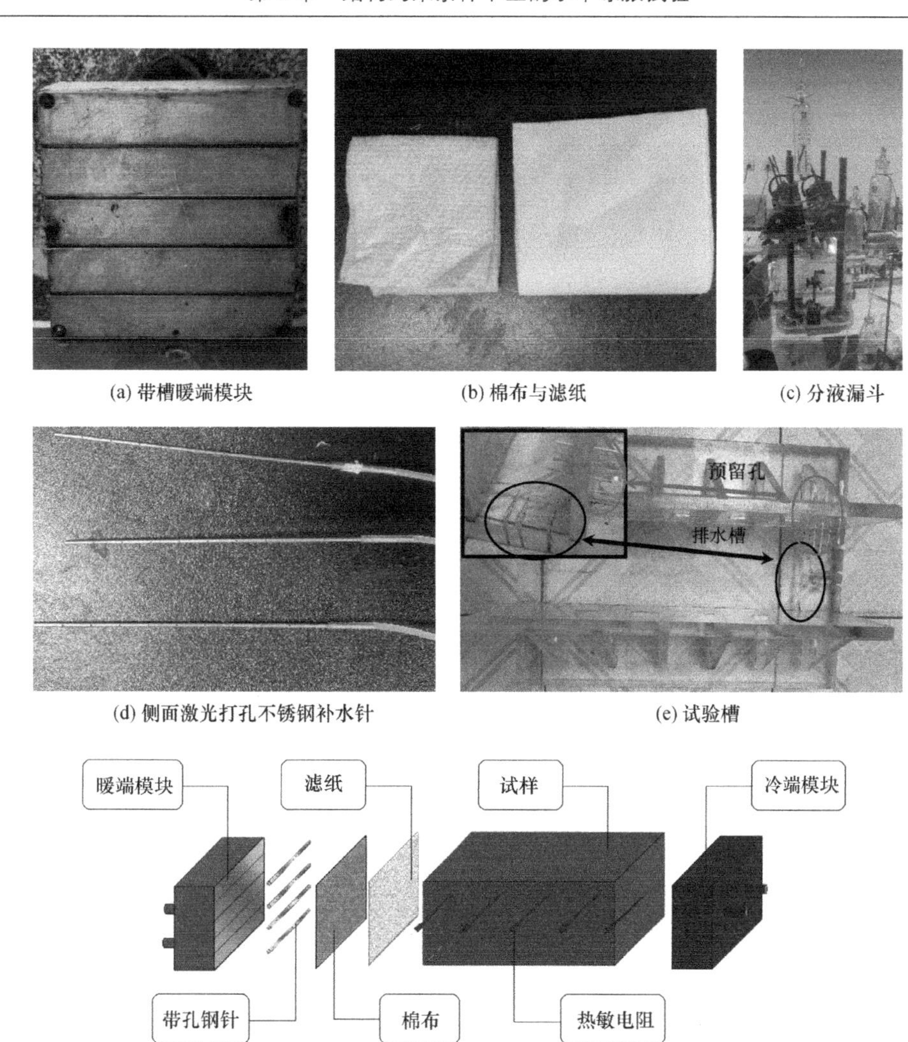

(a) 带槽暖端模块　(b) 棉布与滤纸　(c) 分液漏斗

(d) 侧面激光打孔不锈钢补水针　(e) 试验槽

(f) 水平补水组装示意图

图 3.8　补水系统

(a) 暖端冷浴

(b) 冷端冷浴

(c) 热量交换模块

图 3.9　控温设备和装置

3.2 水平冻胀试验

3.2.1 试验概况

本试验装置可开展0～−40℃冻结条件下、一定温度梯度（随冷、暖端温度及试验尺寸而定）、一定水平与竖向应力及不同线性约束刚度的水平冻胀试验，试验过程中监测温度、位移、力等参数变化。采用第3.1节研制的试验装置开展基于等效刚度约束的粉质黏土开放场水-热-力耦合水平冻结试验。以往研究表明[234]，冻结速率会影响土体冷生构造，即随冷端降温速率的增加，冷生构造从厚冰层向薄冰层、微层状构造转变，尤其当冻结速率超过水分迁移速率一定水平后，冻结锋面推进过快，水分无法及时迁移至冻结缘后部，不能形成相对厚的分凝冰层，从而影响冻胀量。因此，本书主要开展了饱和与非饱和、阶梯降温与直接降温两种冻结模式的水平单向冻结试验，研究水平冻胀与力学约束关系，试验方案如表3.4所示。所用土样经2mm筛分后，在110℃烘干8h备用。筛好的土体按照目标含水率配置土样后在密封袋中浸润24h，然后采用分层压实法制样，试样尺寸10cm×10cm×20cm。对于饱和试样，制完样后两端分别放入滤纸和透水石并约束其变形（制样器也是饱和器），将试样置于真空饱和缸抽真空4h以上，再通入蒸馏水并浸泡24h以上，如图3.10（a）～图3.10（e）所示。如前所述，在冷端布置3～5个位移传感器，分别监测试样上部和下部的水平冻胀响应，如图3.7（c）所示；按照试验目标分别施加水平向和竖向初始应力并固结，固结完毕启动冷浴并同时开始补水，采集冻结过程中土体温度场、冷端位移及水平轴力。试验完毕，将试样划分为四个区（左上、右上、左下、右下）并按照1cm间隔分别取样，采用烘干法测每一层、每一区的含水率，如图3.11所示。试样长度20cm，在其中一侧的0、6cm、12cm、18cm、20cm处（见图3.10（e）侧面预留开槽）和另一侧的3cm、9cm、15cm处分别布置一个2.2K热敏电阻，每个热敏电阻处开槽长度2cm，防止针头状热敏电阻限制土体的冻胀变形。试样外部紧密覆盖多层保温棉，以降低环境的影响。

水平单向冻结试验方案　　表3.4

方案编号	含水率	弹簧刚度 K/(N/mm)	初始水平应力 σ_0/kPa	暖端温度/℃	冷端温度/℃	降温方式
1号	18%	24.2	20.2	4.6	−17.4	直接冻结
2号	18%	98	91	4.8	−20.3	−6℃/7h
3号	18%	270	164	5.0	−20.0	−6℃/7h
4号	20%	34.4	47.8	4.5	−21.0	−6℃/7h
5号	饱和	34.4	57.7	4.6	−20.5	−3℃/7h
6号	饱和	24.2	51.8	3.0	−20.6	−3℃/7h
7号	饱和	77	71.7	4.3	−22.9	−3℃/7h

续表

方案编号	含水率	弹簧刚度 K/(N/mm)	初始水平应力 σ_0/kPa	暖端温度/℃	冷端温度/℃	降温方式
8 号	饱和	98	82.3	3.8	−22.3	−3℃/7h
9 号	饱和	270	93.2	4.8	−22.7	−3℃/7h
10 号	饱和	24.4	10	3.8	−21.0	直接冻结
11 号	饱和	98	10	3.7	−20.7	直接冻结
12 号	饱和	270	10	3.5	−21.2	直接冻结
13 号	饱和	24.4	40	3.6	−21.0	直接冻结
14 号	饱和	98	40	4.0	−21.0	直接冻结
15 号	饱和	270	40	3.6	−20.8	直接冻结
16 号	饱和	24.4	80	3.8	−20.5	直接冻结
17 号	饱和	98	80	4	−20.0	直接冻结

(a) 碾土

(b) 分层压实制样

(c) 抽真空饱和

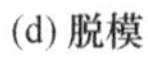

(d) 脱模

(e) 装入试验槽

图 3.10　水平冻胀试验制样过程

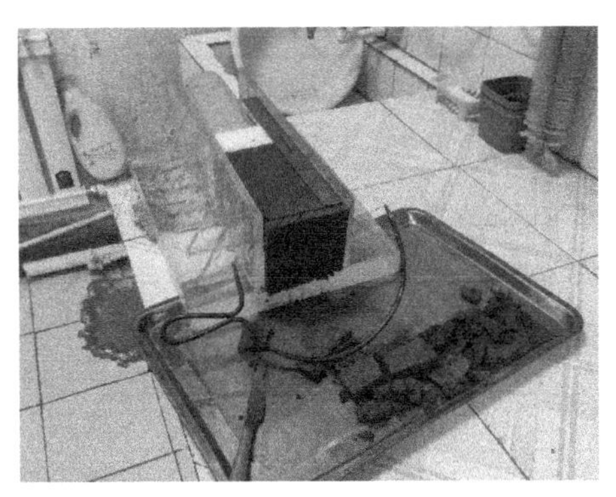

图 3.11　含水率测试

3.2.2　不饱和试样阶梯冻结试验结果分析

本节开展了不饱和土体（含水率约 18%）不同初始水平应力与不同约束刚度工况下水平冻结试验，对应着表 3.4 的 1～4 号试验。暖端温度约 5℃，冷端温度约－20℃。采用阶梯降温（如－7℃/7h），对试样竖向施加 62～196kPa 的初始竖向应力以模拟不同深度土体自重应力并限制其竖向位移，待水平应力稳定后，开始试验，并启动暖端补水（补水前为初始含水率），本次采用 2 个位移传感器，分别监测试样上部与下部变形。图 3.12 是试样各工况下冻胀响应（变形和冻胀力）。由图可见，在一定初始水平荷载下，土体的

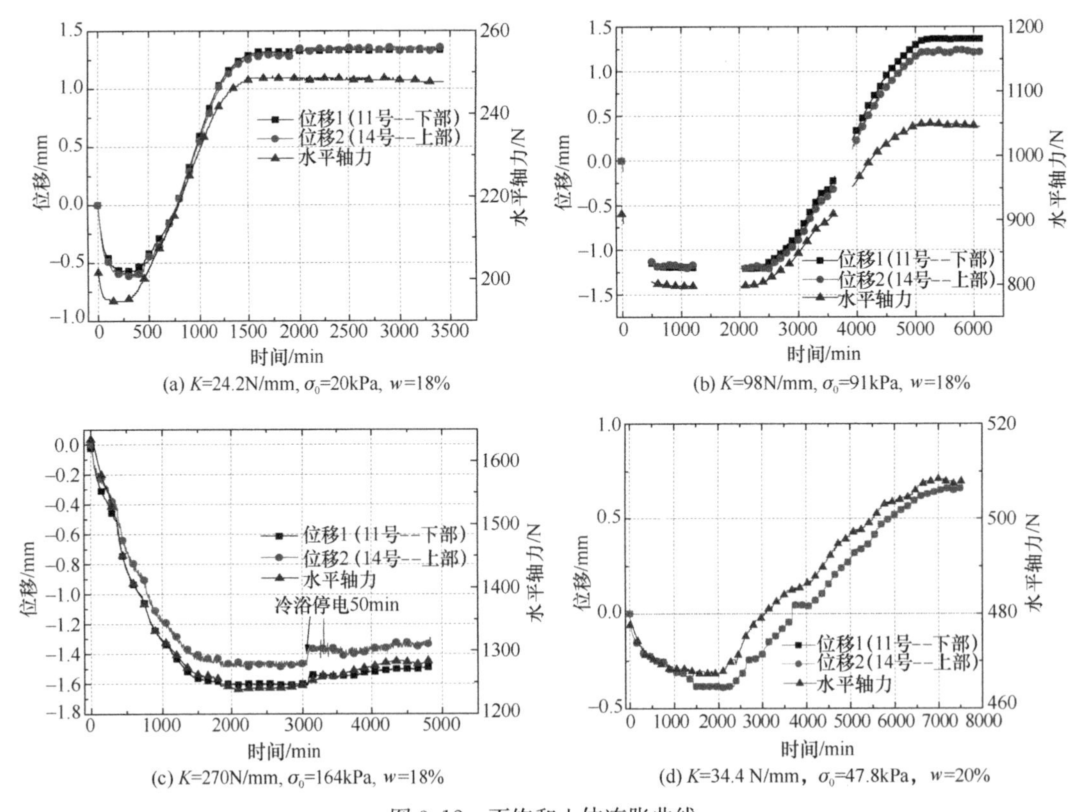

(a) K=24.2N/mm, σ_0=20kPa, w=18%

(b) K=98N/mm, σ_0=91kPa, w=18%

(c) K=270N/mm, σ_0=164kPa, w=18%

(d) K=34.4 N/mm，σ_0=47.8kPa，w=20%

图 3.12　不饱和土体冻胀曲线

冻胀曲线均表现出先收缩再增长的现象，甚至图 3.12（c）在 164kPa 初始水平荷载条件下主要表现出收缩现象，而未出现明显冻胀。文献[1]、[76]、[235]将其归结为温度降低引起的介质密度增加与体积缩小（即冻缩），本书认为这种现象是冻缩与土体固结作用下的综合表现。图 3.13 为压缩模量随含水率变化曲线。由图可见，在较低应力状态下（如 $E_{s0\sim0.05}$ 和 $E_{s0.05\sim0.1}$），土体压缩模量随含水率的增加近似线性降低，而在较高应力状态下（如 0.1MPa 以上），压缩模量随含水率首先表现出略微地增长后，在近似饱和状态时又略有降低。水平冻结过程中，冻结区因冰含量的提升模量也迅速提升，因冻结过程温度梯度引起的吸力效应使得未冻区及冻结缘处含水率因水分迁移而增加，进而引起非饱和状态下的压缩模量降低，从而导致固结与冻缩现象的发生。图 3.12 的冻胀曲线说明高初始荷载和大刚度约束条件下土体的冻胀被抑制；较低初始应力状态和较低约束刚度时［图 3.12（a）和图 3.12（d）］，试样上部和下部的冻胀量差别较小。

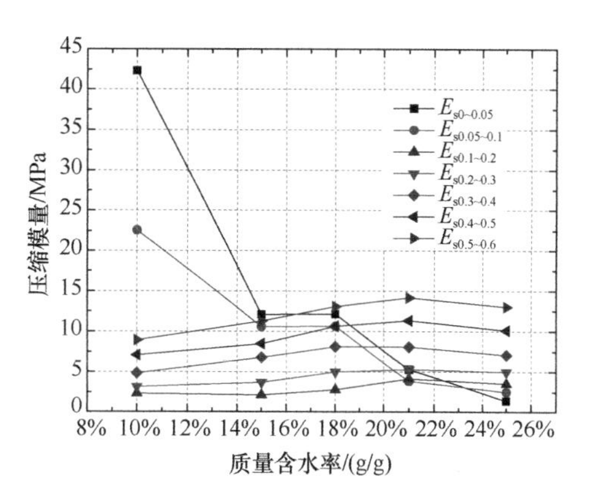

图 3.13 压缩模量随含水率变化曲线

从图 3.12 可见，试样水平冻结过程中，冻胀变形和冻胀力均呈现明显的随时间的非线性变化规律，且冻胀变形与冻胀力的变化规律基本一致，均因冻缩和固结呈现先降低再增长的变化规律，当冻缩和固结基本稳定后呈现明显的快速冻胀，后随冻结的稳定也逐渐进入缓慢增长和稳定阶段。图 3.14 是不同初始水平和竖向应力与最终冻胀力的关系图。由图可见，在一定范围内，最大水平冻胀力随初始水平应力的增加近似线性增长，但是增长到一定阶段水平冻胀力不再随初始水平应力的增加而增加，且随初始应力的增加，冻胀力增大率总体上处于下降状态（从 22.8%下降到−21.8%），且在 164kPa 水平初始应力状态下呈现负增长；对于竖向应力，因冻结过程土体蠕变导致的应力消散，最终的竖向应力小于初始应力。以 1 号试验为例（其他工况呈相同规律），图 3.15 是土体冻结过程中水平轴力与位移关系曲线，反映了冻土与结构受力在空间上的变化规律。由图可见，水平轴力与位移基本呈线性关系，这与它们随时间的变化呈现明显不同的特征，分析原因主要是采用了等效约束刚度的线性弹簧，且弹簧处于弹性压缩阶段。冻结过程中，水平轴力变化基本与约束弹簧刚度与变形量的乘积相符。

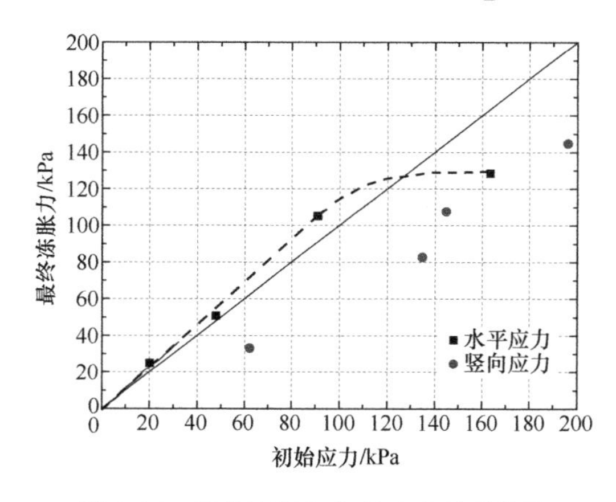

图 3.14 最终冻胀力-初始应力关系曲线

图 3.16 是 1 号试验（$K=24.2\text{N/mm}$，$\sigma_0=20\text{kPa}$）冻胀速率时程变化图。由图可见，冻结初期（约前370min）主要以负的变形速率为主，宏观上表现为压缩变形，此阶

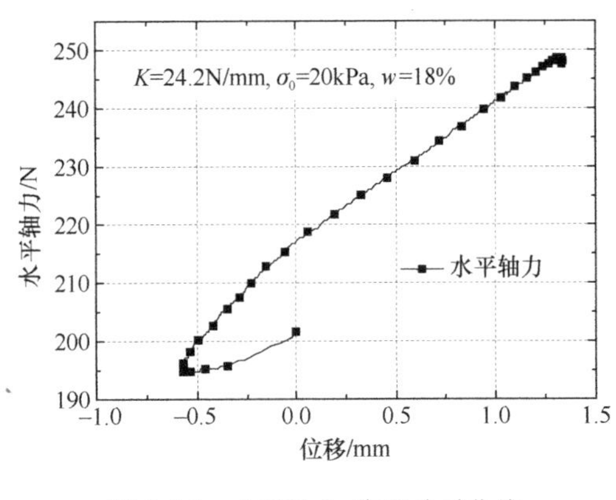

图 3.15 水平轴力-位移关系曲线

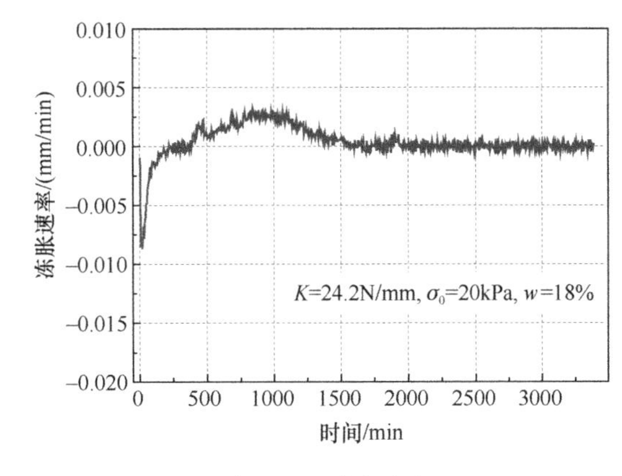

图 3.16 冻胀速率

段的水平轴力也有所降低，此时冻深约 8～9cm，快速冻结导致试样冻结区水分未及时补充而含水率几乎没有变化。试样在 400～1000min 逐渐进入温度恒定期（图 3.17），此时未冻区水分在温度梯度诱导下的冻吸力梯度发挥作用，水分往冻结锋面迁移并在冻结缘后凝结，从而引起冻胀速率的震荡提升并达到峰值；从第 1000min 开始冻胀速率下降并在 1500min 左右基本处于停滞，虽有震荡波动，但是数值极小，冻胀量在第 1500min 也基本进入稳定阶段而没有明显增长。

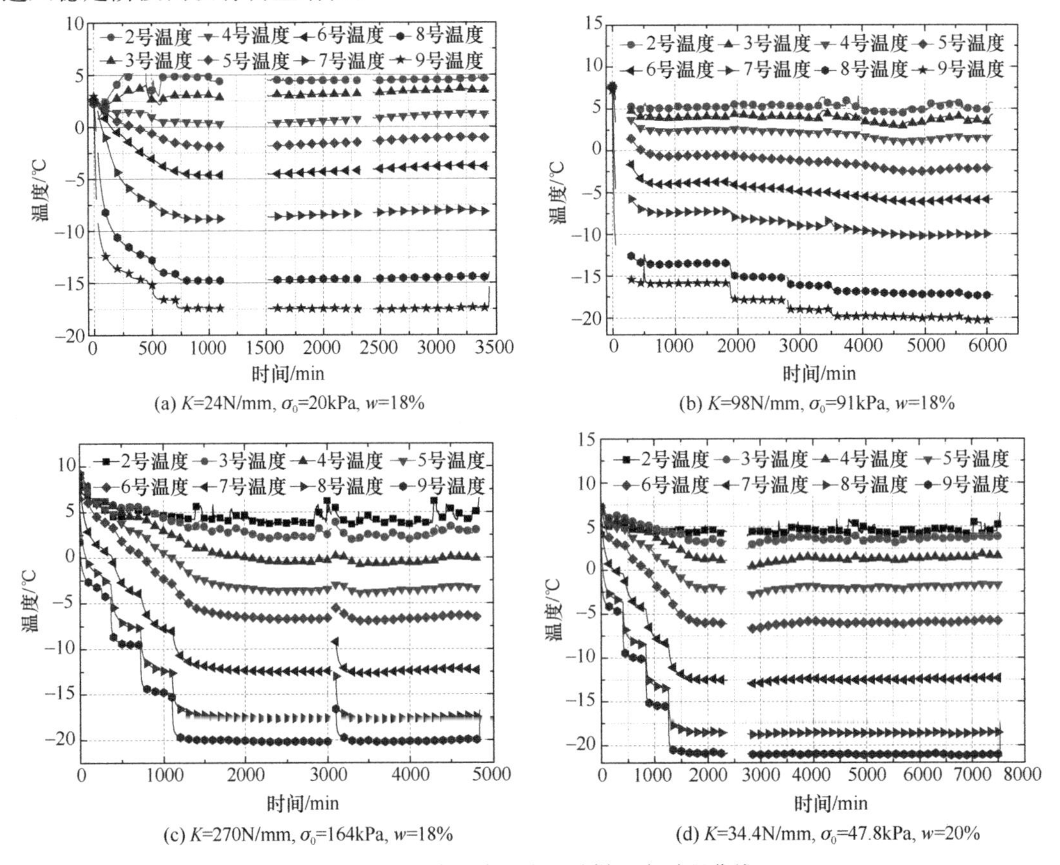

图 3.17 开放系统不饱和试样温度时程曲线

图 3.17（a）冻结方式近似为冷端直接冻结（微调），图 3.17（b）～图 3.17（d）为阶梯降温冻结，图中的 2～9 号温度分别对应着从暖端到冷端各测点的温度（部分图中缺少的数据是因采集仪通信中断）。从图中可见，各个试样的温度变化规律基本相同，基本可划分为速降阶段、缓降阶段及稳定阶段，与位移和冻胀力的变化规律类似。其中，每个试样越靠近冷端温度变化越剧烈，越靠近暖端温度变化越平缓。阶梯降温方式因经历多次降温，温度变化曲线呈现出阶梯状。图 3.18 是试样不同时刻温度沿试样长度方向的分布曲线。由图可见，试样内部温度梯度随冻结的进行逐渐从开始时的大梯度向稳定值过渡，到试验结束，温度呈近似线性分布，4 个试样分别在第 12h、60h、30h、30h 左右时刻达到稳定，主要与阶梯降温持续时间有关。

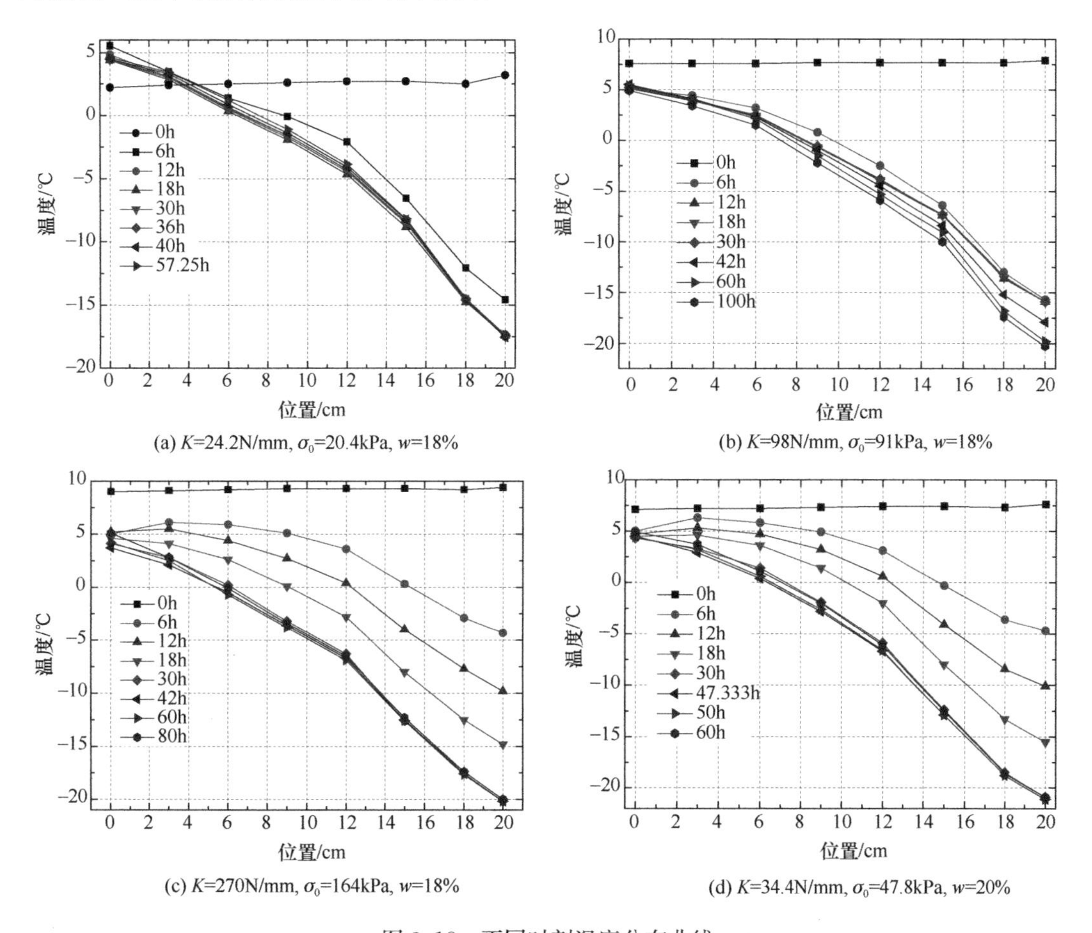

(a) K=24.2N/mm, σ_0=20.4kPa, w=18%　(b) K=98N/mm, σ_0=91kPa, w=18%

(c) K=270N/mm, σ_0=164kPa, w=18%　(d) K=34.4N/mm, σ_0=47.8kPa, w=20%

图 3.18　不同时刻温度分布曲线

图 3.19 为不饱和土体开放条件下试验结束时，各截面四个分区含水率分布曲线。假定试样冻结前含水率是均匀的。试样从暖端（未冻区）向冷端（冻结区）划分为 20 份，在每 1cm 截面 4 个点位进行切片取样。可见，试样左下和右下两个取样点的含水率相对左上和右上区域的含水率更高，说明在水平冻结过程中，水分的水平迁移受到了重力势的影响。因图 3.19（a）和图 3.19（b）冻结初期温度迅速降低到较低值，因此水分从暖端来不及向冷端迁移，从而造成冻结区的含水率被锁定在初始含水率附近；而图 3.19（c）

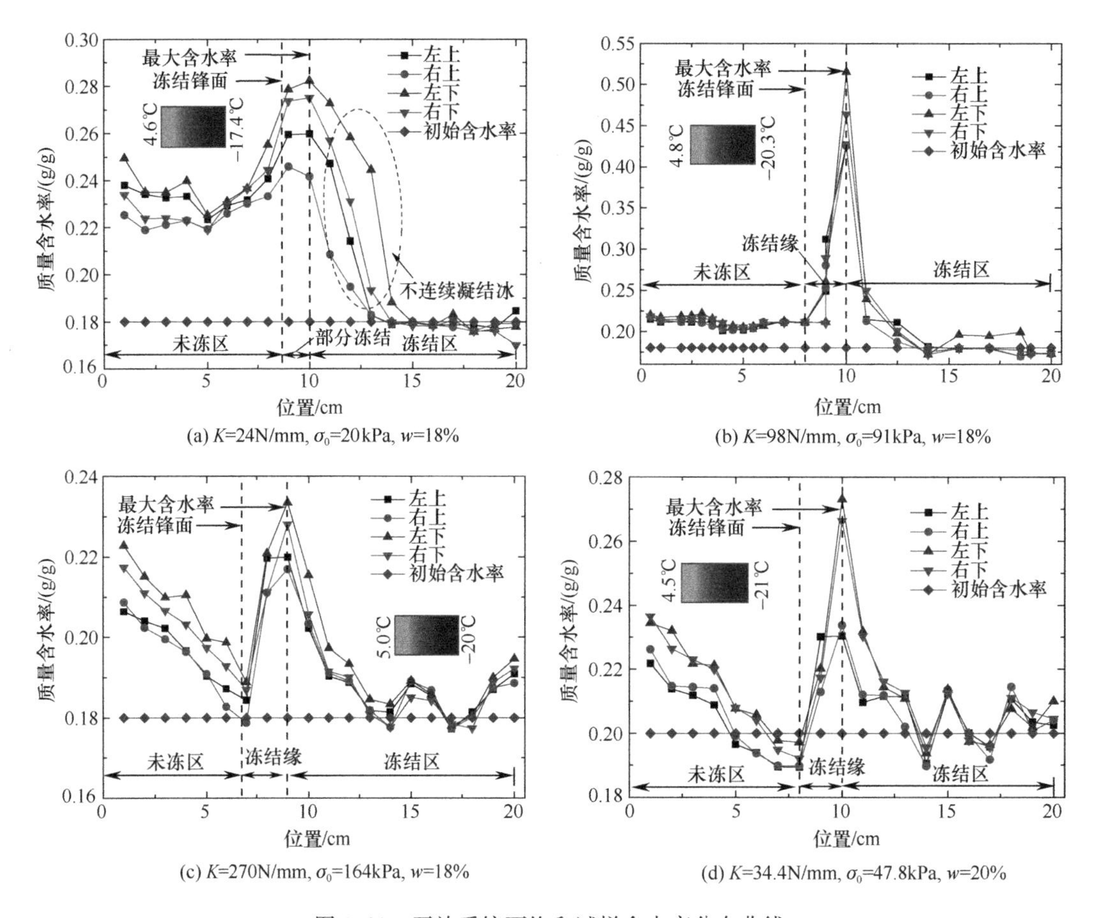

(a) K=24N/mm, σ_0=20kPa, w=18%

(b) K=98N/mm, σ_0=91kPa, w=18%

(c) K=270N/mm, σ_0=164kPa, w=18%

(d) K=34.4N/mm, σ_0=47.8kPa, w=20%

图 3.19　开放系统不饱和试样含水率分布曲线

和图 3.19 (d) 采用了较小的阶梯降温幅度，相当于总体上降低了冻结速率，延长了补水时间，冻结锋面也随着阶梯降温的进行而多次缓慢向暖端推进，因此每次阶梯降温会在冻结锋面后形成含水率峰值。区别于竖向冻胀，开放条件下未冻区因持续的水分补给一般含水率维持在初始含水率附近[76,111]。尤其对于图 3.19 (c) 工况，因未冻区下部含水率更高，因此模量降低也更明显，在较高初始荷载作用下，导致下部的压缩更大。4 个试样的未冻区含水率相比初始时均有所增长，这是冻结初期出现固结的重要原因。从图 3.18 及第 2 章冻结点的概念（此处冻结点取－0.55℃）可知，试样冻结锋面基本在距暖端 8～9cm 之间，按照冻结缘的结构，冻结锋面之后一定距离才是凝冰锋面（靠近冷端），也就是冰透镜体的位置，因此含水率峰值在距离暖端约 10cm 处，也就是冰透镜体的位置。对于水平补水的不饱和土体未冻区含水率还表现出另一特点，即暖端近似处于饱和补水状态，从而导致从暖端到冻结锋面含水率的降低趋势，类似于工程降水后形成的漏斗形液面分布特点。

3.2.3　饱和试样阶梯降温试验结果分析

本节开展了抽真空饱和试样在 57.7kPa、51.8kPa、71.7kPa、82.4kPa 及 93.2kPa 的

初始水平应力作用下、约束刚度分别为24.2N/mm、34.4N/mm、77N/mm、98N/mm及270N/mm工况下水平冻结试验，暖端温度约4℃，冷端采用阶梯降温（−3℃/7h）以模拟自然界中土体随气温循序渐进冻结，对试样竖向施加约30kPa的初始竖向应力并限制其竖向位移。图3.20为饱和试样开放系统下阶梯降温冻胀曲线，对应着表3.4中5～9号

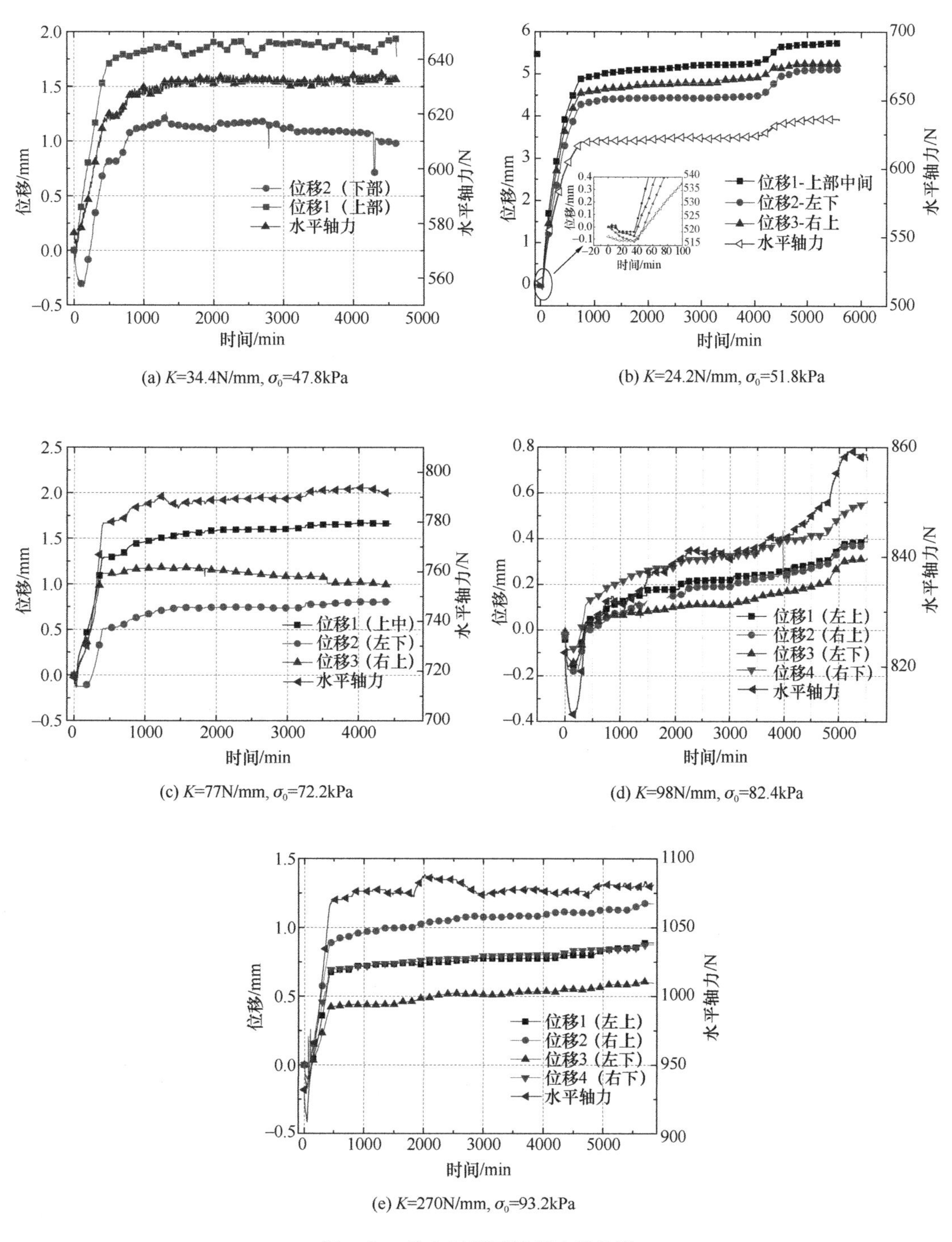

(a) K=34.4N/mm, σ_0=47.8kPa

(b) K=24.2N/mm, σ_0=51.8kPa

(c) K=77N/mm, σ_0=72.2kPa

(d) K=98N/mm, σ_0=82.4kPa

(e) K=270N/mm, σ_0=93.2kPa

图3.20　饱和试样开放场冻胀曲线

试验。由图可见，试验的冻胀变形与水平冻胀力变化规律相吻合，冻胀变形与冻胀力在冻结初期首先是快速增长，然后逐渐放缓直至稳定。其中，在冻结初期，各个试样也表现出了不同程度的冻缩与固结现象，初始水平应力越大，冻结初期固结压缩越明显。另外，水平轴力和位移达到最大值时，多出现震荡变化，分析原因是随着冻胀力的增大土体中冰透镜体不能承担，导致冰透镜的融化而不是继续生长[236]；因梯度降温作用，土体中会产生多个不连续冰透镜体，从而出现多个冻胀力与变形的震荡现象。

图 3.21 为各工况初始水平和竖向应力与最终冻胀力的关系。由图可见，在一定范围内，水平冻胀力与初始水平应力近似呈线性关系，较低应力时水平冻胀力增加更明显，随初始水平应力的增加，水平冻胀力总体上增长趋缓；对于低应力水平的竖向应力，最终的竖向冻胀力远高于初始竖向应力（2～3 倍），同样也随应力的增加而增长放缓。对比图 3.14 和图 3.21 发现，饱和试样相对于非饱和试样在阶梯降温冻结模式下，水平冻胀力增长更大，这与含水率更高冻胀明显有关。饱和试样阶梯冻结过程中，与非饱和试样一样，冻胀变形与冻胀力均表现出随时间的非线性变化规律，但是冻胀力与冻胀变形之间几乎是稳定的线性关系，也就是说等效刚度约束弹簧处于弹性阶段，如图 3.22 所示（以表 3.4 中 6 号试验为例）。

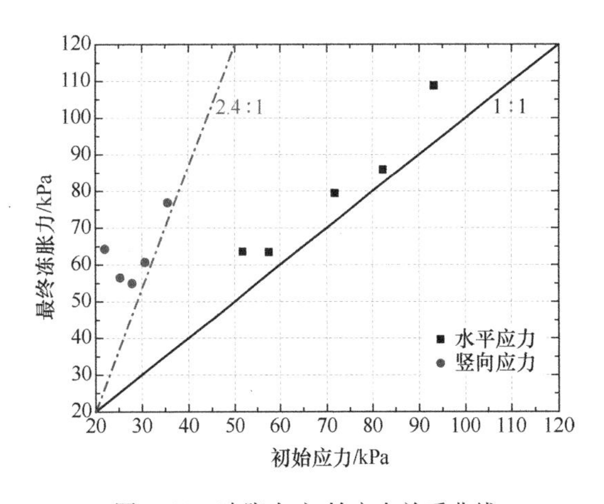

图 3.21　冻胀力-初始应力关系曲线

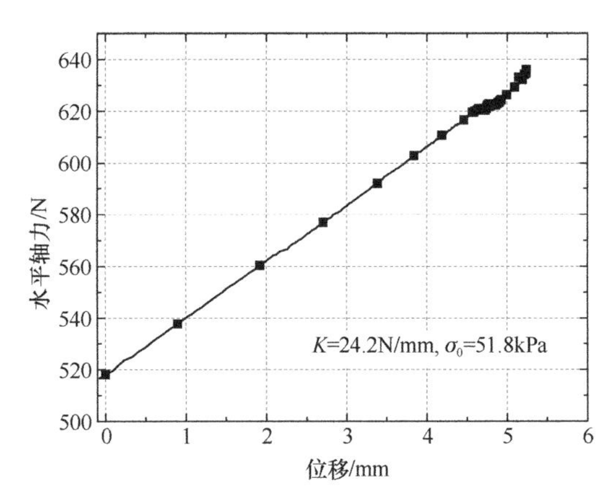

图 3.22　冻胀力-位移关系曲线

图 3.23 是经抽真空饱和后试样水平冻结温度时程曲线。由图可见，温度每 7h 降低 3℃，阶梯降温影响主要是靠近冷端两个传感器（8 号和 9 号温度传感器），从 2～7 号传感器温度几乎没有表现出阶梯变化，虽然初始温度稍有差别，但是冷端温度基本在 2500min 达到－20℃。图 3.24 是试样不同时刻温度空间分布曲线。按照第 2 章冻结点的概念确定冻结锋面（此处冻结点取－0.52℃），可见各试样的冻结锋面距离暖端 7～9cm（因冷、暖端温度差异造成），在试验结束时，温度场总体上趋向线性分布，表现出与不饱和试样基本一致的规律，实际上呈非线性分布分析原因为试验时未将试样置于恒定、低温环境中，保温效果不够理想，环境温度对试样温度场分布有所干扰。

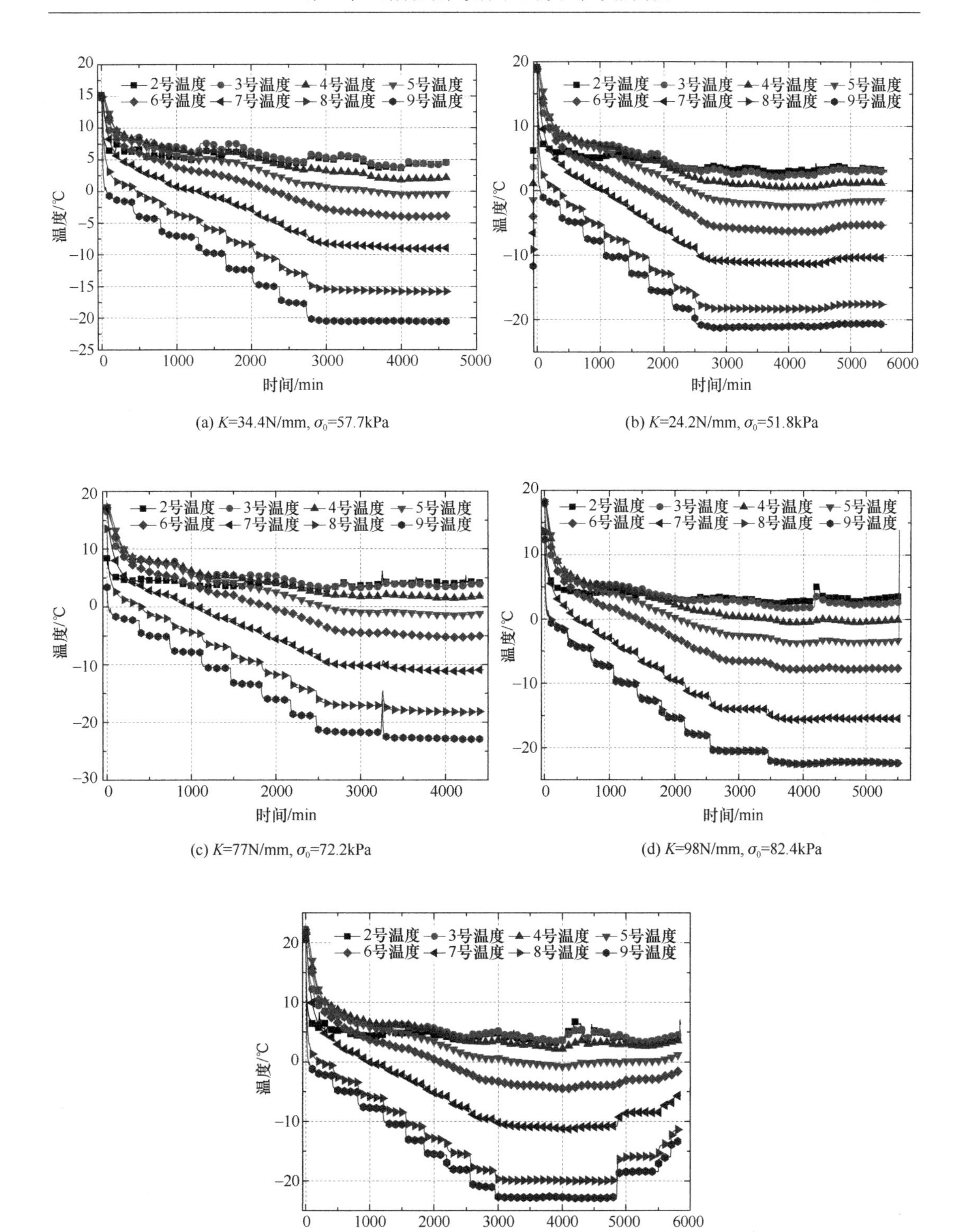

(a) K=34.4N/mm, σ_0=57.7kPa

(b) K=24.2N/mm, σ_0=51.8kPa

(c) K=77N/mm, σ_0=72.2kPa

(d) K=98N/mm, σ_0=82.4kPa

(e) K=270N/mm, σ_0=93.2kPa

图 3.23　开放系统饱和试样温度时程曲线

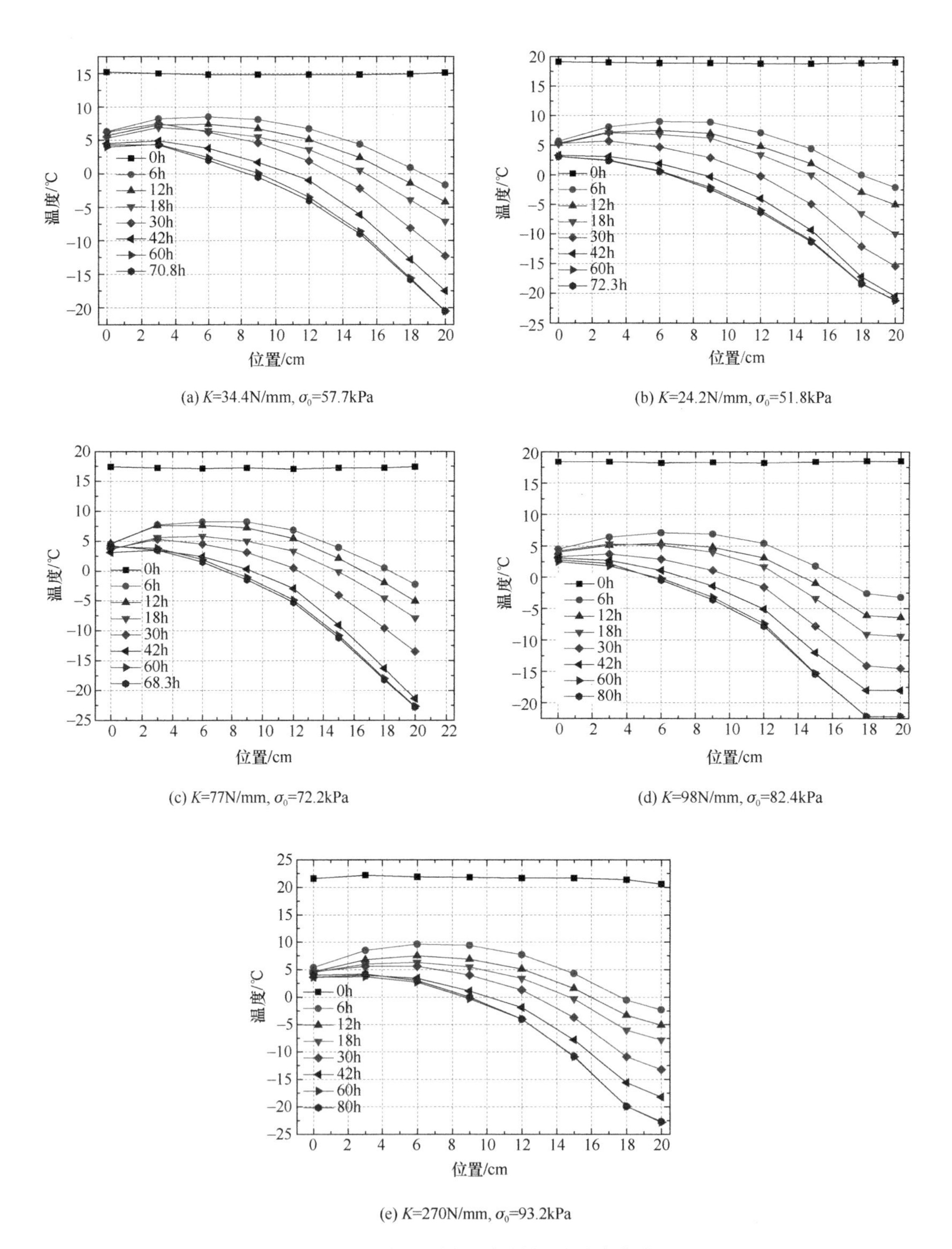

(a) K=34.4N/mm, σ_0=57.7kPa

(b) K=24.2N/mm, σ_0=51.8kPa

(c) K=77N/mm, σ_0=72.2kPa

(d) K=98N/mm, σ_0=82.4kPa

(e) K=270N/mm, σ_0=93.2kPa

图 3.24　饱和试样不同时刻温度分布曲线

图3.25是经抽真空饱和后试样水平冻结后含水率分布曲线图。对比图3.19可见，经抽真空饱和后水平冻结含水率分布与不饱和土体的分布有明显区别，饱和后试样未冻区含水率分布相对均匀，而冻结区因多次阶梯降温，出现了类似不饱和试样水平冻结的多个含水率峰值，但是因饱和试样降温速率更低（3℃/7h），一方面土体具有更多时间进行水分迁移，另一方面更高含水率条件下渗透系数更高，因此冻结区的含水率明显高于不饱和土体冻结区含水率，而不饱和土冻结区虽然是阶梯降温，但是以更高的速率冻结，因此没有

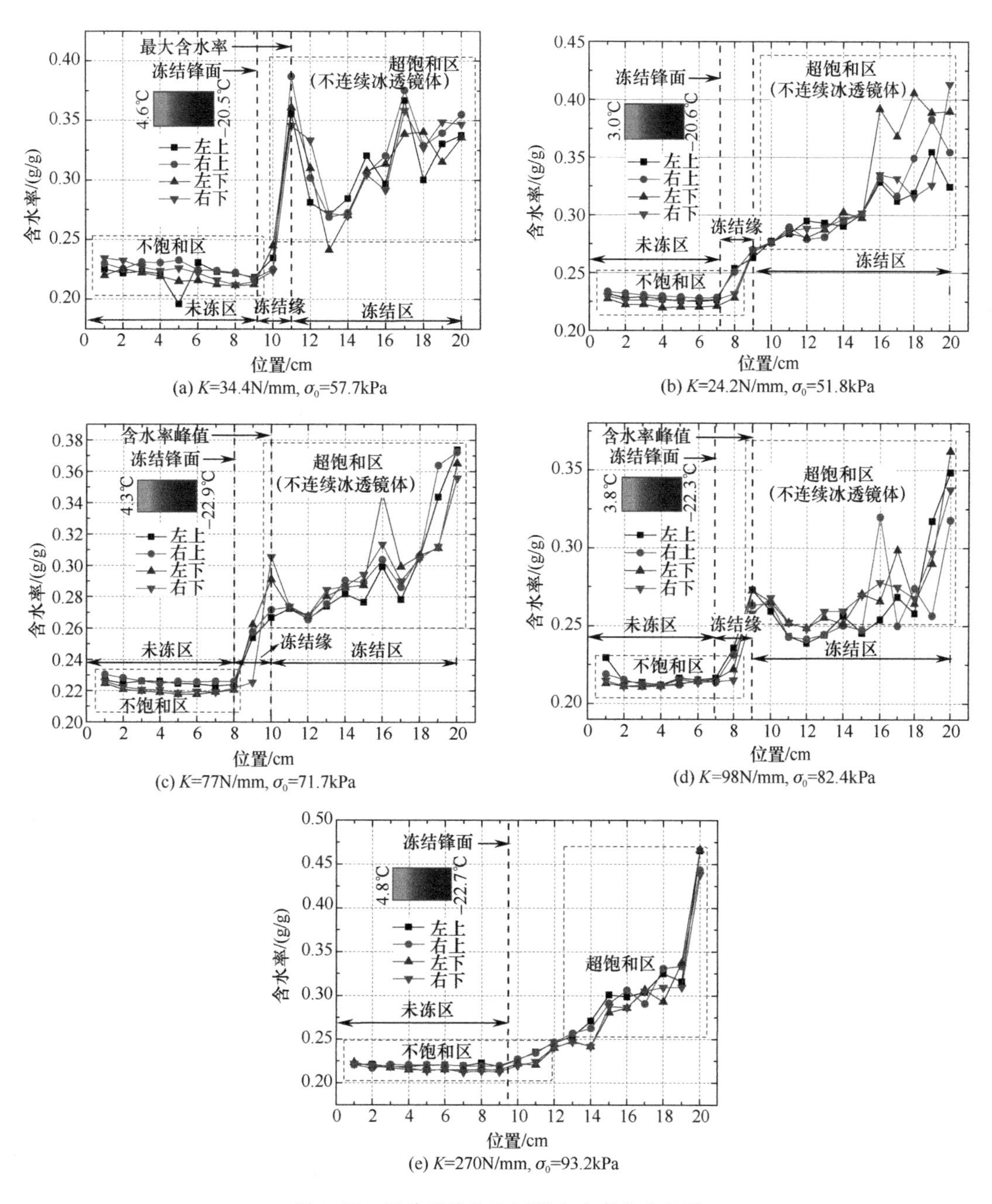

图3.25　开放系统饱和试样含水率分布曲线

足够的迁移时间和大的渗透系数，因此冻结区含水率相比初始含水率没有明显变化。另外，含水率在试样竖向空间分布上，总体上表现为冻结区试样下部高上部低、未冻区上部高下部低的特点，但是差别均不明显。而且，随着约束刚度和水平初始荷载的增加，在试样中部含水率峰值越不明显，说明高应力、强约束条件下冻结缘后更不易形成冰透镜体，尤其对于93kPa左右工况下，冻结锋面后未形成明显的含水率峰值，也就不容易判断冻结缘位置。另据单独的饱和试验含水率试验，发现饱和含水率约25.4%，可见未冻区含水率均低于饱和含水率，出现不饱和现象，主要是未冻区水分向冻结锋面迁移，而暖端的水又未及时补充，水分迁移造成了未冻区饱和度下降，有效应力增加进一步会引起固结效应。

3.2.4 饱和试样直接冻结试验结果分析

本节主要开展10kPa、40kPa、80kPa初始水平应力、约束刚度分别为24.2N/mm、98N/mm、270N/mm工况下水平冻结试验，冷端温度在冻结时直接设为目标冻结温度（如−20℃），对试样的竖向施加约10kPa的初始应力并限制其竖向位移，本次共采用4个位移传感器，分别占据采集仪的7～10号通道，分别采集试样左上、右上、左下、右下位置冻胀变形（部分试验增加了上部中间位移监测，占用14号通道）。图3.26是抽真空饱和土体冷端直接冻结的冻胀曲线图。土体冻胀曲线随时间的增长仍表现出非线性关系；相对于前文中的初始荷载工况，在较小的初始水平应力和较小的约束刚度工况下，土体冻胀明显而固结现象不显著，且需要更长的时间达到稳定状态，说明小应力状态下土体孔隙未被明显压缩，渗流能持续进行；而在80kPa左右水平应力状态下，开始冻结后试样均表现出明显固结现象，直到1500min左右开始表现出冻胀，并在2500min基本达到稳定状态，而最终的冻胀量相对微小。另外，对于试样上部与下部的冻胀量，大部分表现出下部冻胀高于上部冻胀的现象，说明重力势对水分迁移造成一定影响，底部含水率更高，从而冻胀相对明显。

以图3.26（a）、图3.26（b）为例，各传感器的平均冻胀量分别为9.55mm和4.51mm，约束弹簧的刚度为24.2N/mm和98N/mm，因此基于初始水平荷载值的增量分别约为226.3N和442N，再加上初始水平荷载99N和100N，冻结完毕分别约331.1N和542N，与水平轴力实测值329.6N和538.9N基本一致，说明弹性约束条件下冻胀力增量为冻胀量与约束刚度的乘积。图3.27是初始水平应力9.9kPa、弹簧约束刚度24.2N/mm工况下试样水平轴力与右上位移传感器的冻胀-轴力曲线，由图可见冻胀力与冻胀变形关系符合胡克定律，也就是弹簧处于弹性变形阶段，曲线的斜率即弹簧刚度。图3.28是冻胀力与初始应力关系图。由图可见，在此水平应力范围内，水平冻胀力与初始应力近似线性增长，且在较低初始水平应力时冻胀力增加比较明显，随着初始水平应力的增加冻胀力逐渐收敛到近似相同的数值，从而呈现出冻胀力增量幂函数降低的现象。结合本书前面两节的工况，总体上冻胀力随初始水平应力的增加而增加，但是冻胀力增长率随初始应力的增加呈下降趋势；此外，因初始含水率和冻结模式的差异，冻胀力及其增长率变化规律略有不同。

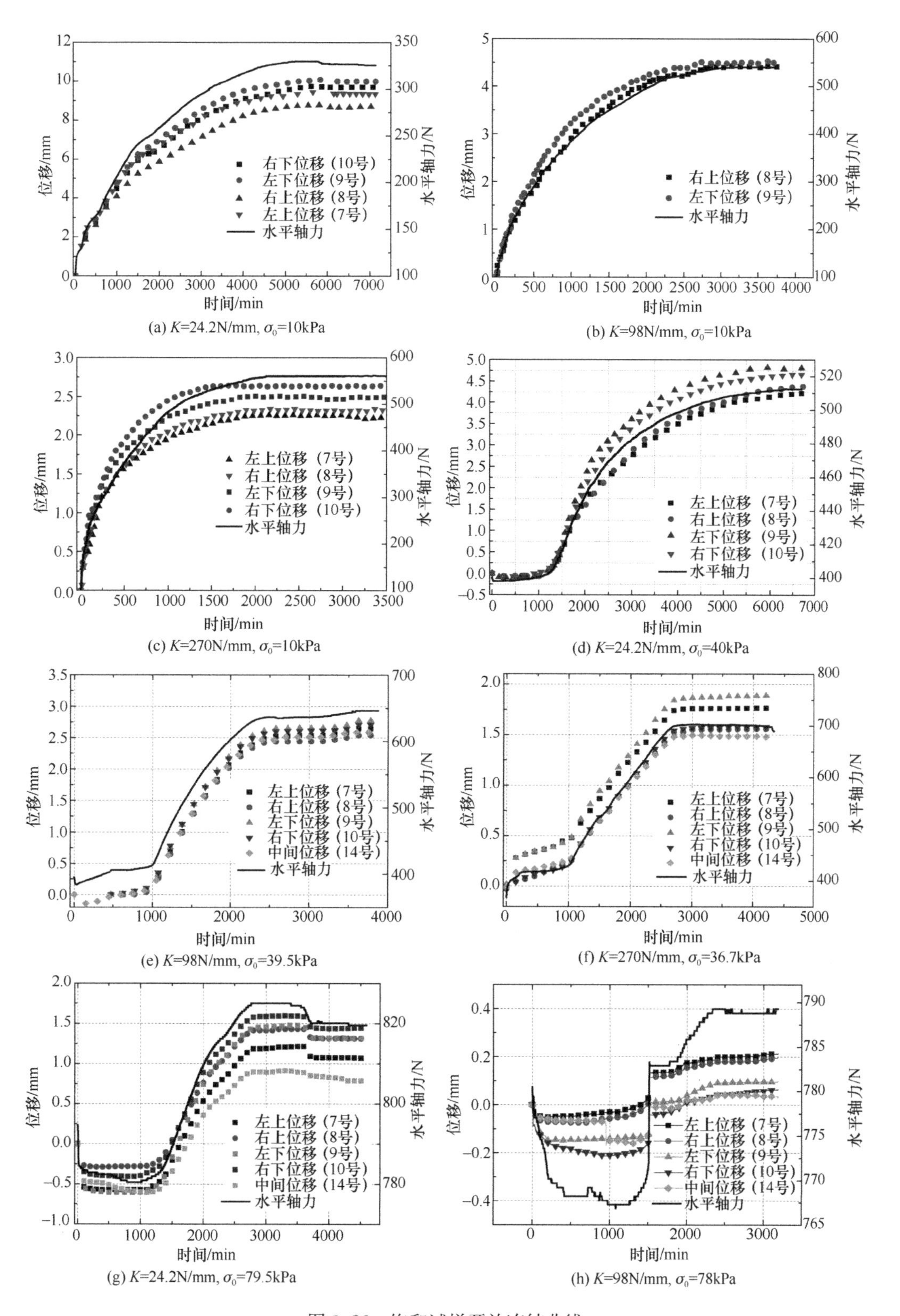

(a) K=24.2N/mm, σ_0=10kPa

(b) K=98N/mm, σ_0=10kPa

(c) K=270N/mm, σ_0=10kPa

(d) K=24.2N/mm, σ_0=40kPa

(e) K=98N/mm, σ_0=39.5kPa

(f) K=270N/mm, σ_0=36.7kPa

(g) K=24.2N/mm, σ_0=79.5kPa

(h) K=98N/mm, σ_0=78kPa

图 3.26　饱和试样开放冻结曲线

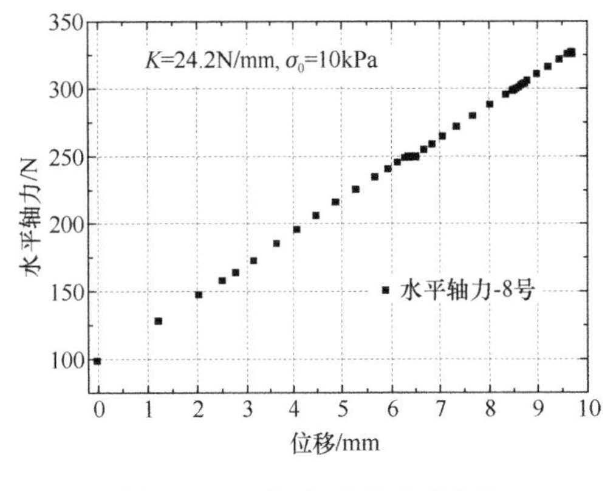

图 3.27　冻胀力-位移关系曲线

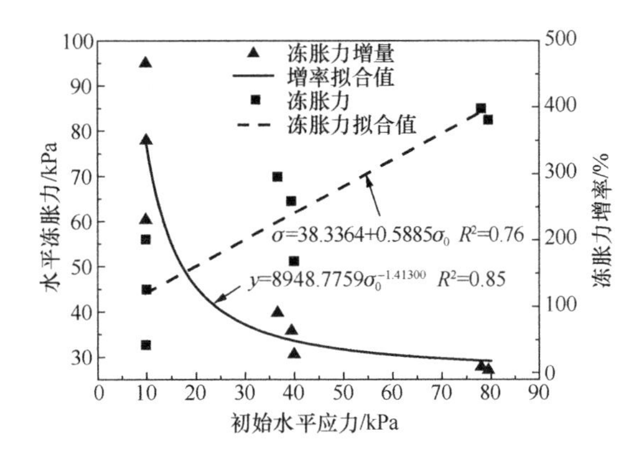

图 3.28　冻胀力-初始水平应力关系图

图 3.29 是等效约束刚度 270N/mm、在 10kPa 和 36.7kPa 初始水平应力及等效约束刚度 24.2N/mm 在 40kPa 和 79.5kPa 初始水平应力作用下试验的竖向冻胀力变化规律曲线，其中图 3.29（a）和图 3.29（c）的竖向初始应力 10kPa，图 3.29（b）和图 3.29（d）的竖向初始应力约 12.5kPa。这 4 个工况下最大水平冻胀力分别为 561N、512N、702N、824N，也就是最大水平冻胀应力 56kPa、51.2kPa、70.2kPa、82.4kPa，而这 4

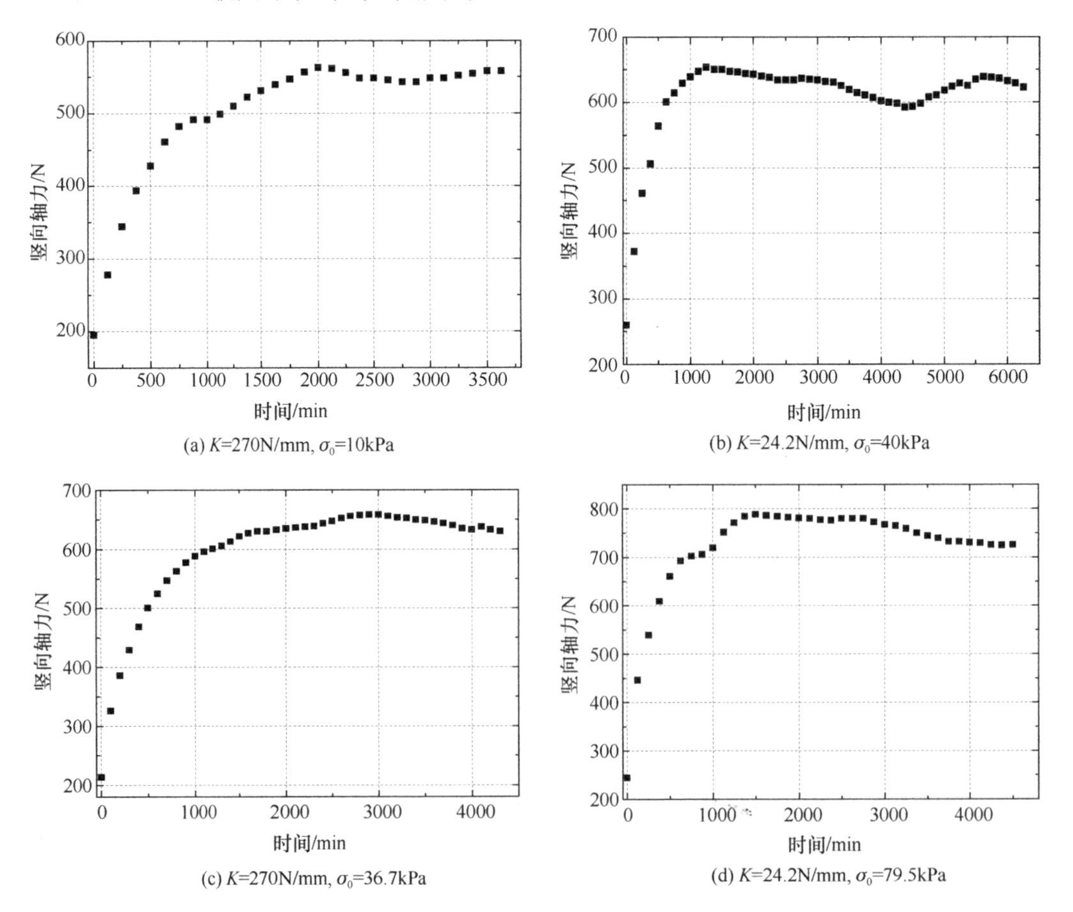

图 3.29　竖向冻胀力时程曲线

个工况对应的最大竖向冻胀力分别为564N、652N、658N、825N，对应着最大竖向冻胀应力28.2kPa、32.6kPa、32.9kPa、41.3kPa，如图3.30所示。由此可见，最大竖向冻胀应力与最大水平冻胀应力与各自初始应力近似呈线性关系。另外，竖向冻胀力的变化说明冻结过程中冻结区侧摩阻同时增大，对于水平冻胀力理论值应高于实测值。

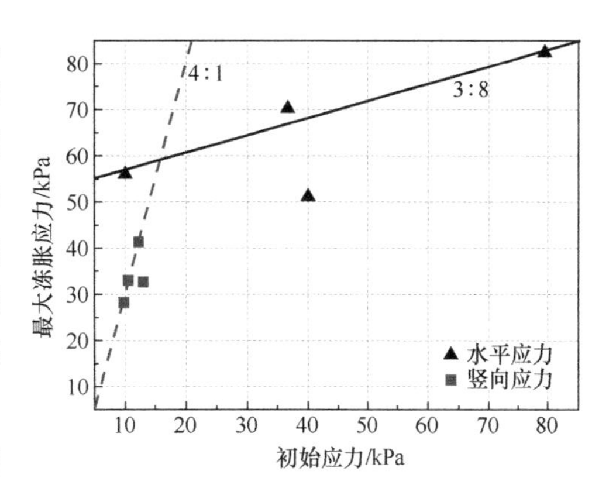

图3.30　最大冻胀应力-初始应力关系图

图3.31和图3.32是各工况温度时程曲线与空间分布曲线。由图可见，直接冻结条件下试样的温度时程曲线是平滑曲线，大约在500min冷端达到稳定的冻结温度，其他各测点也依次达到稳定温度；而6℃/7h和3℃/7h的阶梯降温模式，冷端达到稳定的时间分别为1200min和2500min，可见阶梯降温总体上是更低的降温速率。从温度分布图可见，即使初始温度有差异，在24h试样基本达到稳定，且随着温度的降低，温度分布越来越接近于线性。

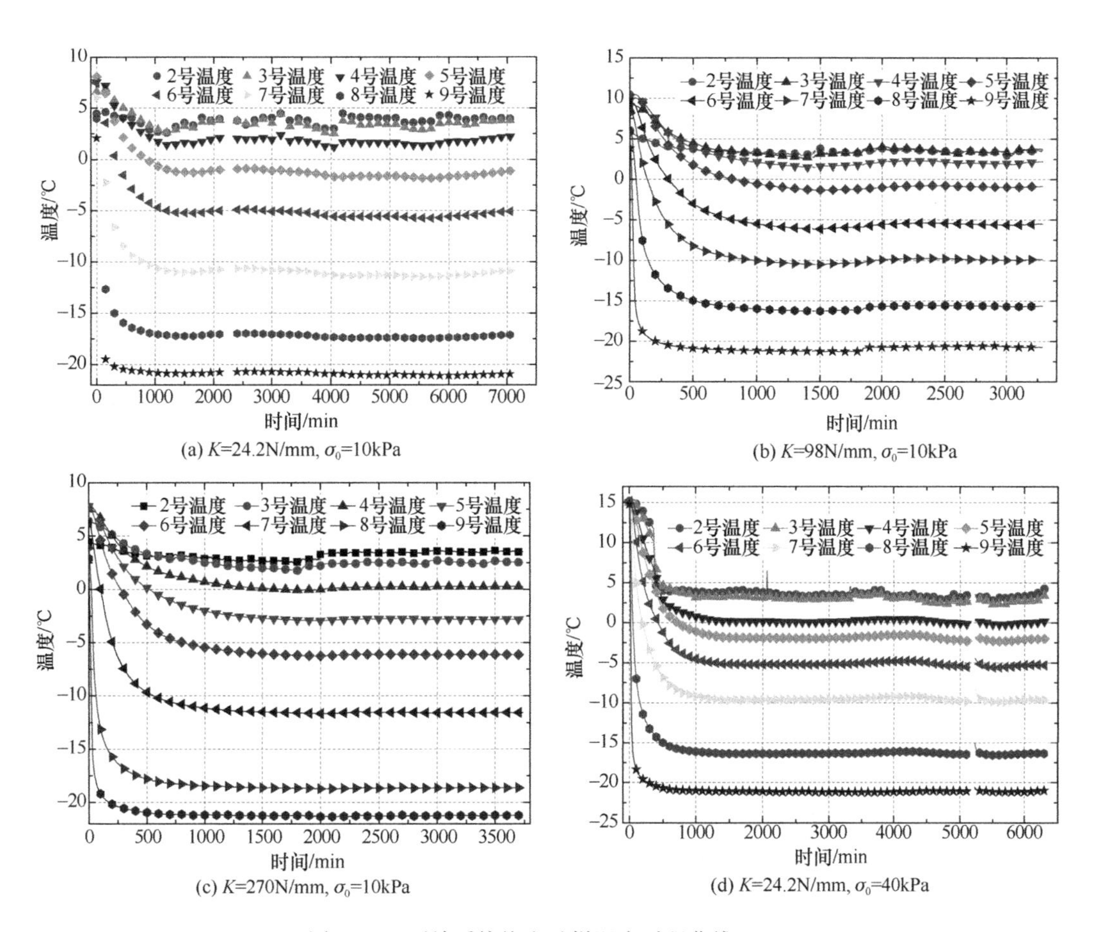

图3.31　开放系统饱和试样温度时程曲线（一）

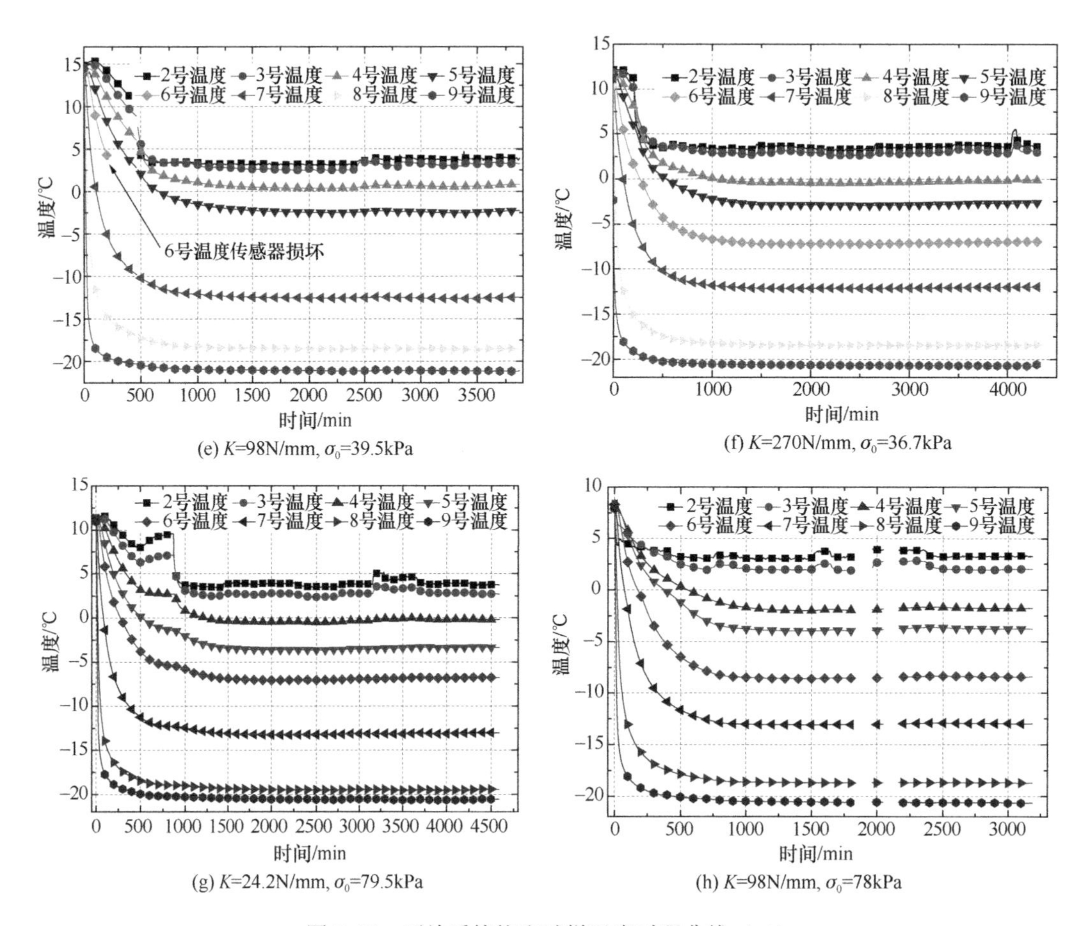

(e) K=98N/mm, σ_0=39.5kPa　(f) K=270N/mm, σ_0=36.7kPa

(g) K=24.2N/mm, σ_0=79.5kPa　(h) K=98N/mm, σ_0=78kPa

图 3.31　开放系统饱和试样温度时程曲线（二）

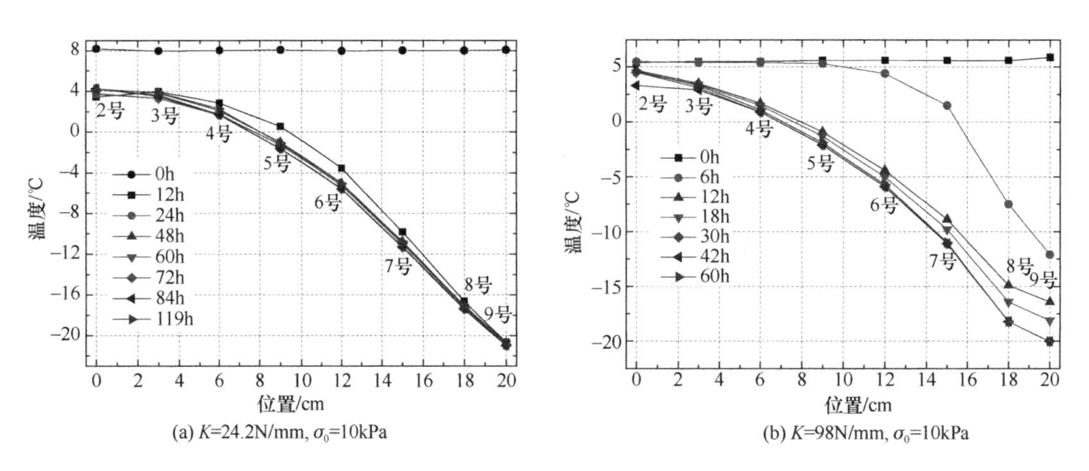

(a) K=24.2N/mm, σ_0=10kPa　(b) K=98N/mm, σ_0=10kPa

图 3.32　不同时刻温度分布曲线（一）

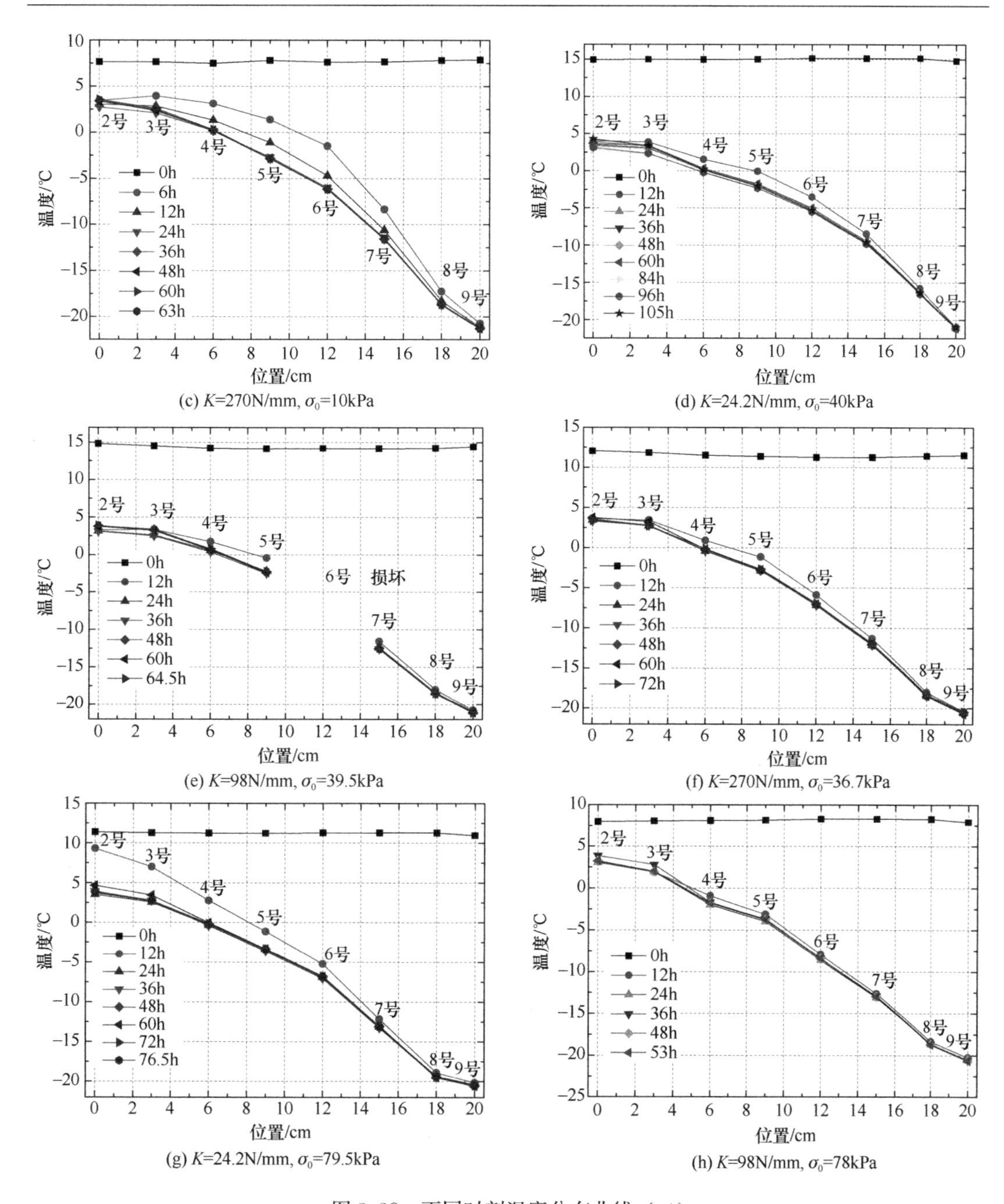

(c) K=270N/mm, σ_0=10kPa　(d) K=24.2N/mm, σ_0=40kPa

(e) K=98N/mm, σ_0=39.5kPa　(f) K=270N/mm, σ_0=36.7kPa

(g) K=24.2N/mm, σ_0=79.5kPa　(h) K=98N/mm, σ_0=78kPa

图 3.32　不同时刻温度分布曲线（二）

按照冻结点公式（2.17），干密度为 1.6g/cm³ 条件下，饱和时冻结点约为－0.52℃，以此确定冻结锋面随时间的推进曲线，并假定温度场在局部空间和时间范围内为线性变化。图 3.33 是刚度 24.2N/mm 弹簧刚度条件下不同初始应力和 10kPa 初始水平应力条件下不同刚度约束的冻结锋面推进曲线图，也就是冻深推进时程图。两图温度工况基本一致，分别为暖端（3.5～3.8℃）和冷端温度（－20.5～－21.2℃），温度梯度约为 1.2℃/cm，因此可排除温度边界的影响，只考虑初始水平应力和约束刚度的影响。由图可见，冻结锋面推进曲线类似邓肯-张双曲线，整个变化大致分为三个阶段：冻结初期，因冷端温度迅

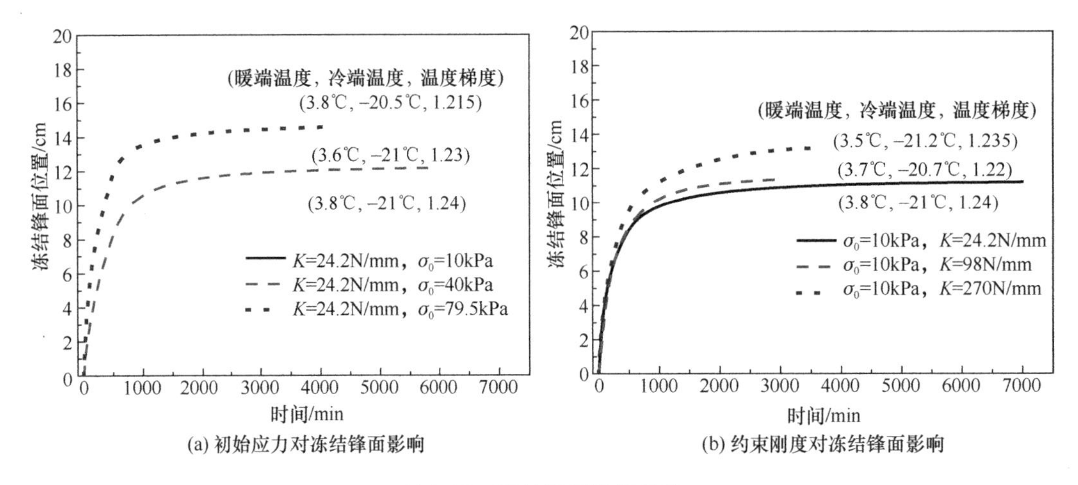

(a) 初始应力对冻结锋面影响　　(b) 约束刚度对冻结锋面影响

图 3.33　冻结锋面推进曲线

速降低，冻结锋面从冷端迅速向暖端推进；冻结中期，随着冷暖端热量交换的近似平衡，推进速率放缓并趋于稳定；冻结后期，试样内部与冷暖端的热量交换基本达到平衡，冻结锋面稳定在某一位置。冻结锋面曲线与初始应力和约束刚度的关系表现出一致的规律，均随初始水平应力和约束刚度的增加而更接近暖端。分析原因为，更大的水平应力在试验前固结阶段导致试样相对高的密实度，由第 2 章土体热学特性结论可知，高密度对应更大的导热系数，从而加大了冻结锋面的推进。根据图 3.34 约束刚度与最大水平冻胀应力关系可见，更大的约束刚度对应更大的水平冻胀力，因此约束刚度和初始水平应力对冻结锋面的影响是统一的。

图 3.35 为饱和试样初始水平应力 10kPa、约束刚度 24.2N/mm 工况的冻胀速率和温度梯度时程图。温度梯度为试样冻结锋面到冷端之间的梯度分布[236]，表示为 $\mathrm{grad}T=|T_c-T_f|/D$。其中，$T_c$ 为冻结锋面处温度（−0.52℃），T_f 为试样冷端温度，D 为冻结锋面到冷端距离（冻深）。由图可见，冻结初期土体的温度梯度最大，对应的冻胀速率也最高，随着冻结锋面的推移，温度梯度逐渐降低并最终稳定在某一数值。此时冻胀速率总体上也逐渐降低直至降为 0。冻结锋面到冷端之间温度梯度一定程度上反映了冻深推进速率 $\mathrm{d}D/\mathrm{d}t$，冻深推进速率 $\mathrm{d}D/\mathrm{d}t$ 一定程度上反映了冻胀速率。对温度梯度 $\mathrm{d}T/\mathrm{d}D$ 与冻深推进速率

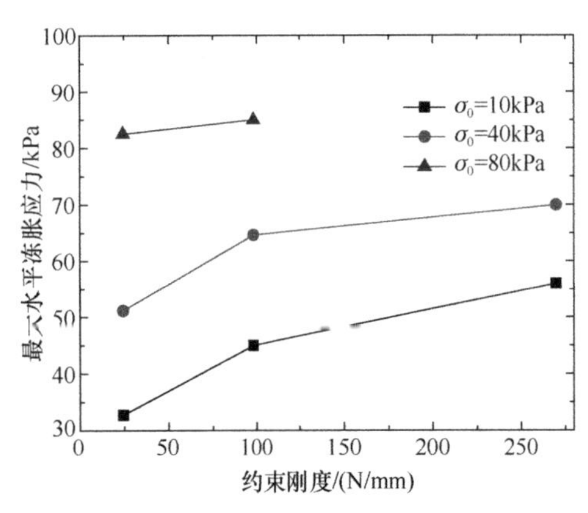

图 3.34　约束刚度-最大水平冻胀应力关系

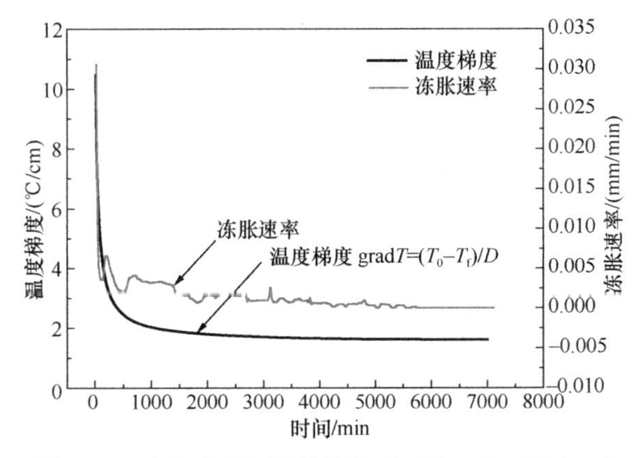

图 3.35　冻胀速率与温度梯度（10kPa，24.2N/mm）

dD/dt 乘积发现是此区间的温度变化速率，反映了温度在时间与空间上的变化规律。

图 3.36 和图 3.37 分别是饱和试样直接水平冻结后含水率分布曲线和各工况补水量。由图可见，试验结束后土体内产生了明显的水分重分布现象，冻结区的含水率均超过初始含水率且高于饱和含水率，说明冻结区因水分迁移有较多的凝结冰，而未冻区含水率均小于初始含水率，处于不饱和状态；另外，随初始水平应力的增加，冻结区的含水率呈下降

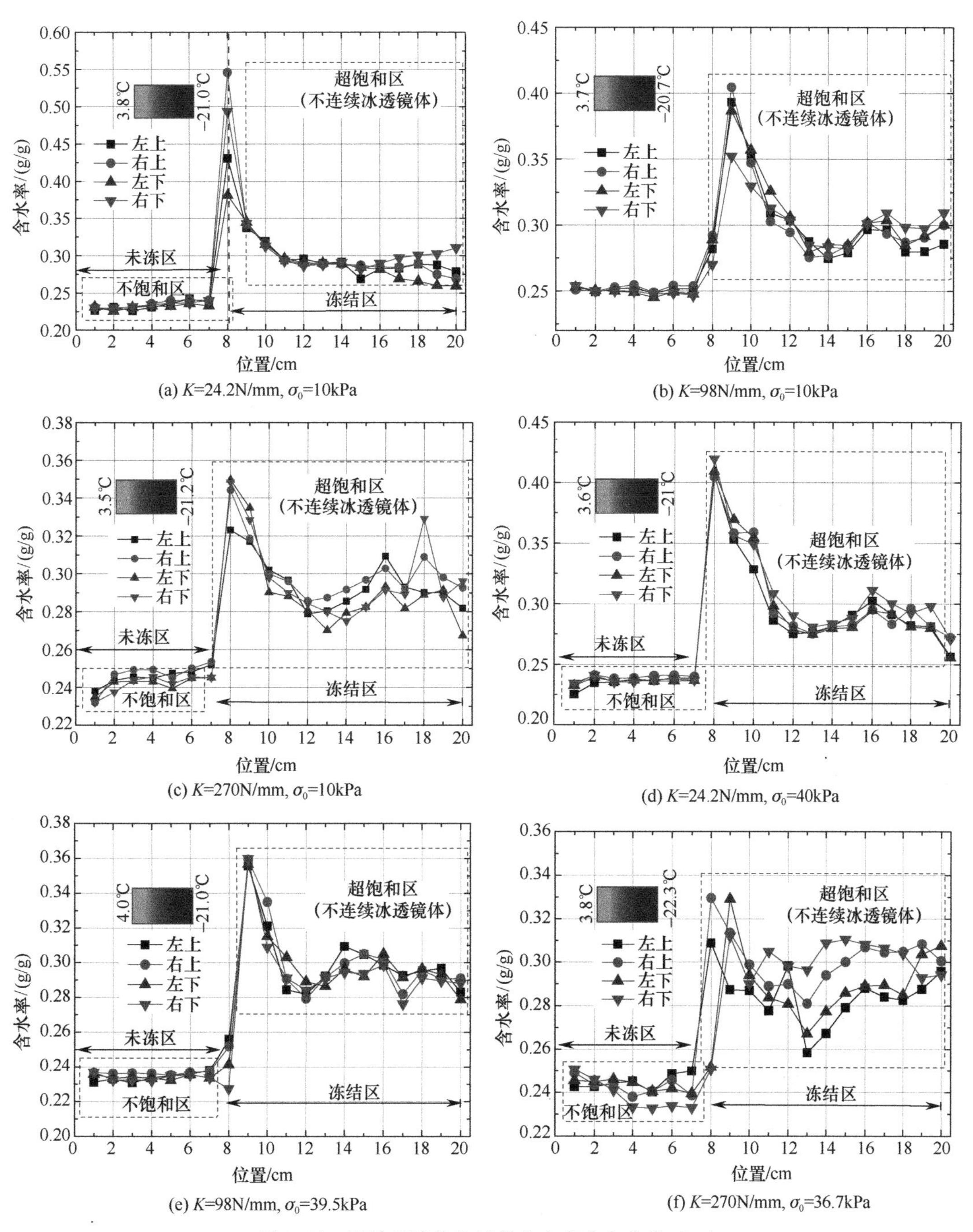

图 3.36　开放系统饱和试样含水率分布曲线（一）

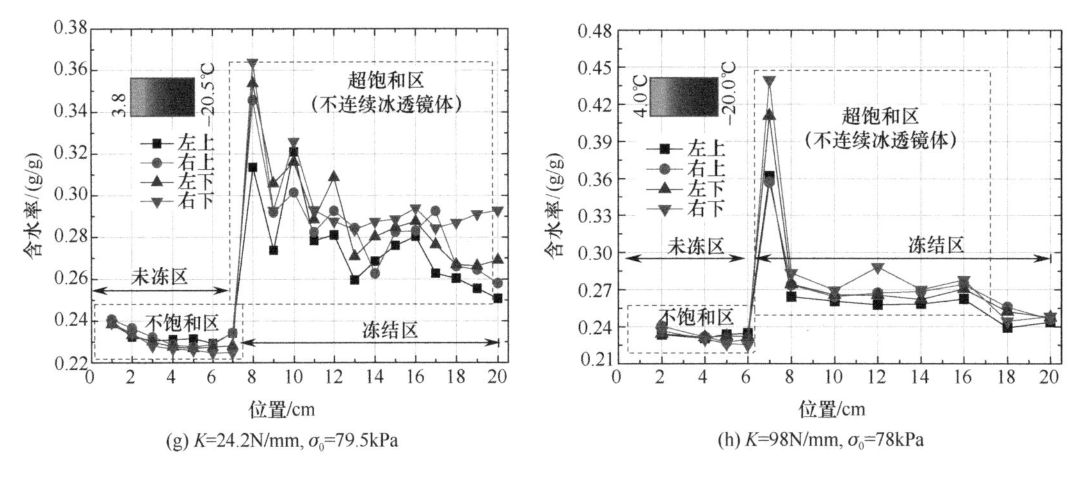

(g) K=24.2N/mm, σ_0=79.5kPa　　(h) K=98N/mm, σ_0=78kPa

图 3.36　开放系统饱和试样含水率分布曲线（二）

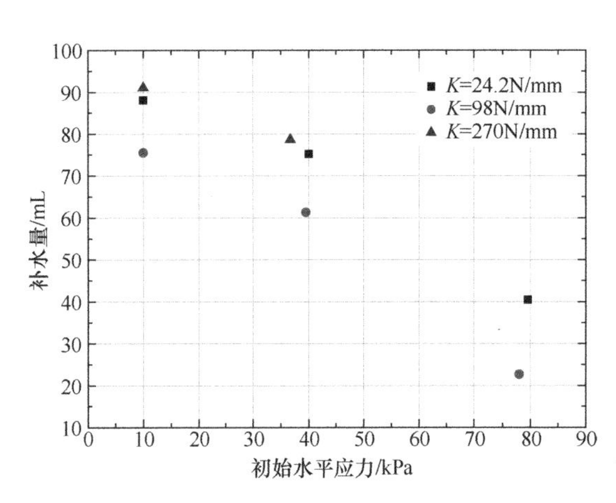

图 3.37　不同工况补水量

趋势，而未冻区含水率总体上呈上升趋势，说明初始水平应力影响了水分迁移。与第 3.2.2 节及第 3.2.3 节阶梯冻结相比，冻结区含水率分布也不同，直接冻结的试样冻结区虽有含水率的增加，但是分布比较平缓，未出现阶梯冻结的多个含水率峰值现象，仅在冻结缘后出现峰值，按照冻结缘理论，此峰值主要是冻结缘后冰透镜体位置，如图 3.38 所示。由图可见，在冻结区内因冰透镜体的产生而存在土体裂缝，且离散分布；离散的冰透镜体垂直于水分迁移和热量传输方向，冻胀也更多在冰透镜体生长的方向，即热量传输方向；因冻结区的水分迁移衰减严重（几乎可忽略），因此冻结区主要以热传导为主，而未冻区同时存在着水分和热量的传输。此外，土体内形成的新的不连续冰透镜体将阻止水分向先形成的凝结冰迁移[236]。

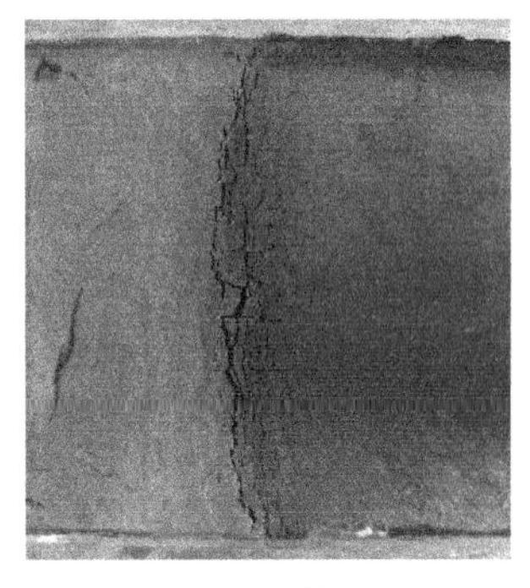

(a) 俯视图

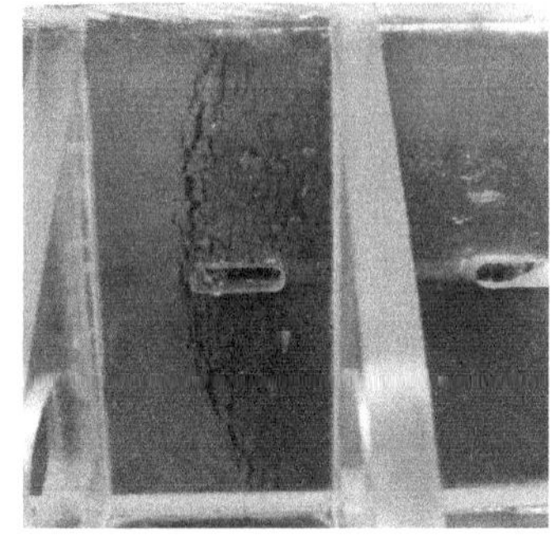

(b) 侧视图

(c) 正视图

图 3.38　凝结冰（σ_0＝40kPa，K＝270N/mm）

未冻区含水率相对初始饱和状态（饱和含水率约25.4%）出现下降，一方面是冻结过程温度梯度诱导的冻吸力梯度使未冻区水分向冻结锋面迁移以补充最暖冰透镜体的生长，而远端的水分又未及时补充，从而造成未冻区含水率的降低；另一方面，冻结过程因初始应力和线性约束的存在导致未冻区的固结，使得土体密度增大孔隙率下降，从而引起未冻区饱和含水率的降低。将图3.36各剖面含水率相对于初始含水率变化进行计算，可得图3.37总补水量，由图可见，随着初始水平应力的增加，试样总的补水量变小，说明高应力水平下土体的渗流受到影响，高应力对应更高的密实度和低孔隙率，从而降低渗流速度；另外，根据冰水界面热力学平衡条件下的Clausius-Clapeyron方程，力学约束的增加使得土体内冻吸力减小[85]，从而造成水分迁移的降低，最终导致冻胀的减小[236]。

3.3 水平冻结冻胀率分析

图3.39和图3.40分别为不同工况下初始水平应力与冻胀率及约束刚度与冻胀率的关系曲线。此处冻胀率计算考虑了初始冻结冻缩与固结压缩部分的变形量，忽略了冻结模式和含水率的差异，因此冻胀率结果出现一定浮动，采用第2.3节冻结点确定的冻深。总体上，水平冻胀率随初始水平应力和约束刚度的增加而非线性降低。图3.39的冻胀率η与水平初始应力关系可以采用三种函数形式进行描述。

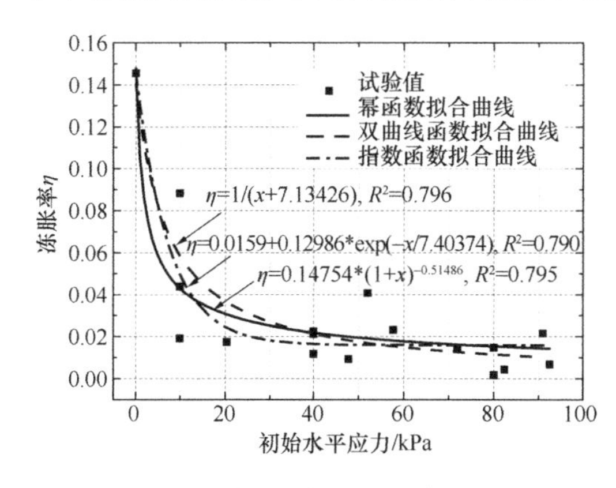

图3.39　初始水平应力-冻胀率关系曲线

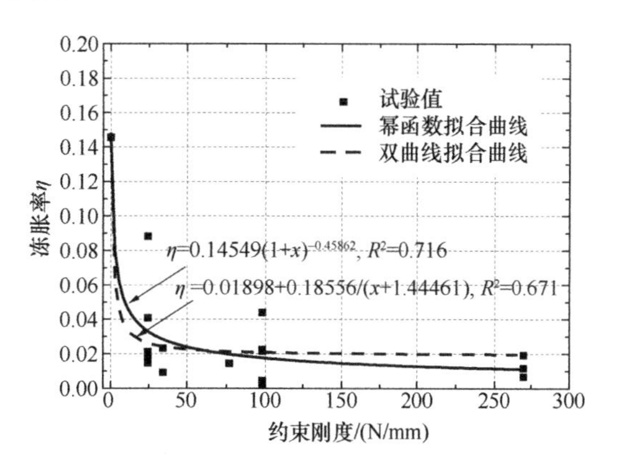

图3.40　约束刚度-冻胀率关系曲线

双曲线函数型：

$$\eta=\frac{1}{\sigma_0+\frac{1}{\eta_0}}=\frac{1}{\sigma_0+7.13426},\ R^2=0.796 \tag{3.8}$$

指数函数型：

$$\eta=a+b\exp(-\sigma_0/c)=0.0159+0.12986\exp(-\sigma_0/7.40374),\ R^2=0.790 \tag{3.9}$$

幂函数型：

$$\eta=\eta_0(1+\sigma_0)^d=0.14754(1+\sigma_0)^{-0.51486},\ R^2=0.795 \tag{3.10}$$

式中，σ_0 为初始水平应力（kPa）；η_0 为试样无约束时冻胀率；a、b、c、d 为拟合参数。

式（3.8）与式（3.10）函数形式具有清晰的物理意义，当初始水平应力为 0 时，冻胀率退化为无约束状态时的数值 η_0，且具有较少的参数；而式（3.9）虽然在水平应力为 0 时冻胀率也为 η_0，且 $\eta_0 = a + b$，但是因参数更多拟合效果偏弱。

由图 3.40 可见，水平冻胀率 η 与约束刚度也呈现类似规律，可用以下函数描述：

幂函数型：

$$\eta = \eta_0 (1 + K)^d = 0.14549(1 + K)^{-0.45862}, R^2 = 0.716 \tag{3.11}$$

双曲线函数型：

$$\eta = 0.01898 + 0.18556/(K + 1.44461), R^2 = 0.671 \tag{3.12}$$

虽然各个函数因拟合需要，η_0 的数值略有差别，总体上仍围绕试验值波动。上述冻胀率预测函数分别考虑了初始水平应力和约束刚度对冻胀率的影响，一方面是考虑了土体初始状态的影响（初始水平应力），另一方面是对冻胀结束状态的考虑（约束刚度一定程度上影响了最大冻胀力及冻胀率）。考虑上述两个幂函数清晰的物理意义，因此构建如下函数形式：

$$\eta = \eta_0 \cdot f(\sigma_0) \cdot g(K) = \eta_0 (1 + \sigma_0)^a (1 + K)^b \tag{3.13}$$

通过对两个因素的联合影响拟合，确定如下预测模型：

$$\eta = \eta_0 \cdot f(\sigma_0) \cdot g(K) = 0.146(1 + \sigma_0)^{-0.4}(1 + K)^{-0.092}, R^2 = 0.810 \tag{3.14}$$

图 3.41 是冻胀率随初始水平应力和约束刚度的变化曲面。由图可见，冻胀率随初始应力和约束刚度的增加均单调下降，且变化速率均是先快速降低然后趋于平缓。分析其原因，一方面是更大的力学约束（包括初始水平应力和约束刚度）降低了冻吸力[85]和孔隙率，从而降低水分迁移量，导致更大约束对应较低的冻胀率；另一方面，更大的力学约束抑制了冰透镜体的形成及生长。但是，水平冻胀率受初始水平应力影响更明显，随初始应

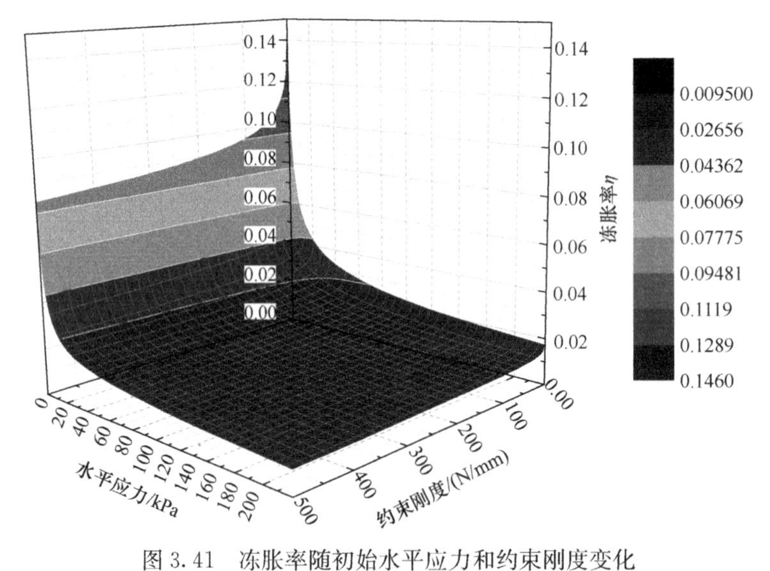

图 3.41　冻胀率随初始水平应力和约束刚度变化

力的增加冻胀率下降更迅速，而随约束刚度的增加变化速率相对平缓，因约束刚度对冻胀的抑制需要一定的冻胀量达到更大应力状态间接抑制冻胀，而初始应力直接抑制冻胀；当初始应力和约束刚度不断变大，逐渐接近于刚性约束时，土体的冻胀率也趋于零。基于此认识，或可为工程中冻害防治提供解决思路，尤其对一定区域气候条件和力学约束的越冬基坑支护体系，可根据此模型初步评估冻胀变形与受力，从而采取适当措施控制冻胀发展，比如对越冬基坑支护体系进行适当补载提高初始应力水平以抑制冻胀发展。

上述冻胀率预测模型是基于一定力学约束（包括应对初始应力和一定约束刚度两个方面）条件下水平冻胀试验所得，区别于以往通过恒载约束条件下的竖向冻胀试验所得冻胀率模型，本模型更贴合越冬基坑实际工况，为一定初始应力及约束刚度工况下的基坑水平冻胀评估提供思路。

3.4 水平冻胀机理分析

开放条件下土体在冻结过程中因水分迁移及相变产生冻胀现象，而冻胀力是在一定约束条件下产生的，这是温度场、水分场、外界约束（应力场的产生条件）相互作用的一个过程，不同的力学约束条件导致不同的冻胀变形及冻胀力响应。冻结过程随冻结锋面的推进存在冻结缘区域，在温度梯度诱导的吸力梯度作用下（零水头梯度对水分均匀分布时，零温度梯度不发生水分迁移现象）水分源源不断向着冻结锋面迁移，在冻结缘后部形成凝结冰并在最暖冰透镜体位置不断生长，而水分迁移是冻胀的主要诱因。

O’Neill和Miller[51,57]认为土体冻结过程分凝冰产生的时候，土骨架会产生断裂，断裂位置土颗粒脱离接触，此时的孔隙压力由孔隙中的水压和冰压按与未冻水含量相关的权函数组合，当孔隙压力大于外荷载 σ_0 时产生新的分凝冰。Hopke[56]认为使用孔隙压力与外荷载作为判别依据容易导致计算不收敛（冰压不连续），因此认为分凝冰产生时外荷载完全由冰压承担，也就是说冰压大于外荷载时产生新的分凝冰。曹宏章[41]修正了上述分凝冰判断依据，认为是最暖分凝冰处水膜压力超过外荷载时新的分凝冰产生。上述分凝冰形成准则主要参考外荷载，Gilpin[59]、Nixon[237]、Konrad[238]和胡坤[76]等采用了分离压力的概念，认为分凝冰的产生除了外荷载 σ_0 的影响，还应考虑土体抗拉强度 σ_T 的影响，即水膜压力超过外荷载 σ_0 与土体抗拉强度 σ_T 之和时产生分凝冰。随着外荷载和约束的增加，分凝冰的形成变得更加困难，也影响着水分迁移。

综合文献及本书研究成果，从土体内部冻胀发生与发展角度，图3.42是一定约束条件下土体冻结过程变形及冻胀力随时间变化示意图。由图3.42（a）可见，土体从初始恒温 T_0 状态开始冻结后，温度在 t_0 时刻开始下降，随着土体继续降温越过过冷温度 T_s，在 t_1 时刻达到土体冻结点 T_f，土体开始冻结并随冻结的进行冻结锋面向前推进，推进过程中冻结区扩大并因水分相变产生除水压之外的孔隙压力分量——冰压力，土颗粒间的有效应力下降。随着冰含量的增加和冰压力的增大，冻胀力逐渐增大并分别在 t_2 时刻达到土体自身抗拉强度、在 t_3 时刻达到初始应力 σ_0（外荷载）、在 t_4 时刻达到初始应力与自身抗拉强度之和。研究表明，当冰含量达到临界值时[64,68-70]（比如85%孔隙率），土体才产生冻胀变形；当冻胀力在 t_3 时刻超过外荷载 σ_0 时，土体产生了超出初始应力的附加应力 $\Delta\sigma$，结构物（约束）在附加应力作用下产生了新的变形，随后冻胀发展与外界约束处于动态平衡状态。当外荷载 σ_0 为零时（或仍有约束），曲线退化到图 3.42（a）中的虚线位置，冻胀力从 t_1 时刻就形成并增长，在 t_2 时刻就产生附加应力计冻胀变形。由第 2.3 节可知，冻结初期未冻水含量迅速降低、冻结度快速提升，即使有初始荷载 σ_0，t_1、t_2 与 t_3 时刻也极为接近，尤其对于饱和土体。当土体内孔隙压力[51,57]（或等效水膜压力[41,59,76]）超过外荷载与土体抗拉强度之和（$\sigma_0+\sigma_T$）时，土体内产生分凝冰并不断生长；在 t_5 时刻冻胀力达到峰值，一定程度上引起分凝冰的局部融化，造成冻胀力和变形的反复震荡[236]。由图 3.42（b）可见，当凝结冰形成一层单独的冰透镜体后，冰将土颗粒分开，此时冻胀力主要克服外部荷载作用做功，做功产生的能量主要以弹性势能的形式存储于约束结构及自身；当下一层不连续凝结冰产生并形成冰透镜体时，冻胀力再次克服土体抗拉强度和外荷载作用，因此多个不连续冰透镜体的产生与发展对应着多个细观冻胀力的震荡。

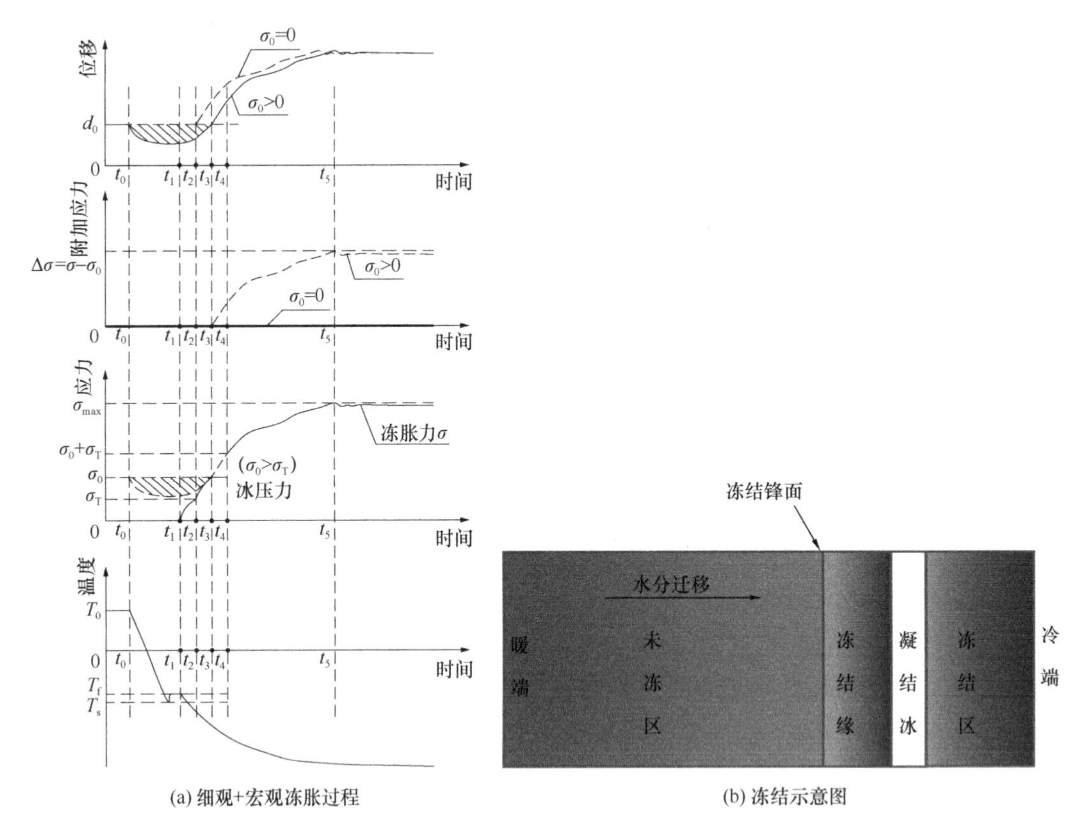

(a) 细观+宏观冻胀过程　　(b) 冻结示意图

图 3.42　冻胀过程示意图

上述描述是从土体相对细观角度描述冻胀的发生与发展，从冻胀对外部作用的角度讲，土体冻结过程中克服土体本身抗拉强度的冻胀力更多是内力，并没有对外部产生影响。克服外部荷载并产生冻胀变形的冻胀力，就是从冻胀力达到外部荷载开始，所以一旦冻胀变形发生，初始荷载即为表观冻胀力，且一直表现为总应力，这个力是与外界结构约束相关的概念，随着冻胀变形的增大，表观冻胀力 σ' 也随之增大。另外，已冻区因水分迁移基本处于停滞状态，冻胀变形基本停滞，而正冻区水分迁移未中断，所以试验中已冻区与侧壁的摩阻力会一定程度上抑制正冻区的冻胀变形，实际测到的冻胀力和变形偏小。

3.5　本章小结

本章以桩锚基坑支护体系为例，考虑支护体系材料、几何特性及空间分布的影响，分析了桩锚支护体系对土的等效约束变形刚度，研制了模拟基坑侧壁土体开放条件、在一定力学约束与冻结温度工况下的水平冻结试验系统。在此基础上，开展了饱和与非饱和土开放条件下、不同冻结模式的水平冻胀试验，研究了土体不同力学约束条件下水平冻胀特性，提出了冻胀率与力学约束（初始应力及约束刚度）相关的预测模型，并揭示了冻胀细观机理。得到如下结论：

（1）根据桩锚支护体系变形协调及受力分析，建立了与桩、锚索及腰梁相关的等效约束变形刚度模型。研究发现，支护体系变形刚度主要存在两类极值处，分别为水平相邻两锚索之间桩身处及竖向相邻两腰梁之间桩跨中处，前者变形刚度为锚索与腰梁串联后再与桩并联计算，后者变形刚度为锚索、腰梁及支护桩三者串联计算。

（2）在一定力学约束条件下，冻结初期，试样表现出一定的收缩现象，分析为冻缩与二次固结的综合影响，这与降温及水分重分布引起的土体物理力学特性变化有关；冻胀变形与冻胀力均表现出随时间的非线性变化，但力与变形两者之间是线性关系，冻胀力增量为冻胀量与约束刚度的乘积。

（3）在土体水平冻结过程中，温度时程变化表现出与冻胀变形及冻胀力的一致性，基本分为速变、缓变及稳定阶段；试验中冻结锋面的推进表现出与力学约束的相关性，初始应力和约束刚度越大，冻结速度越高、冻深越大。

（4）水分重分布主要沿着温度梯度方向，阶梯冻结模式在冻结区形成多个含水率峰值，而直接冻结时冻结区含水率相对平缓；水平冻结试样下部含水率更高，说明重力势会对水分重分布造成影响；更大的力学约束会抑制水分迁移量。

（5）力学约束对冻胀抑制明显，但是受应力影响更直接且显著，约束刚度对冻胀的抑制需要一定的冻胀量才能发挥作用。基于此认识，提出了考虑初始应力和约束刚度影响的冻胀率模型，为一定初始应力及约束刚度工况下的基坑冻胀评估提供思路。

第 4 章　力学约束条件下水平冻胀数值模拟

第 3 章研制了考虑水-热-力耦合的水平冻胀试验系统，开展了饱和与非饱和土开放条件下不同冻结模式的水平冻胀试验。本章从多孔介质理论出发，根据质量守恒、能量守恒及动量守恒定律，采用水动力学模型和孔隙率变化速率模型建立了适用于饱和与非饱和土体的水-热-力多场耦合冻胀模型，基于传热与传质方程共同的冰相，将两个耦合方程简化为一个包含等效体积比热容和等效导热系数的传热方程，将冻胀变形描述为土体孔隙率变化问题。

4.1　水-热-力耦合冻胀控制方程的建立

冻土作为土、水、冰、气的四相介质，水动力学模型认为土体冻结过程是土体内水分在温度梯度诱导下土水势变化引起水分迁移，同时伴随能量迁移引起水分相变，从而引起冻土变形。在无约束条件下，土体的冻胀变形主要以热-水（TH）两场耦合为主。然而，研究表明，外部力学约束会降低冻结点、影响土体渗透性、抑制冻胀的发生与发展。因此，在一定力学约束条件下，冻胀的发生与发展是土体内水分、热量及力多场相互作用的结果。为便于求解冻土温度场、水分场和应力场之间复杂的耦合关系，本书引入如下假设条件：

（1）土体为均匀的各向同性介质，土颗粒、冰及液态水不可被压缩；

（2）忽略液态水迁移带来的热量影响；

（3）对于细粒土不考虑水汽迁移及对流换热影响；

（4）水分迁移满足达西定律；

（5）不考虑材料热胀冷缩影响；

（6）忽略应力场对未冻水含量及冻结点的影响；

（7）忽略溶质等对水分迁移的影响。

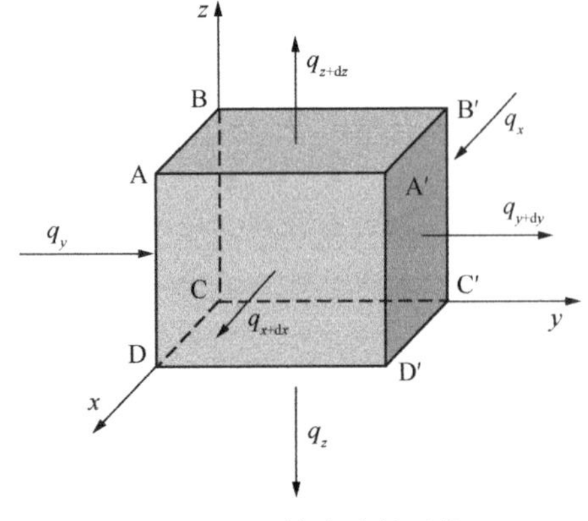

图 4.1　土体渗流单元体

4.1.1　水分场控制方程

本书以水动力学模型[62]为基础建立水分场控制方程。取土体水分流动空间内任意一微分单元体，如图 4.1 所示，三边长度分别为 dx、dy、dz，微元体体积 dV = dxdydz。流经单元体三个正交方向的水流通量分别为 q_x、q_y、q_z，水的密度

ρ_w。dt 时间内沿 x 方向流入 $BB'C'C$ 面的质量 m_x 为 $q_x\rho_w dydzdt$，流出 $AA'D'D$ 的质量 m_{x+dx} 为 $(q_x dydz + \partial q_x/\partial x dxdydz)\rho_w dt$。$x$ 方向流入与流出之差为 $-\partial q_x/\partial x dxdydz\rho_w dt$，同理可获得 y 方向和 z 方向流量差分别为 $-\partial q_y/\partial y dxdydz\rho_w dt$ 和 $-\partial q_z/\partial z dxdydz\rho_w dt$。因此，$dt$ 时间内土体水分质量变化量为：

$$\Delta m = -\left(\frac{\partial q_x}{\partial x} + \frac{\partial q_y}{\partial y} + \frac{\partial q_z}{\partial z}\right)dxdydz\rho_w dt \tag{4.1}$$

同时，微元体内在 dt 时间内水分质量变化量为：

$$\Delta m = \frac{\partial \theta}{\partial t}dxdydz\rho_w dt \tag{4.2}$$

式中，θ 为体积含水率。

微元体内水分质量变化是流入与流出水分质量之差，根据质量守恒定律，式（4.1）与式（4.2）两者质量在数值上是相等的，因此土体内水分运动连续性方程为：

$$\frac{\partial \theta}{\partial t} = -\left(\frac{\partial q_x}{\partial x} + \frac{\partial q_y}{\partial y} + \frac{\partial q_z}{\partial z}\right) \tag{4.3}$$

土体内水分迁移满足达西定律：

$$\begin{cases} q = -(k \cdot \nabla)\Psi \\ (q_x, q_y, q_z) = \left(-k_x \dfrac{\partial \Psi}{\partial x}, -k_y \dfrac{\partial \Psi}{\partial y}, -k_z \dfrac{\partial \Psi}{\partial z}\right) \end{cases} \tag{4.4}$$

式中，k 为渗透系数，Ψ 为总土水势。将式（4.4）代入式（4.3）并消掉同类项可得：

$$\frac{\partial \theta}{\partial t} = \frac{\partial}{\partial x}\left[k_x \frac{\partial \Psi}{\partial x}\right] + \frac{\partial}{\partial y}\left[k_y \frac{\partial \Psi}{\partial y}\right] + \frac{\partial}{\partial z}\left[k_z \frac{\partial \Psi}{\partial z}\right] \tag{4.5}$$

由于冻土中的水分主要以液态未冻水和冰的形式存在，因此含水率的变化主要是未冻水 θ_u 及冰含量 θ_i 的增加，因此式（4.5）可以写为：

$$\frac{\partial \theta_u}{\partial t} + \frac{\rho_i}{\rho_w}\frac{\partial \theta_i}{\partial t} = \frac{\partial}{\partial x}\left[k_x \frac{\partial \Psi}{\partial x}\right] + \frac{\partial}{\partial y}\left[k_y \frac{\partial \Psi}{\partial y}\right] + \frac{\partial}{\partial z}\left[k_z \frac{\partial \Psi}{\partial z}\right] \tag{4.6}$$

土中水分所具有的土水势是各种势能的总和，主要包括基质势 Ψ_m、重力势 Ψ_g、溶质势 Ψ_s、压力势 Ψ_p、温度势 Ψ_T。为方便分析，一般忽略压力势 Ψ_p、溶质势 Ψ_s 及温度势 Ψ_T 的影响，一般只考虑基质势与重力势（记 z 方向为重力方向）的影响。因此总的土水势 Ψ 为：

$$\Psi = \Psi_m + \Psi_g = \Psi_m + z \tag{4.7}$$

将式（4.7）代入式（4.6）可得：

$$\frac{\partial \theta_u}{\partial t} + \frac{\rho_i}{\rho_w}\frac{\partial \theta_i}{\partial t} = \frac{\partial}{\partial x}\left[k_x \frac{\partial \Psi_m}{\partial x}\right] + \frac{\partial}{\partial y}\left[k_y \frac{\partial \Psi_m}{\partial y}\right] + \frac{\partial}{\partial z}\left[k_z \frac{\partial \Psi_m}{\partial z}\right] + \frac{\partial k_z}{\partial z} \tag{4.8}$$

此处，渗透系数 k 是含水率 θ_u 或基质势 Ψ_m 的函数，假定同一单元体上 k、θ_u 和 Ψ_m 沿各方向的分量相同。方程适用于饱和与非饱和土体水分迁移，对饱和土体冻结过程可视为与未冻土干燥过程相似，因此引入水分扩散系数 $D(\theta_u)$：

$$D(\theta_u) = k(\theta_u)\frac{\partial \Psi_m}{\partial \theta_u} = \frac{k(\theta_u)}{C(\theta_u)} \tag{4.9}$$

式中，$C(\theta_u) = \partial \theta_u/\partial \Psi_m$ 为比水容量，$k(\theta_u)$ 按照第 2.5 节取值。

按照 VG 模型[239]比水容量为：

$$C(\theta_u)=\frac{am}{1-m}S^{\frac{1}{m}}(1-S^{\frac{1}{m}})m \tag{4.10}$$

式中，a、m 为模型参数，参照文献［239］，a 和 m 分别为 2.62 和 0.24。

土体饱和度 S 表示为：

$$S=\frac{\theta_u-\theta_{res}}{\theta_{total}-\theta_{res}} \tag{4.11}$$

θ_u、θ_{res} 等参数参考第 2.3 节相关内容。

将式（4.9）代入式（4.8），可得：

$$\frac{\partial\theta_u}{\partial t}+\frac{\rho_i}{\rho_w}\frac{\partial\theta_i}{\partial t}=\frac{\partial}{\partial x}\left[D(\theta_u)\frac{\partial\theta_u}{\partial x}\right]+\frac{\partial}{\partial y}\left[D(\theta_u)\frac{\partial\theta_u}{\partial y}\right]+\frac{\partial}{\partial z}\left[D(\theta_u)\frac{\partial\theta_u}{\partial z}\right]+\frac{\partial k(\theta_u)}{\partial z} \tag{4.12}$$

对于不考虑重力作用的一维水平冻结而言，式（4.12）可变为：

$$\frac{\partial\theta_u}{\partial t}+\frac{\rho_i}{\rho_w}\frac{\partial\theta_i}{\partial t}=\frac{\partial}{\partial x}\left[D(\theta_u)\frac{\partial\theta_u}{\partial x}\right] \tag{4.13}$$

4.1.2 温度场控制方程

以水动力学模型为基础建立温度场控制方程。与水分场控制方程的推导类似，取一微元体，按照傅里叶热传导定律及能量守恒方程，同时考虑土体内水分相变潜热影响（不考虑水、汽迁移热量对流），土体冻结过程导热微分方程为[62]：

$$C_v\frac{\partial T}{\partial t}=\frac{\partial}{\partial x}\left[\lambda\frac{\partial T}{\partial x}\right]+\frac{\partial}{\partial y}\left[\lambda\frac{\partial T}{\partial y}\right]+\frac{\partial}{\partial z}\left[\lambda\frac{\partial T}{\partial z}\right]+L\rho_i\frac{\partial\theta_i}{\partial t} \tag{4.14}$$

式中，C_v 为体积比热容，J/(m^3·℃)，按照式（2.52）计算；T 为温度；t 为时间；λ 为导热系数，W/(m·℃)，按照式（2.43）计算；L 为相变潜热（334kJ/kg,不考虑温度影响）。

对于一维水平冻结而言，式（4.14）可写为：

$$C_v\frac{\partial T}{\partial t}=\frac{\partial}{\partial x}\left[\lambda\frac{\partial T}{\partial x}\right]+L\rho_i\frac{\partial\theta_i}{\partial t} \tag{4.15}$$

为降低温度场与水分场的耦合作用、降低求解难度[81]，将式（4.13）中的 $\frac{\partial\theta_i}{\partial t}$ 项代入到式（4.15）可得：

$$C_v\frac{\partial T}{\partial t}=\frac{\partial}{\partial x}\left[\lambda\frac{\partial T}{\partial x}\right]+L\rho_w\left[\frac{\partial}{\partial x}\left[D(\theta_u)\frac{\partial\theta_u}{\partial x}\right]-\frac{\partial\theta_u}{\partial t}\right] \tag{4.16}$$

未冻水在空间的分布梯度是未冻水关于温度变化的梯度及温度梯度相关的函数，因此：

$$\frac{\partial\theta_u}{\partial x}=\frac{\partial\theta_u}{\partial T}\frac{\partial T}{\partial x} \tag{4.17}$$

将式（4.17）代入式（4.16）并整理可得：

$$\left(C_v+L\rho_w\frac{\partial\theta_u}{\partial t}\right)\frac{\partial T}{\partial t}=\frac{\partial}{\partial x}\left[\left(\lambda+L\rho_wD(\theta_u)\frac{\partial\theta_u}{\partial T}\right)\frac{\partial T}{\partial x}\right] \tag{4.18}$$

令：

$$C_e = C_v + L\rho_w \frac{\partial \theta_u}{\partial t} \tag{4.19}$$

$$\lambda_e = \lambda + L\rho_w D(\theta_u) \frac{\partial \theta_u}{\partial T} \tag{4.20}$$

式中，C_e、λ_e 分别为土体的等效体积比热容和等效导热系数，将式（4.19）和式（4.20）代入式（4.18）可得：

$$C_e \frac{\partial T}{\partial t} = \frac{\partial}{\partial x}\left[\lambda_e \frac{\partial T}{\partial x}\right] \tag{4.21}$$

4.1.3　联系方程

利用温度控制方程和水分迁移方程中共同存在的相变冰，将两个方程合并为包含等效体积比热容和等效导热系数的温度控制方程，模型中的水、热方程的耦合性大为减小，利于模型快速求解。但是方程中仍包括温度和未冻水含量两个未知数，需引入联系方程确定温度与未冻水含量之间关系。

冻结特征曲线方程：

$$\begin{aligned} \theta_u &= \theta_{total}\left\{\frac{1}{\ln\left[e + \left(\frac{e^{-T}}{a}\right)^n\right]}\right\}^m \\ \text{式中}, a &= 0.971 - 3.067 \cdot e^{-0.126 w_{total}} \\ m &= 0.294 + 2.858 \cdot e^{-0.222 w_{total}} \\ n &= 2.859 \times e^{0.054 w_{total}} - 5.670 \\ \theta_{total} &= \rho_d \cdot w_{total} \end{aligned} \tag{4.22}$$

孔隙率 N：

$$N = \theta_u + \theta_i \tag{4.23}$$

4.1.4　孔隙率冻胀变化速率模型

冻胀敏感性土体在一定含水率状态下处于负温环境时易发生冻胀变形，尤其在开放条件下。随着对冻胀认识的加深，毛细理论、冻结缘理论（第二冻胀理论）、刚性冰模型、分凝势模型、水热耦合模型等冻胀理论逐渐形成并描述冻胀的发展，Blanchard 和 Frémond[90] 提出了孔隙率增长速率 $\dot{n}$ 模型，Michalowski[174]、Zhu[240] 进行了改进。此模型考虑了温度、温度梯度、孔隙率、应力等宏观因素对土骨架-冰-未冻水混合物分量冻结过程的影响，与细观力学模型不同，此模型不关注冰透镜体的细观形成过程，而是从宏观角度形成土骨架-冰-未冻水混合物的平均体积增量，从而解释土体冻结过程，确定变形量及应力状态[174]，同时遵循能量、质量及动量守恒定律。孔隙率冻胀速率模型如式（4.24）所示：

$$\dot{n} = \dot{n}_m \frac{T - T_0}{T_m} \exp\left(1 - \frac{T - T_0}{T_m}\right)\left[1 - \exp\left(\alpha \frac{\partial T}{\partial l}\right)\right](1 - n)^{\beta} \cdot \exp\left(-\frac{\bar{\sigma}_{kk}}{n\zeta}\right);$$

$$T < T_0, \frac{\partial T}{\partial t} < 0 \tag{4.24}$$

式中，$\dot{n}$ 为孔隙率变化速率（$\partial n/\partial t$）；n 为孔隙率；T 为温度（℃）；T_0 为冻结点；$\bar{\sigma}_{kk}$ 为应力张量第一不变量；$\dot{n}_m$ 为最大孔隙率变化速率，对应温度为 T_m；α、β、ζ 为材料参数；l 为热通量方向（最大温度梯度方向）空间坐标。由此可见，此模型适用于土体冻结过程（$\partial T/\partial t < 0$）的冻结区（$T < T_0$）。

研究表明，冰透镜体的剧烈增长（增长速率峰值）是在略低于水冻结点的温度，随温度的降低而逐渐缩减。图 4.2 是模型各部分对孔隙率变化速率的影响规律。由图可见，当温度低于冻结点 T_0 时，孔隙率变化速率随温度降低快速增加并在略低于 T_0 的 T_m 达到峰值 $\dot{n}_m$，达到峰值后随温度降低迅速衰减。粉土作为冻胀敏感性土体，其增长速率峰值 $\dot{n}_m$ 和对应的峰值温度 T_m 均较高，增长区间相对较小；而黏土的增长速率峰值 $\dot{n}_m$ 和对应温度 T_m 相对较低，但是孔隙率增长有更大的温度区间；粉质黏土处于粉土和黏土之间。由图 4.2 (a)可见，温度对孔隙率变化速率的影响主要包括冻结点 T_0、冻结温度 T 及最大孔隙率变化速率对应温度 T_m 三部分，T_0 和 T_m 决定了峰值 $\dot{n}_m$ 的位置（冻结滞后性，暗含了冻结后渗透系数的急剧降低），指数部分决定了孔隙增长的温度区间。

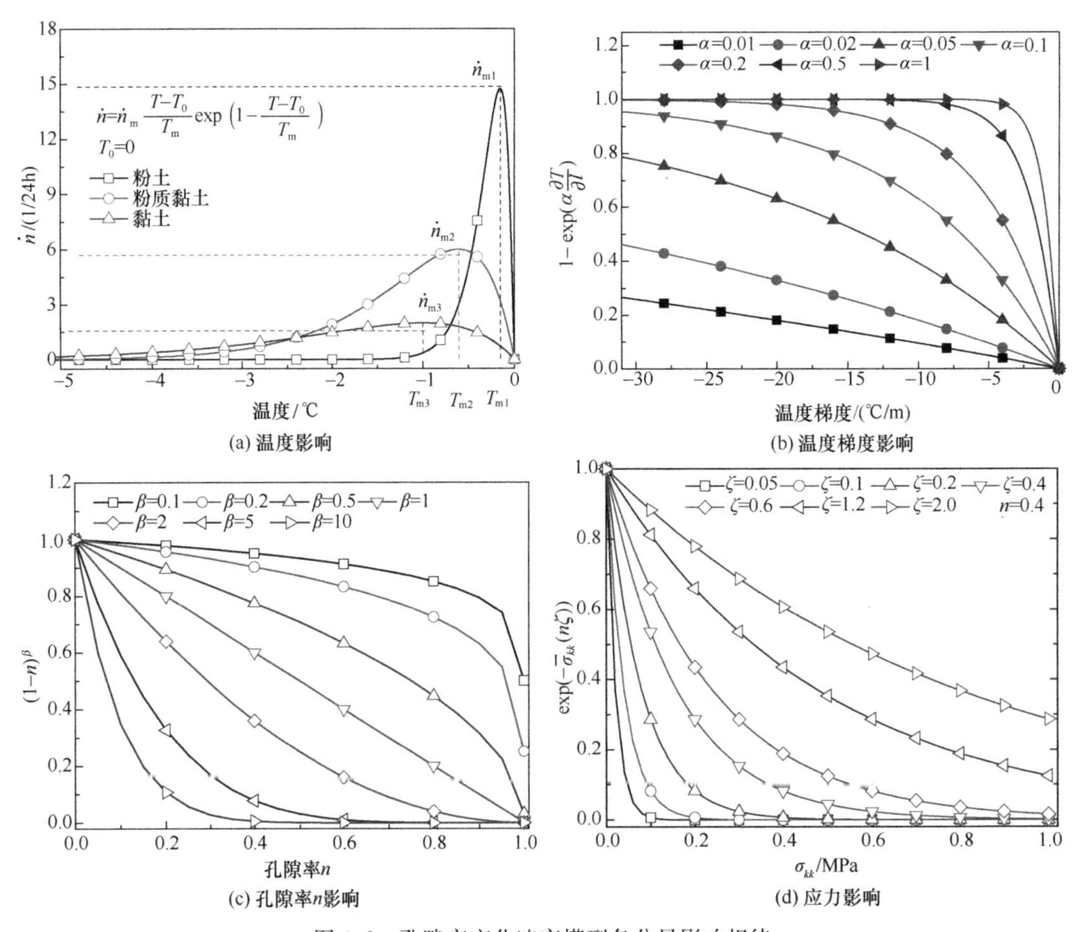

图 4.2 孔隙率变化速率模型各分量影响规律

温度梯度 $\partial T/\partial l$ 、当前孔隙率 n 及应力 $\bar{\sigma}_{kk}$ 对孔隙率变化的影响均为无量纲的、取值 0～1.0 范围对峰值速率 $\dot{n}_{\mathrm{m}}$ 的折减函数。温度梯度 $\partial T/\partial l$ 对孔隙率变化速率的影响见图 4.2（b）。温度梯度沿着热流方向指向冷端，因此 $\partial T/\partial l$ 为负值，作为指数函数自变量决定了其 0～1.0 的取值范围。由图 4.2（b）可见，温度梯度绝对值越大，温度梯度影响函数 $[1-\exp(\alpha\,\partial T/\partial l)]$ 就越大，总体的孔隙率变化速率也就越高；当温度梯度为零时（恒温），几乎不存在冻吸力梯度，按照达西定律及水分迁移，此时温度梯度影响函数也归零；当温度梯度足够大时，温度梯度影响函数达到 1.0。函数中参数 α 决定了曲线到达极值 1.0 时的速率，当 α 取 0.01～0.02 时曲线基本呈线性变化，正如 Zhu[240] 在其改进的模型中认为孔隙率变化速率与温度梯度呈正比；当 α 为 1.0 时，曲线在较小的梯度就提升到 1.0。

当前孔隙率 n 对孔隙率变化速率 $\dot{n}$ 的影响以幂函数 $(1-n)^{\beta}$ 形式呈现，见图 4.2（c）。冻结过程，液态水相变为冰发生冻胀，是一个孔隙率增大的过程，冰的增加占据了原来液态水的空间并阻碍水分的迁移，从而导致冻胀变形速率降低；对于极限情况，孔隙率 $n=1$ 时，认为冰将完全占据整个空间，此时渗流完全停止，同时冻胀也停止。参数 β 控制曲线的形状，也就控制了当前孔隙率折减的快慢程度。

应力对孔隙率变化速率的影响以指数形式 $\exp(-\bar{\sigma}_{kk}/(n\zeta))$ 呈现，见图 4.2（d）。应力的影响以应力张量第一不变量 $\bar{\sigma}_{kk}$ 的形式呈现，见式（4.25）。由此可见，随应力的增大，孔隙率变化速率降低，而降低快慢程度通过当前孔隙率与材料参数 ζ 的乘积调节，此处没有引入冻胀停滞应力阈值的概念。

$$\bar{\sigma}_{kk}=\bar{\sigma}_{11}+\bar{\sigma}_{22}+\bar{\sigma}_{33} \tag{4.25}$$

对于一维冻结而言，认为冻结部分是弹性状态，应力张量第一不变量 $\bar{\sigma}_{kk}$ 可写为：

$$\bar{\sigma}_{kk}=\bar{\sigma}_{l}+2\frac{\mu}{1-\mu}\bar{\sigma}_{l}=\frac{1+\mu}{1-\mu}p \tag{4.26}$$

式中，$\bar{\sigma}_{l}$ 为单向冻结温度梯度方向（冻胀方向）应力，其数值等于外部力学约束荷载 p；μ 为土体泊松比。

研究表明，土体的冻胀变形与温度场的分布及是否开放有关，如图 4.3 所示。均匀冻结工况下，被冻结单元体等温线近似为球状或椭球状面（与物体形状有关），温度梯度近似为径向分布，相变材料达到冻结点后发生相变，产生的体应变分布与温度梯度相同，是各向同性的；而在不均匀冻结条件下，尤其是开放场条件下有源源不断的水分补给，以单向冻结为例，温度梯度引起的吸力梯度诱导水分迁移而造成水分重分布，并在冻结缘处不断凝结，冻胀变形沿着温度梯度方向发展，造成了冻胀变形的各向异性。因此，引入孔隙率增长速率向量 $\dot{n}_{ij}$ ：

(a) 均匀冻结

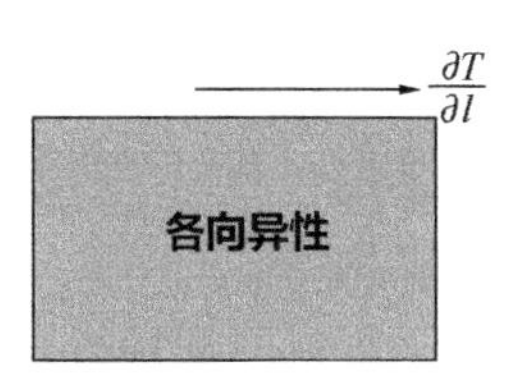

(b) 不均匀冻结（单向冻结）

图 4.3　土体冻结示意图

$$\dot{n}_{ij}=\dot{n}\begin{vmatrix}\zeta & 0 & 0\\ 0 & \frac{1}{2}(1-\zeta) & 0\\ 0 & 0 & \frac{1}{2}(1-\zeta)\end{vmatrix}=\dot{\varepsilon}_{ij} \tag{4.27}$$

参数 ζ 取值范围为 [0.33，1.0]，其中 ζ 取值 0.33 代表着各向同性冻胀，ζ 取值 1.0 代表向着温度梯度方向的单向冻结。

对于本书水平冻胀计算，假定土体处于弹性状态，符合胡克定律：

$$\sigma=E\varepsilon \tag{4.28}$$

鉴于传质方程采用了基于土水势和水分扩散为背景的水分迁移思路，因此本书水热力（THM）冻胀模型适用于饱和与非饱和土体冻结过程，其计算过程如图 4.4 所示。

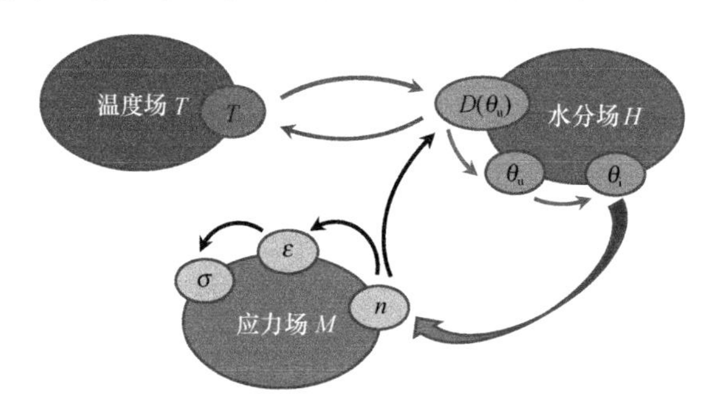

图 4.4 THM 多场耦合计算示意图

4.2 饱和土体水平冻结数值计算

本书采用 Comsol Multiphysics 多物理场仿真软件对第 4.1 节中提出的冻胀耦合模型进行求解。该软件以有限元理论为基础，可以将各个物理场耦合起来，具有强大的非线性计算能力，除固有岩土力学模块、渗流模块和传热模块外，用户可利用数学模块进行二次开发实现软件中所不具备的模块功能。在第 3 章的水平冻结试验中，可以视为土样仅产生水平变形，其他方向变形受限，因此在计算过程中研究对象可设置为一维的瞬态计算。

在模型中，需要建立两个基本物理场。其中，场变量分别设置为温度和孔隙率，其优势在于可以直观地得到温度的分布和孔隙率的变化，进而推导得到冻胀量与冻胀力的变化趋势。对于和时间相关的模型，求解器可设置为瞬态求解器；由于土柱侧面铺设保温层，计算维度可近似地设置为一维模型；对于一般形式的微分方程可表示为如下的形式：

$$e_a\frac{\partial^2\Omega}{\partial t^2}+d_a\frac{\partial\Omega}{\partial t}+\nabla\cdot\Gamma=f \tag{4.29}$$

式中，e_a 表示质量系数；d_a 表示阻尼系数；f 为源项；Γ 为守恒通量；Ω 表示场变量（温度或孔隙率）。

在一般形式的微分方程中仅需让第 4.1 节中控制方程的系数与式（4.29）中方程的系数对应项相等即可。在温度场控制方程中，e_a 取值为 0，d_a 取值为 C_e，f 取值为 0，Γ 取值

为 λ_e。在孔隙率控制方程中，e_a 取值为 0，d_a 取值为 1，f 取值为式（4.24）等号右侧部分，Γ 取值为 0。对于温度场边界条件，采用狄利克雷温度边界条件将暖端和冷端的温度进行设置，冷、暖端温度边界分别为−20℃和 5℃，其他边界为绝热边界；对于水分场边界条件，采用狄利克雷水分边界条件将暖端和冷端的孔隙率设置为初始孔隙率；网格采用定制线单元，最大单元大小为 1.2mm，最大单元增长率设置为 1.1，狭窄区域分辨率为 1。模型计算步长 0.1h，计算周期为 120h。

4.2.1　模型参数

本节计算主要针对第 3.2.4 节 10kPa 初始水平应力、不同约束刚度工况。试样尺寸：长×宽×高=0.2m×0.1m×0.1m，干密度 ρ_d 取 1.6g/cm^3，初始孔隙率 0.41，饱和含水率 25.4%，开展一维水平冻结。数值计算中，不考虑冻结初期土体的冻缩和固结现象。

土体导热系数按照式（2.43）计算，因计算工况为饱和试样，忽略冻结过程干密度变化对导热系数影响，取含水率和干密度为定值：

$$\lambda_1 = 1.091\left(\frac{w}{15\%} - 0.2861\right)^{0.5019}\left(1.17 + \frac{0.397}{1 + e^{T+3.38}}\right)\left(2.5946\frac{\rho_g}{1.5} - 1.6266\right)$$

$$= 1.4777\left(1.17 + \frac{0.397}{1 + e^{T+3.38}}\right) \tag{4.30}$$

土体体积比热容[1]：

$$C_v = (C_s + C_i\omega_i + C_w\omega_u)\rho_d \tag{4.31}$$

C_s=0.845kJ/(kg·K)、C_i=2.09kJ/(kg·K)、C_w=4.18kJ/(kg·K) 分别为土颗粒、冰、水的比热容，ρ_d 为土的干密度。

饱和土渗透系数采用本书第 2.5 节与孔隙率相关的预测模型：

$$k_{sat} = 1.6023\times10^{-4}n^2 - 1.2501\times10^{-4}n + 2.4390\times10^{-5}\,(\mathrm{m/s}),\ (0.39 < n) \tag{4.32}$$

正冻土渗透系数采用与未冻水含量及孔隙率相关的 Fowler 和 Krantz 模型[231]：

$$k = k_{sat}\left(\frac{\theta_u}{n}\right)^9 \tag{4.33}$$

正冻土冻结特征曲线按照第 2.3 节预测模型：

$$\theta_u = \theta_{total}\left\{\frac{1}{\ln\left[e + \left(\frac{e^{-T}}{a}\right)^n\right]}\right\}^m$$

$$a = 0.971 - 3.067\cdot e^{-0.126w_{total}}$$

$$m = 0.294 + 2.858\cdot e^{-0.222w_{total}} \tag{4.34}$$

$$n = 2.859\times e^{0.054w_{total}} - 5.670$$

孔隙率变化速率模型相关参数取值，如表 4.1 所示。

孔隙率变化速率模型参数　　**表 4.1**

T_m/℃	T_0/℃	$\dot{n}_m$/(1/h)	α/(m/℃)	β	n_0	ζ/MPa	ξ
−2	0	20/24	0.02	8.5	0.41	0.105	1

4.2.2　水平冻胀变形与冻胀力

图 4.5 是在 10kPa 初始水平应力、不同刚度约束下冻胀响应试验值与模拟值对比。由图可见，在相同初始应力时，低约束状态冻胀变形发展迅速，冻胀量增长较快且达到更大的数值；试验条件下，因初始应力、线性约束以及试验装置侧阻力等因素，冻结初期冻胀力随冻胀变形快速增长，随后逐渐变缓直至稳定。从力学角度分析，土体水平冻结应力场与外界约束达到了平衡状态，逐渐进入变形与力的恒定阶段。另外，当土体温度场达到稳定状态，冻结锋面不再持续向前推进并稳定在某一位置，同时在冻结缘后部形成了冰透镜体时，一方面阻止了水分进一步向冻结区的迁移，另一方面，由前文分析可知，在冻结缘和冰透镜体处，在外界荷载作用下（一定应力状态下），水分的凝结与融化处于动态平衡状态，冻结缘不再持续有水分相变引起的体积增长和相应的冻胀变形，冻胀变形基本进入稳定状态。

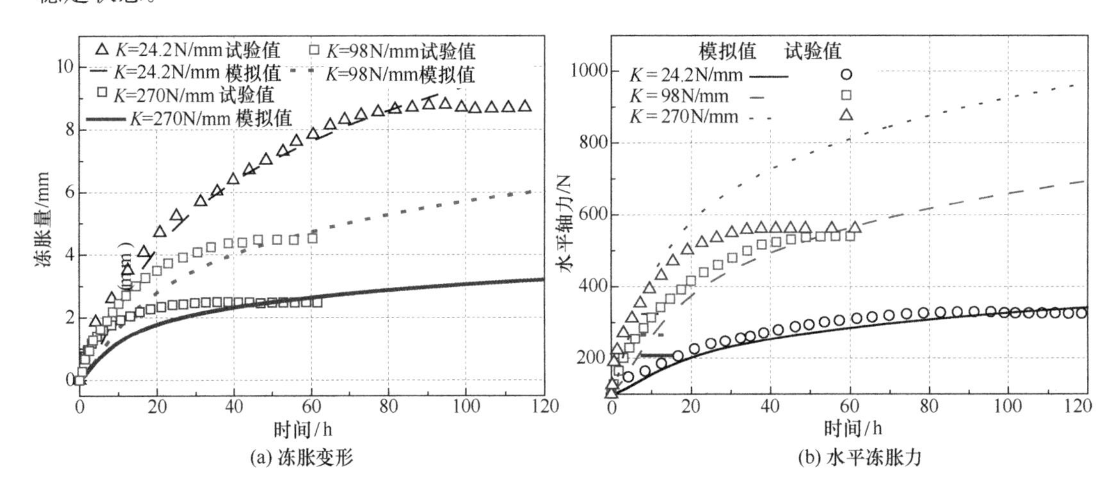

图 4.5　不同约束刚度水平冻胀响应计算值与试验值对比（σ_0=10kPa）

由图 4.5 可见，虽然低约束刚度工况冻胀变形增长迅速且冻胀量最大，但是最终的冻胀力幅值仍受约束刚度控制。大约束刚度工况虽然冻胀量小，但是因约束刚度大，冻胀力增长明显，最终相同初始应力条件下大约束刚度工况水平冻胀力明显更大。

图 4.6 是在 24.2N/mm 约束下、不同初始水平应力作用下冻胀响应试验值与模拟值对比。总体上初始应力决定了最终水平冻胀力大小。冻胀量大不代表冻胀力也大，在目前计算工况下冻胀量与冻胀力呈负相关关系，最终的冻胀响应是初始应力和约束刚度的双重影响。不论是冻胀变形还是水平冻胀力发展，在试验周期内，试验值与模拟值变化规律吻合较好，试验值在末期逐渐进入稳定值，而模拟值仍持续增长。因本书更多是从冻胀宏观角度分析土体冻结—冻胀的系列过程，数值计算未关注冰透镜体的形成与发展准则，因此只要温度梯度

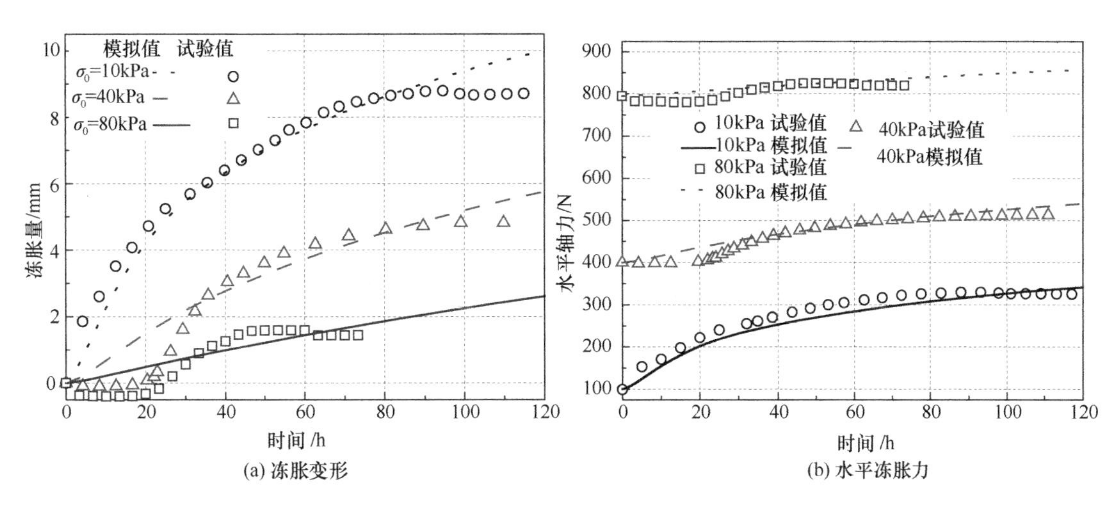

图 4.6　不同初始应力水平冻胀响应（K=24.2N/mm）

存在，未冻区水分不断迁移并相变，导致冻胀变形与冻胀力模拟值持续增长。

4.2.3　温度场

图 4.7 为各工况温度时程曲线计算值与试验值对比。由图可见各工况结果吻合较好，

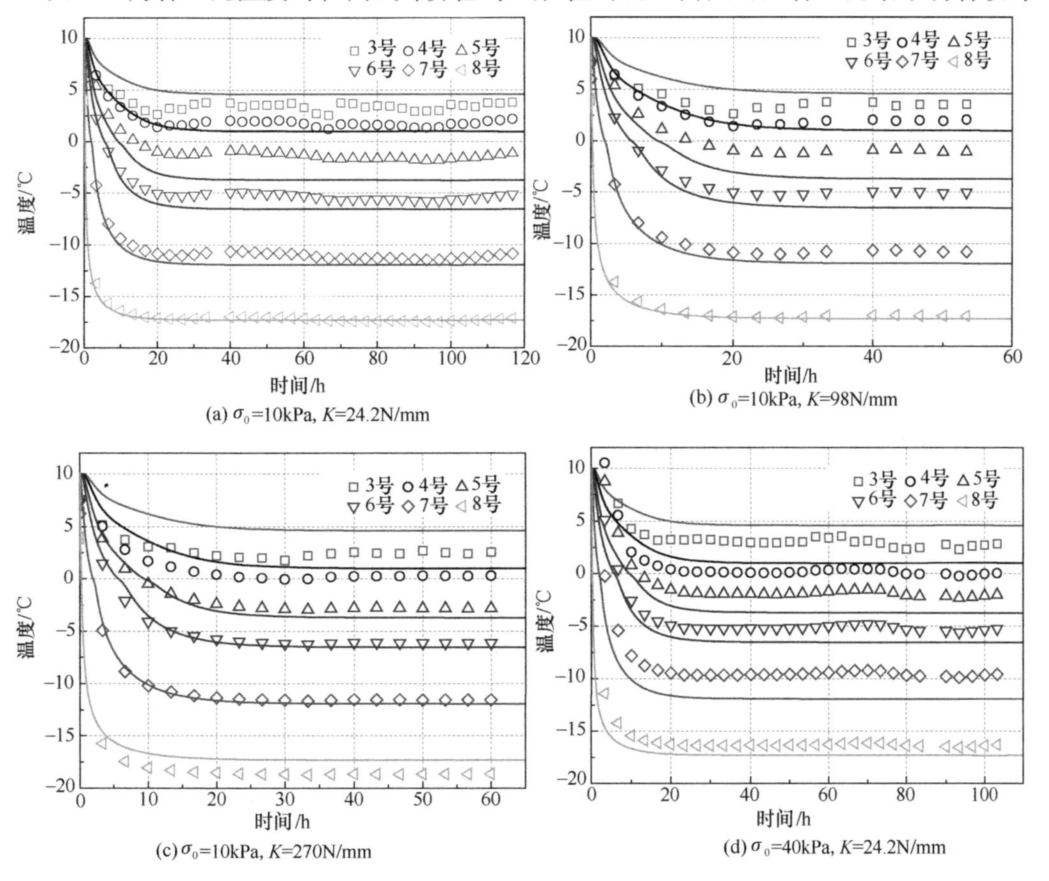

图 4.7　各工况温度时程曲线计算值与试验值对比（一）

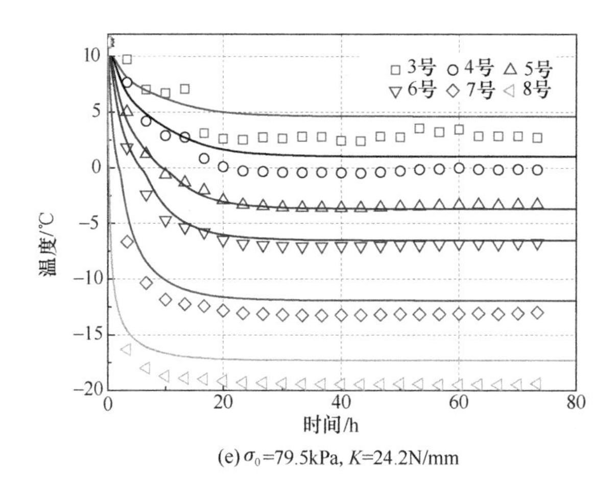

(e) σ_0=79.5kPa, K=24.2N/mm

图 4.7　各工况温度时程曲线计算值与试验值对比（二）

均经历了快速降温、缓慢降温及稳定阶段。数值计算的 4 个侧边界均为绝热边界，热通量为零；而实际试验过程，因试验装置较大，未置入低温恒温环境，仅靠多层保温层及低导热试验槽绝热效果不理想，相当于有一定热源影响了温度场的分布，因此部分试验结果比计算值稍高。

4.2.4　孔隙率

图 4.8 为不同初始水平应力、不同约束刚度条件下 30h（左图）和 120h（右图）土体孔隙率云图。由图可见，随冻结进行冻结区孔隙率不断增大，越靠近冻结缘孔隙率增长越多，而且约束越小孔隙率增长越多，从而冻胀变形越大。冷端因快速冻结，孔隙率几乎没有增长，孔隙率最大的区域位于试样中部偏暖端，在试样 7～9cm 区间，按照冻结缘理论，此处冰含量最高，甚至出现一定厚度冰透镜体。

4.2.5　水分分布

图 4.9 是各工况 120h 时未冻水（左图）及体积冰（右图）含量云图。各工况未冻水在未冻区和冷端分布相对均匀，在试样 5～10cm 区间含水率出现梯次降低，0～5cm 区间未冻区含水率为饱和含水率，体积含水率约 41%；冻结区未冻水含量约为 10%，与第 2.3 节冻结特征曲线预测值相符。体积冰含量因未冻水的存在而小于孔隙率，含冰量峰值约在 7～9cm 区间分布，与孔隙率峰值分布一致。

图 4.10 是各工况总质量含水率在试样内的分布图。由图可见，相同初始应力水平下，约束刚度越大，试样含水率峰值越小；相同刚度约束条件下，初始应力越高试样峰值含水率越低。由第 2.5 节土体关于孔隙率渗透特性及本节各工况下孔隙率分布可知，更大约束条件下土体的孔隙率更低，因此降低了水分迁移速率。另外，更低的约束（包括初始应力及约束刚度）导致更低的水平冻胀应力，为冰透镜体的形成和发展创造了有利条件，也就导致持续的水分迁移；更大约束引起的更高水平冻胀力，从而抑制了冰透镜体的形成和生长，也降低了水分迁移的动力。

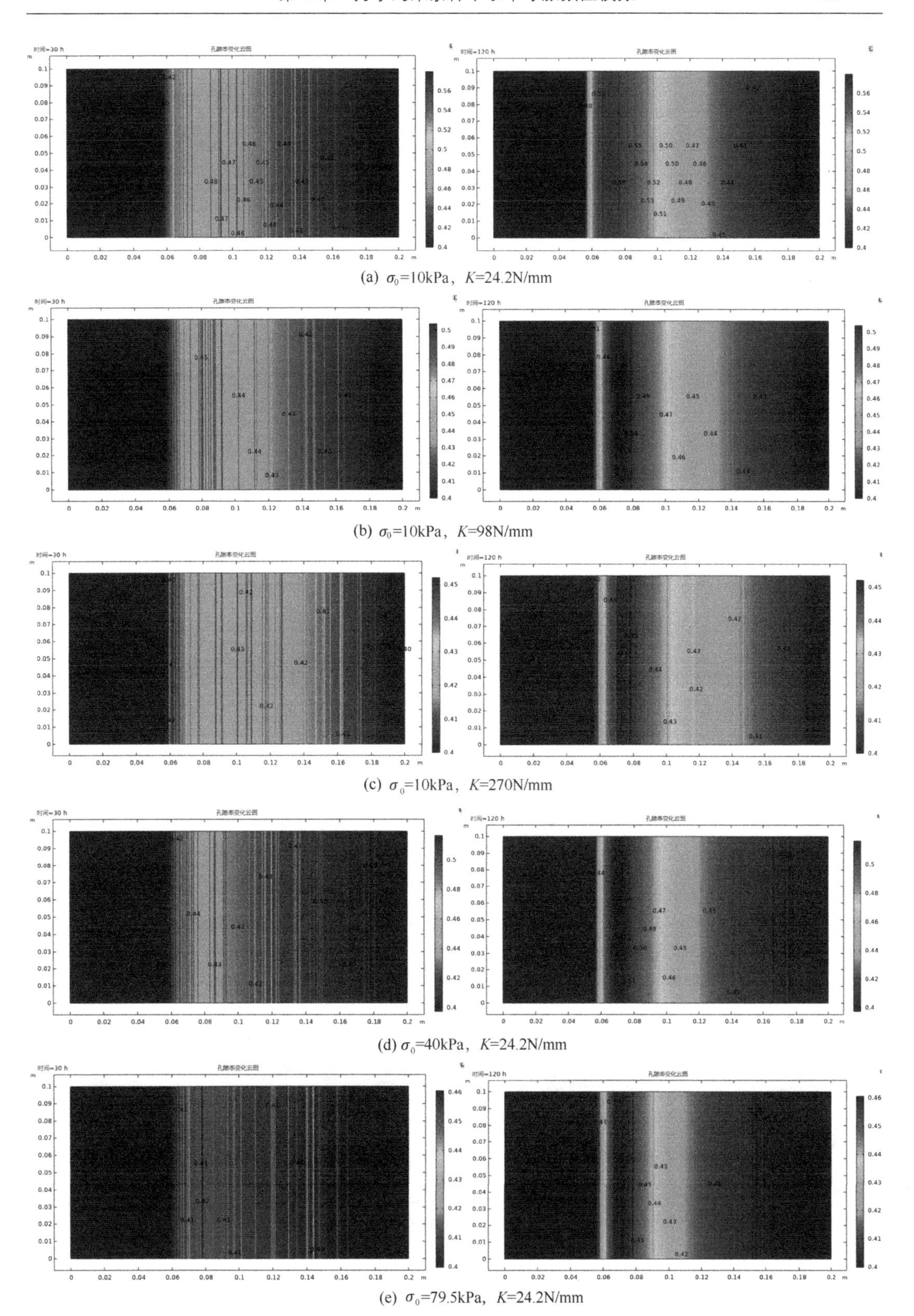

(a) σ_0=10kPa，K=24.2N/mm

(b) σ_0=10kPa，K=98N/mm

(c) σ_0=10kPa，K=270N/mm

(d) σ_0=40kPa，K=24.2N/mm

(e) σ_0=79.5kPa，K=24.2N/mm

图4.8　不同初始水平应力、不同约束刚度条件下孔隙率计算云图

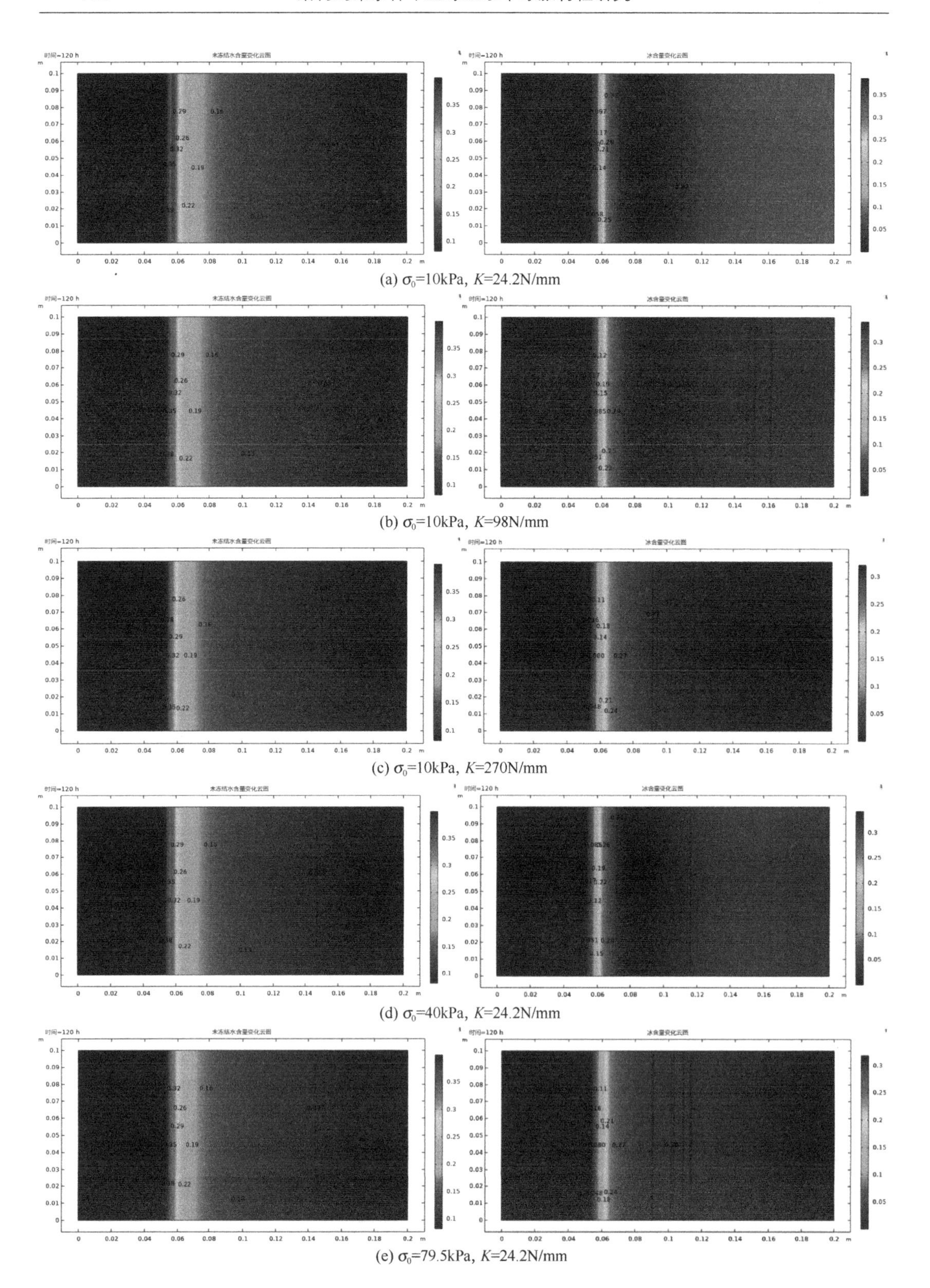

(a) σ_0=10kPa, K=24.2N/mm

(b) σ_0=10kPa, K=98N/mm

(c) σ_0=10kPa, K=270N/mm

(d) σ_0=40kPa, K=24.2N/mm

(e) σ_0=79.5kPa, K=24.2N/mm

图 4.9　不同约束未冻水（左）与体积冰（右）含量计算云图

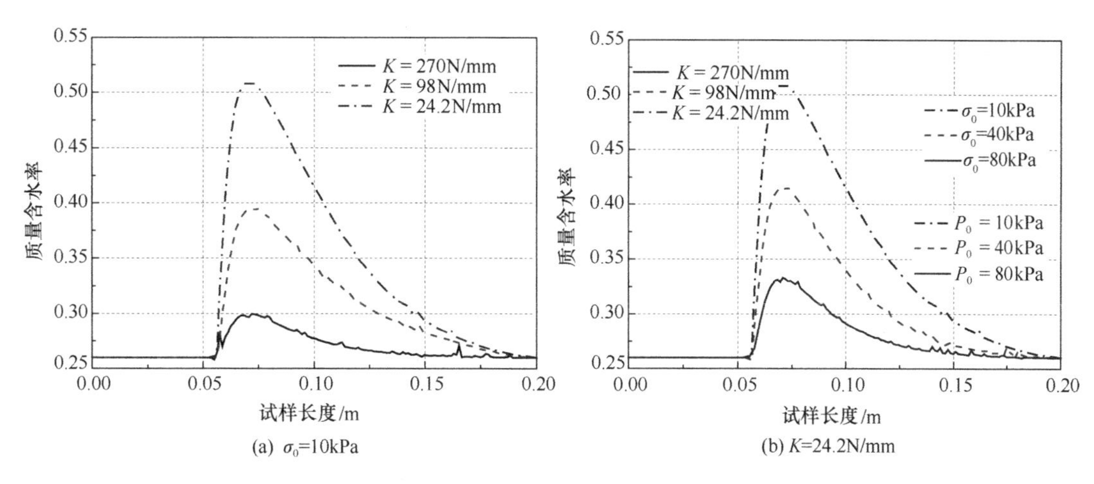

(a) σ_0=10kPa　　(b) K=24.2N/mm

图 4.10　不同工况含水率分布

图 4.11 是各工况含水率分布模拟值与试验值对比。由图可见，试验值与计算值总体规律吻合较好，含水率计算值在冻结区从冷端向暖端逐渐增加，并在 7.5cm 左右达到峰值，然后迅速降低，并在未冻区恒定在初始含水率，试验值基本也遵循这个分布规律，但

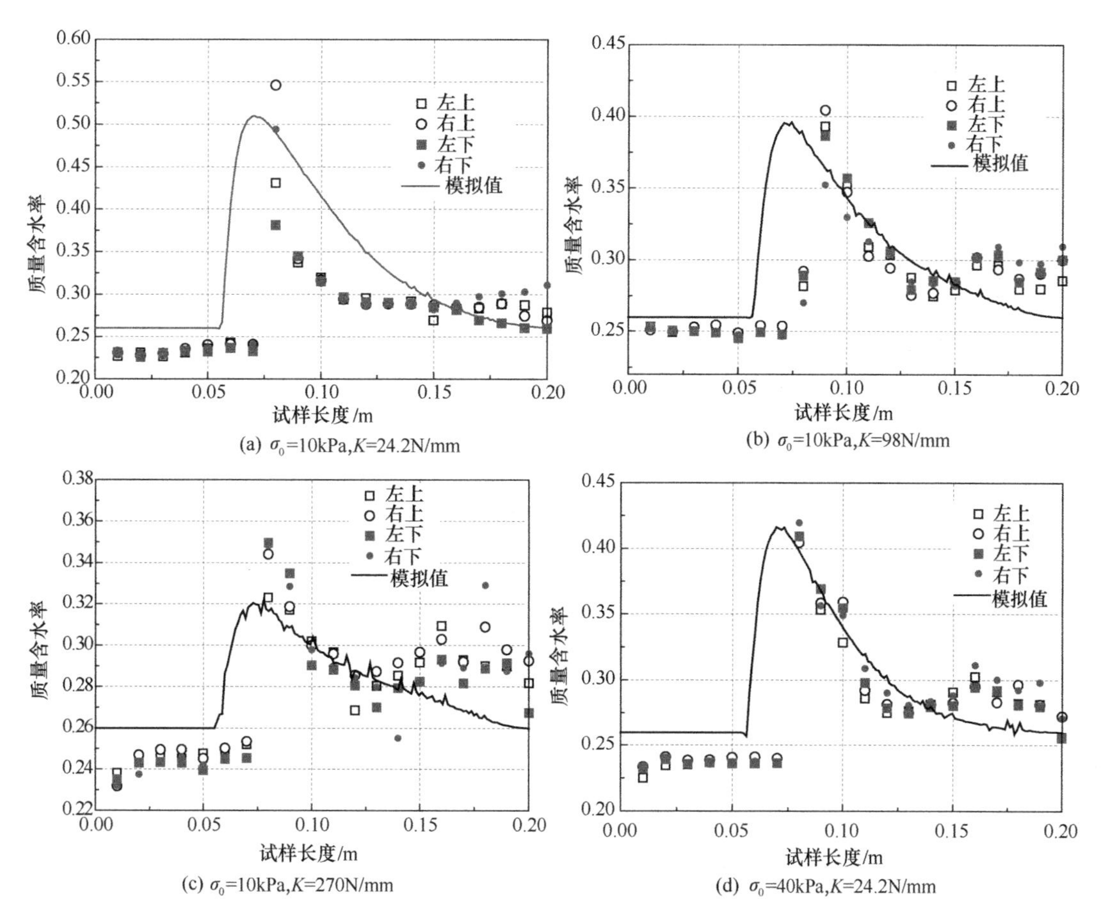

(a) σ_0=10kPa,K=24.2N/mm　　(b) σ_0=10kPa,K=98N/mm

(c) σ_0=10kPa,K=270N/mm　　(d) σ_0=40kPa,K=24.2N/mm

图 4.11　不同工况含水率分布模拟值与试验值对比（一）

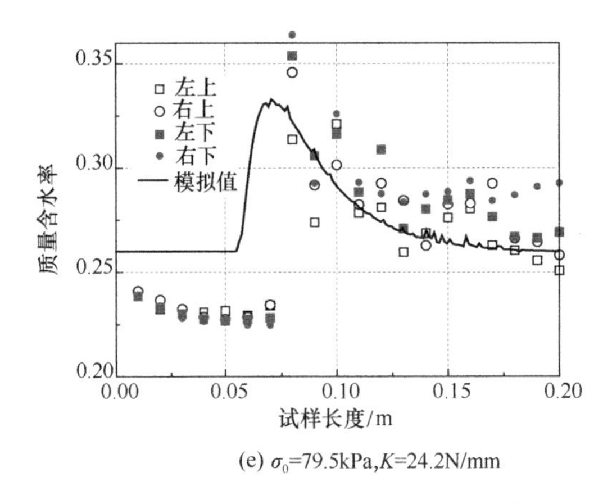

(e) σ_0=79.5kPa,K=24.2N/mm

图 4.11　不同工况含水率分布模拟值与试验值对比（二）

是在未冻区因水分迁移而略低于初始值。数值计算因未考虑冰透镜体的形成与发展，因此在冻结缘后部的总含水率相对实测值要低；试样切片测含水率时，在冻结区与未冻区接壤处存在明显冰晶，甚至部分试样含一定厚度冰透镜体，因此实测值要高于计算值。

4.3　孔隙率变化速率模型参数分析

第 4.2 节基于建立的水-热-力耦合模型开展了数值计算，得到了不同初始应力和约束刚度条件下的冻胀变形、冻胀力、温度场、水分分布等结果，并得到了试验验证。为进一步分析孔隙率变化速率模型各个参数（$\dot{n}_m$、T_m、α、β、ζ）对分析结果的影响，本节将分析初始水平应力 10kPa、约束刚度 24.2N/mm 工况下各参数单因素变化对含水率分布与冻胀时程的影响，其余参数取值同表 4.1。

图 4.12 为孔隙率变化速率峰值 $\dot{n}_m$ 取值 10/24（1/h）、20/24（1/h）、30/24（1/h）、40/24（1/h）时对含水率空间分布与冻胀量时程曲线的影响。由图可见，孔隙率变化速率峰值与含水率峰值及冻胀量均为正相关，即孔隙率变化速率峰值 $\dot{n}_m$ 越大，含水率峰值与

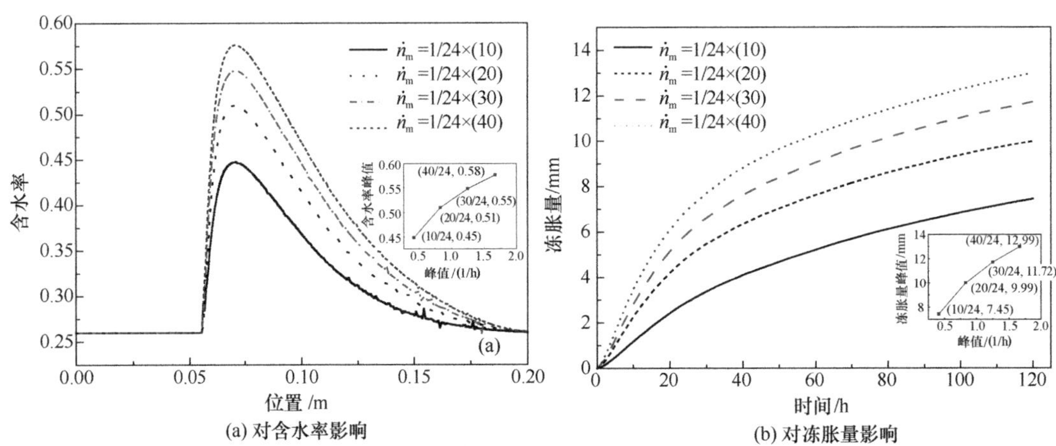

(a) 对含水率影响　　(b) 对冻胀量影响

图 4.12　孔隙率变化速率峰值 $\dot{n}_m$ 影响

冻胀量峰值越大，且 $\dot{n}_m$ 的增大，含水率峰值与冻胀量峰值增长速率逐渐降低。由前文可知，孔隙率变化速率峰值 $\dot{n}_m$ 与土性相关，通常粉土峰值 $\dot{n}_m$ 大于粉质黏土 $\dot{n}_m$，而粉质黏土 $\dot{n}_m$ 又大于黏土，关系到土体的冻胀敏感性。

图 4.13 为最大孔隙率变化速率对应温度 T_m 对含水率分布与冻胀量影响。因此，T_m 越低，含水率在冷端数值越高，冻胀量越大。由此可见，T_m 越低，峰值含水率也就越低，冻胀量越大。由图 4.2 可知，T_m 越低，相当于更低的冻结点及更宽的孔隙率变化温度区间，也就意味着更长周期的水分迁移与相对更大的孔隙率变化速率。因此除了峰值略低外，在冻结区的大部分区域含水率更高。

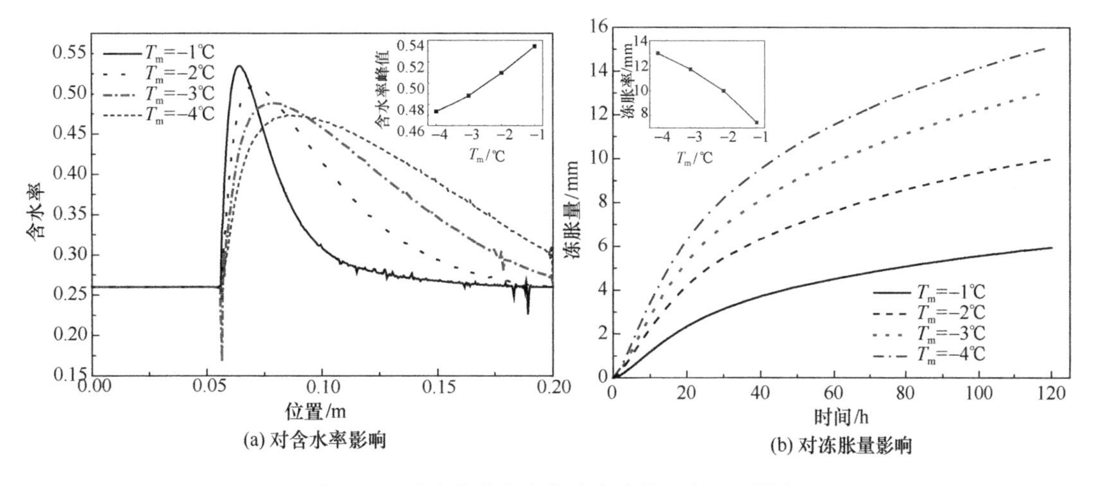

图 4.13　最大孔隙率变化速率峰值温度 T_m 影响

图 4.14 是参数 α 对含水率分布与冻胀量的影响。α 是对温度梯度影响的调整系数，理论上 α 越大，温度梯度（负值）越小，孔隙率变化速率就越大，因此冻胀量也就越大，如图 4.14（b）所示。但是，随着 α 的增加，冻胀量的变化呈双曲线形增长：初期冻胀量增加明显，当 α 增加到一定程度冻胀量逐渐趋于稳定值，即 α 对冻胀量的影响逐渐弱化。含水率也呈现出类似的变化规律。研究表明，孔隙率变化速率与温度梯度呈正比[240]，结合

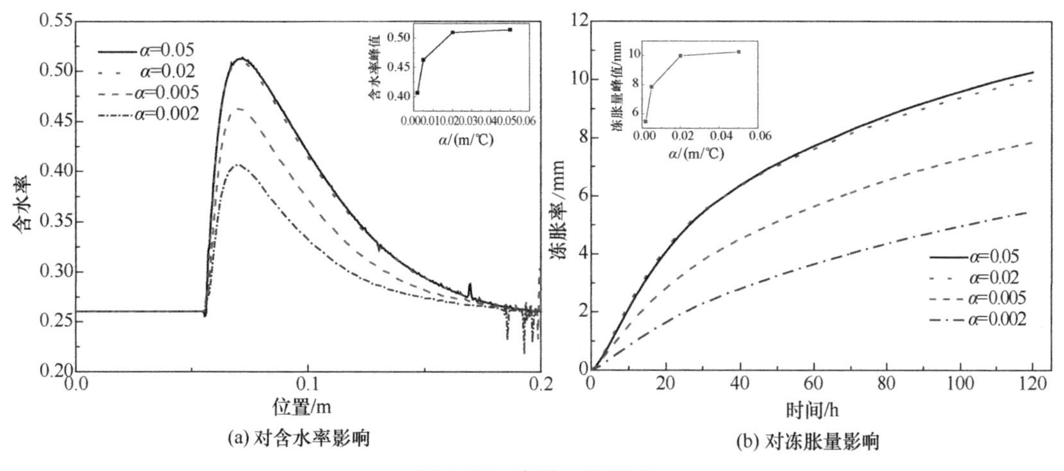

图 4.14　参数 α 的影响

图 4.2（b），α 取值在 0.05 以内较合理。

图 4.15 是参数 β 对含水率分布及冻胀的影响。由图可见，参数 β 越大，含水率峰值与冻胀量越小，近似呈线性负相关。根据式（4.24），参数 β 是对当前孔隙率影响函数的幂，而底（$1-n$）是小于 1 的数，因此参数 β 越大，当前孔隙率的影响函数衰减越快、数值越小，也就导致孔隙率变化速率从峰值快速衰减，最终的变形量也就越小。

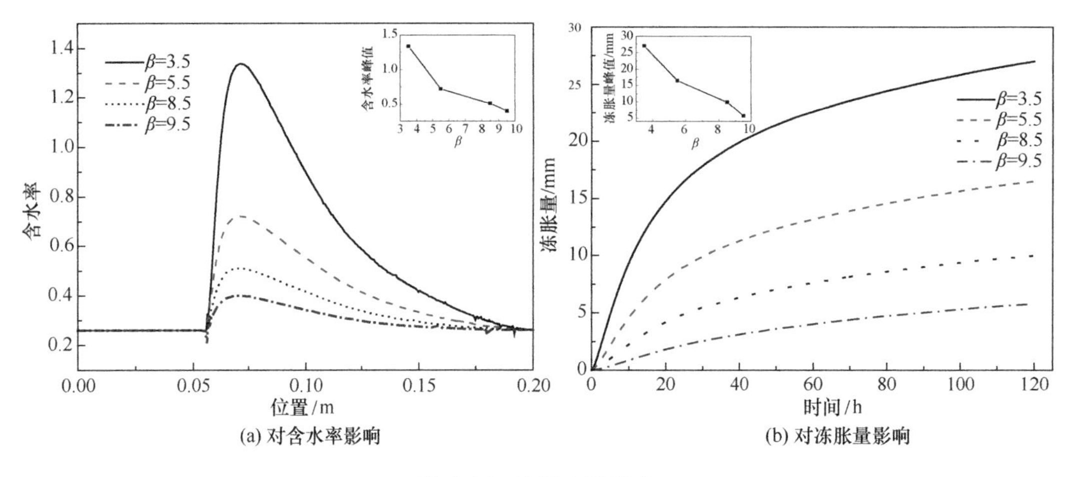

图 4.15　参数 β 的影响

图 4.16 为参数 ζ 对含水率分布及冻胀量的影响。参数 ζ 为当前应力对孔隙率变化速率影响函数的参数，ζ 越大应力的影响函数也越大，对应的孔隙率变化速率越大，冻胀量也就越高。此外，参数 ζ 越大，含水率峰值与冻胀量越大，且与参数 α 类似，随参数 ζ 的增加，含水率峰值与冻胀量呈双曲线形增长。

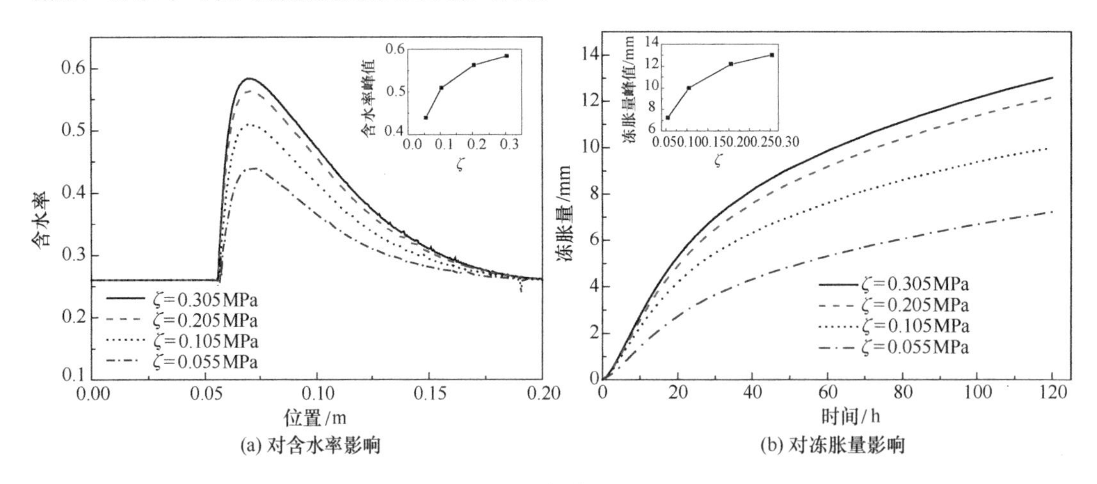

图 4.16　参数 ζ 影响

4.4　本章小结

本章从多孔介质理论出发，根据质量守恒、能量守恒及动量守恒定律，基于水动力学模型和孔隙率变化速率模型建立了水-热-力多场耦合冻胀理论模型，并分析了各参数对含水率和冻胀的影响；将冻胀描述为土体孔隙变化，实现应力场与水分场和温度场的耦合。上述模型较好地描述了水平冻胀试验变形、冻胀力、温度场及水分场，验证了模型可行性。得到如下结论：

（1）水-热-力多场耦合冻胀理论模型采用了基于土水势和水分扩散为背景的水分迁移思路，因此本书适用于饱和与非饱和土体冻结过程。将水-热耦合方程合并为一个包含等效体积比热容和等效导热系数的传热方程，降低了方程耦合程度，等效比热容是与土体比热容、潜热及未冻水含量变化速率相关的参数，而等效导热系数除与土体本身导热系数相关外，还与潜热、水扩散系数及未冻水随温度的变化率相关。冻结后土体温度、温度梯度、孔隙率及应力场影响土体孔隙率变化速率，孔隙率的变化反过来影响渗流与温度。

（2）对水平冻胀试验工况的计算及对比说明，水-热-力耦合冻胀模型能较好地描述土体冻结过程中冻胀、冻胀力、水分场、温度场、未冻水含率、冰含量与孔隙率等物理量随时间的变化与空间分布。

（3）初始应力和约束刚度均与冻胀变形及水分场峰值呈负相关，与水平冻胀力正相关，即力学约束（包括应力和刚度两方面）越大，冻胀变形越小、含水率峰值越低、水平冻胀力越大，说明力学约束抑制水分迁移及冻胀发展。

（4）孔隙率变化速率峰值 $\dot{n}_{\mathrm{m}}$ 与含水率峰值及冻胀量呈双曲线形正相关；参数 T_{m} 与含水率峰值及冻胀量分别呈近似线性正相关与负相关；参数 α 与含水率峰值及冻胀量均呈双曲线形正相关；参数 β 与含水率峰值及冻胀量近似呈线性负相关；参数 ζ 与含水率峰值及冻胀量均呈双曲线形正相关。

第 5 章　冻胀简化分析方法及应用

城市化进程的推进加速了对地下空间的利用，基坑工程向着“深、大、近、难、险”的趋势发展，相应导致越冬基坑越来越多，现有的基坑设计一般未考虑冻胀对支护结构的影响，而水-热-力多场耦合理论复杂、参数众多，不便于工程应用。本章将基于前文考虑应力与约束刚度影响的冻胀率模型，在单温度场分析基础上进行冻胀评估并在工程中初步应用。

5.1　冻胀变形简化分析理论

在一定冻结温度、温度梯度、应力场条件下获得了土体孔隙率变化速率模型，对其进行时间积分将获得冻结区应变量 ε_{ij} ：

$$\varepsilon_{ij}=\int_0^{t_e}\dot{\varepsilon}_{ij}\,\mathrm{d}t \tag{5.1}$$

式中，t_e 为总的冻结时间。

对于单向冻结问题，冻胀变形主要沿着热流方向（温度梯度方向），如图 5.1 所示，冻胀引起的孔隙率变形速率及冻胀变形也是单向的，对应变量 ε_{ij} 进行空间积分，将获得冻胀量 ΔL：

$$\Delta L=\int_0^{L_1}\varepsilon_{ij}\,\mathrm{d}l \tag{5.2}$$

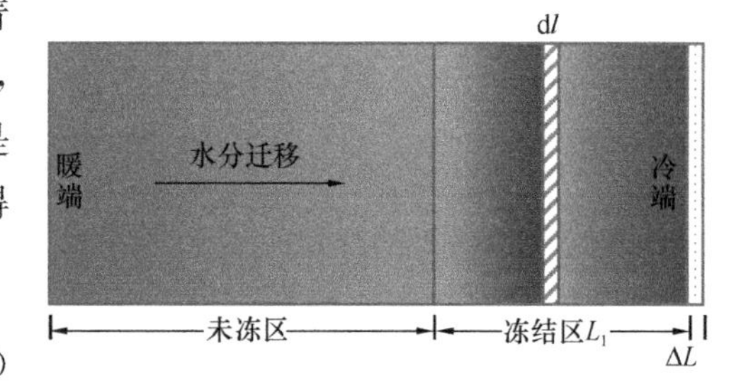

图 5.1　冻胀变形计算示意图

对于单向冻结而言，土体的冻胀率 η：

$$\eta=\frac{\Delta L}{L_1}=\varepsilon_v=\varepsilon_{ij} \tag{5.3}$$

冻结过程冻胀变形速率 $\mathrm{d}L/\mathrm{d}t$ 为：

$$\mathrm{d}L/\mathrm{d}t=\int_0^{L_1}\dot{\varepsilon}_{ij}\,\mathrm{d}l \tag{5.4}$$

式中，L_1 为土体沿热流方向冻结区域尺寸；l 为热通量方向（最大温度梯度方向）空间坐标。将冻胀率 η 作为空间坐标 l 的函数 $\eta(l)$ ，由式（1.1）相变引起的体应变可见，冻胀率 η 同样也与冻结区含水率分布相关，如图 5.2 所示。而冻结区冻胀率分布函数 $\eta(l)$ 较难确定，借鉴拉格朗日中值定理思路冻胀量 ΔL 可用冻结区平均冻胀率表达，见式 (5.5)。由第 3.3 节内容可知，式（5.5）中平均冻胀率函数也是应力和约束刚度的函数。

$$\Delta L=\int_{0}^{L_1}\eta(l)\mathrm{d}l=\overline{\eta}L_1 \tag{5.5}$$

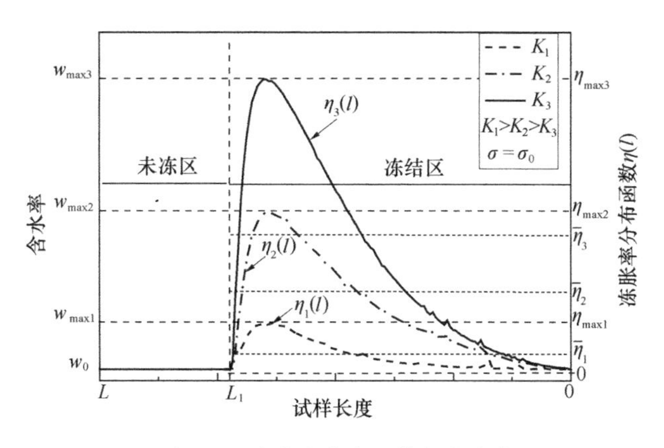

图 5.2　冻胀率分布函数与含水率

根据冻胀率与线膨胀系数之间的关系[242]，见式（5.6），可将土体冻胀率转化为线膨胀系数。在获取一定区域不同力学约束（包括应力和刚度）工况下的冻胀率后，可以将复杂的多场耦合问题简化为单温度场分析的热变形问题，在获得冻深基础上能有效便捷地评估冻胀量及结构冻胀作用下的响应。本节将基于式（5.5）及式（5.6）的思路，在获得平均冻胀率基础上通过对基坑进行温度场分析，以冻结区变形场的方式分析基坑冻胀响应。

$$\alpha=\frac{1-\mu}{(1+\mu)\cdot\Delta T}\eta \tag{5.6}$$

式中，μ 为土体泊松比；ΔT 为冻结温度；η 为土体冻胀率。

5.2　现场监测分析

5.2.1　工程概况

长春华润中心大厦基坑项目位于长春市南关区省文化活动中心原址，人民大街与解放大街交汇处。项目为近地铁工程，西侧和南侧分别为地铁 1 号线与 2 号线，东侧为多层既有建筑物，北侧为儿童公园，西南侧是地铁 1 号线与 2 号线联络线。如图 5.3 所示。

项目处于新生代剧烈活动的松辽平原东缘断裂带、张广才岭隆起与松辽坳陷盆地交界的一侧，伊通—依兰断裂带和伊通河断裂带交接部位，是差异升降活动比较显著的地带。场地地层结构由第四系全新统人工填筑层（Q_4^{ml}）、第四系沉积层（Q_2^{al+pl}）和白垩系基岩（K）组成，地表以下依次为杂填土、粉质黏土（塑性指数 15）、粗砂、全风化泥岩、强风化泥岩、中风化泥岩。土层参数见表 5.1。

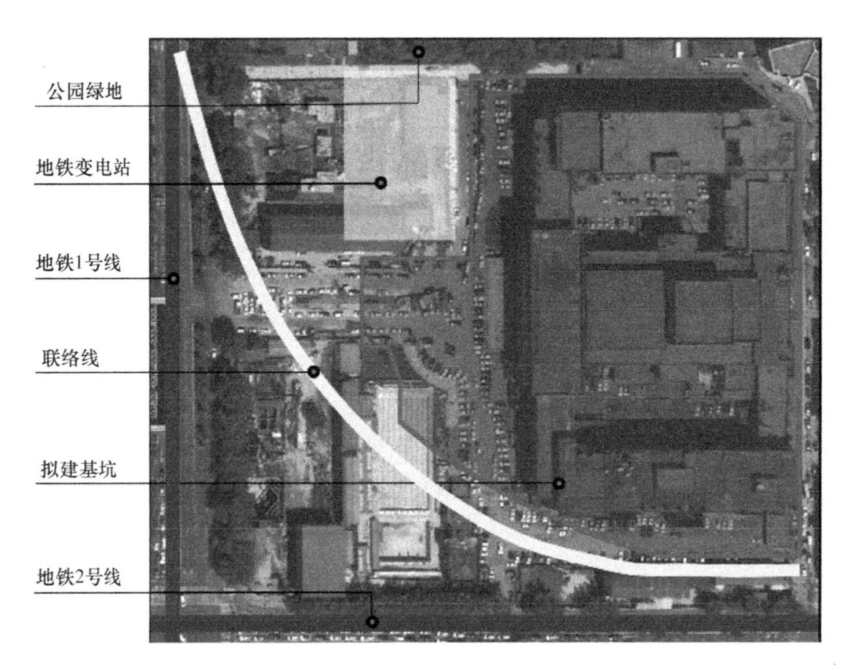

图 5.3　基坑平面图

土层参数表　　表 5.1

土层	重度 /(kN/m³)	黏聚力 c/kPa	内摩擦角 φ/°	侧摩阻力 /kPa
杂填土	19.5	5	10	15
粉质黏土	19.5	35～45	11～13	65
粗砂	19.5	0	35	150
全风化泥岩	20	50	20	100
强风化泥岩	20	60	25	120
中风化泥岩	20	70	30	180

拟建场区地下水类型为上层滞水及孔隙潜水，稳定水位埋深 9.60～10.00m，其高程为 203.30～204.30m；深部砂岩风化带中地下水类型为基岩裂隙水，泥岩为相对隔水层，基岩中的地下水主要赋存于砂岩及泥岩裂隙中，其水量大小和径流受岩体节理裂隙发育程度、连通性和构造的控制，其地下水压力场和渗流状态具明显的各向异性，该层地下水主要受地下水径流侧向补给，且未形成稳定连续的水位面。基坑开挖后，东侧侧壁渗流明显，入冬后在侧壁形成明显挂冰。

基坑平面呈不规则形状，深度约 26.5m，面积 3.8×10^4m²。基坑围护结构在北侧及东侧采用单排桩多道预应力锚索支护；西北侧地铁变电站基本与基坑等深，采用角撑及与主楼结构对撑联合支护；南侧及西南侧（临地铁 2 号线及联络线）采用双排桩多道预应力锚索并结合坑内斜撑支护，如图 5.4 所示。钻孔灌注桩直径 1m，中心间距 1.3m。对于单排桩＋预应力锚索标准段，采用 7 道锚索，一桩一锚支护方式。

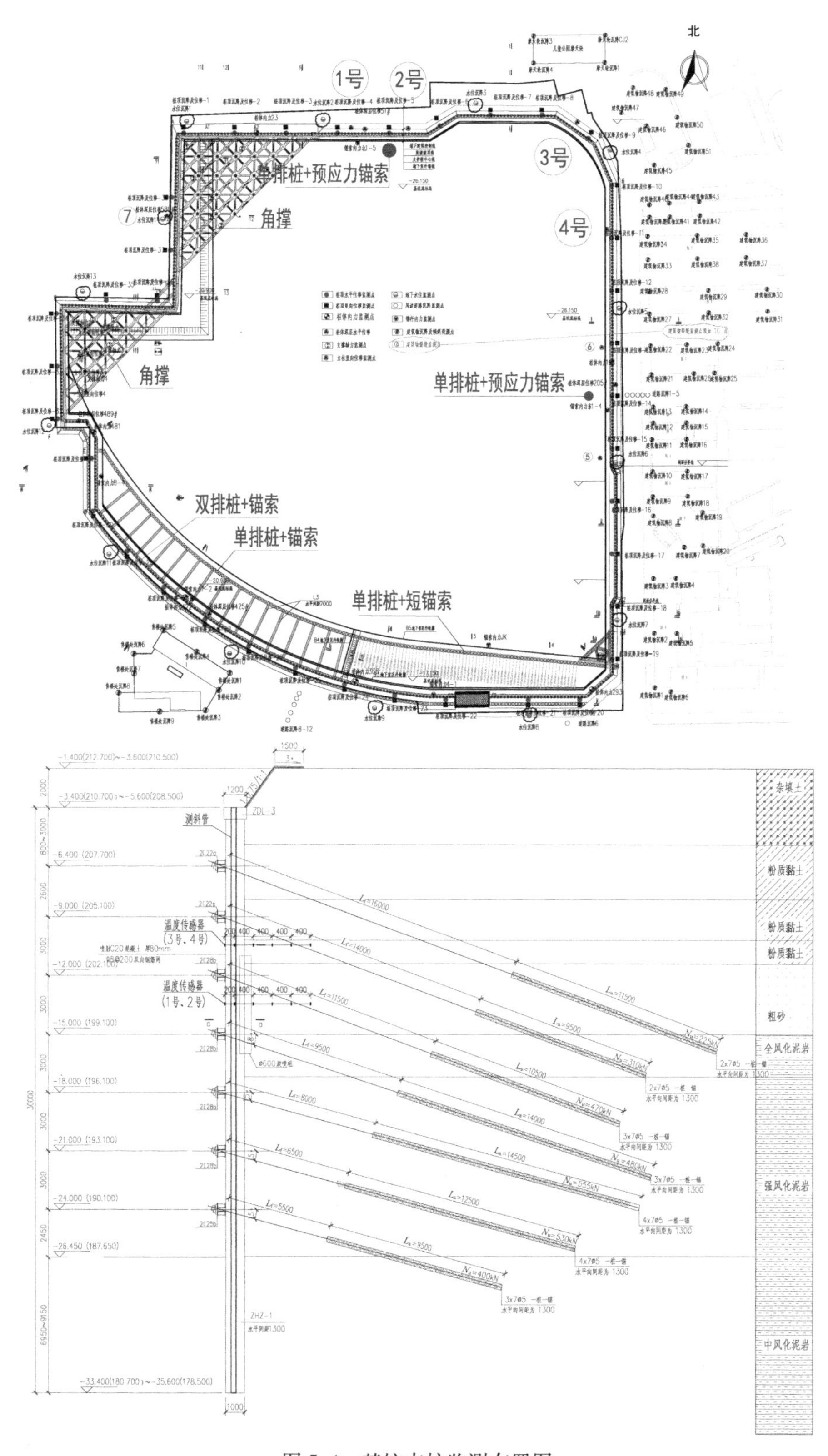

图5.4　基坑支护监测布置图

5.2.2　水平冻胀变形与温度场监测

为研究冻胀对越冬基坑影响，在基坑单排桩预应力锚索支护段开展了深层土体位移、基坑侧壁温度场、土压力、锚索轴力、桩身内力等项目的监测（部分传感器损坏），并在4个断面布置了传感器，如图5.4所示1～4号测点。为控制基坑冻胀影响，在基坑北侧和东侧基坑侧壁覆盖了棉被，而在北部局部区域覆盖了岩棉进行防护，并对其温度场进行监测。图5.5为棉被防护和岩棉防护图，其中棉被和岩棉两侧均采用防水膜包裹，增强密封性。

(a) 棉被防护

(b) 岩棉防护

图5.5　保温防护措施

在1号和2号测点布置温度传感器，采集岩棉防护和无防护工况的基坑侧壁温度分布，位于第三排锚索与第四排锚索之间，约12m深位置；在3号测点采集棉被防护温度分布，位于第二排与第三排锚索之间，约6～7m深位置。从基坑侧面往土体内依次采集0cm（空气中）、20cm、60cm、100cm、140cm、180cm深度处温度，采用SLST1-1温度传感器，并采用每通道可采集10点的SM1200B搜博温度采集模块，如图5.6所示。图5.7为基坑无保温防护、5cm岩棉及棉被防护时基坑侧壁不同深度处温度时程及日平均气温曲线（因现场条件限制无法做到定频率自动监测，所以部分日期数据缺失）。由此可

(a) 温度采集模块

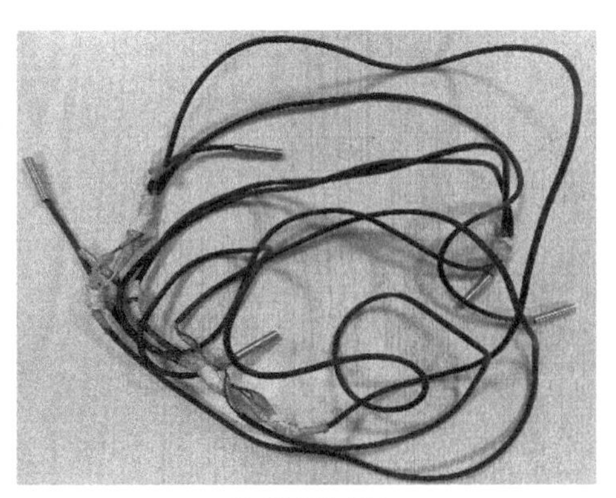
(b) 温度传感器

图5.6　温度监测装置

见，越冬期间日平均气温波动较大，土体内不同深度处温度变化平缓，随冻结时间的累积，基坑侧壁温度逐渐降低，且从基坑表面 0cm 处至 180cm 深度温度均匀增加，而基坑侧壁（0cm 处）温度相对日平均气温明显偏高，这与每次数据采集在中午有关；此外，无防护和岩棉防护测点处于向阳面，受太阳照射影响较大，而且此处在测试期间尚未开挖到底，也会受坑底二维温度场影响。

无防护工况 0cm 及 20cm 处温度随气温变化明显，且 20cm 处基本处于冻结状态，后期 60cm 处也处于冻结边缘；岩棉防护工况各测点变化均不明显，且基坑表面也基本处于 0～－2℃之间，考虑到粉质黏土冻结温度在－1℃左右，说明基坑侧表面处于轻微冻结状态，0℃等温线基本在 20cm 深度；对于棉被防护，0cm 处温度相比岩棉防护随气温变化更明显，且 0℃等温线基本在 100cm 处（棉被处测点更接近地面，温度相对更低，且有密封不严漏风现象）。

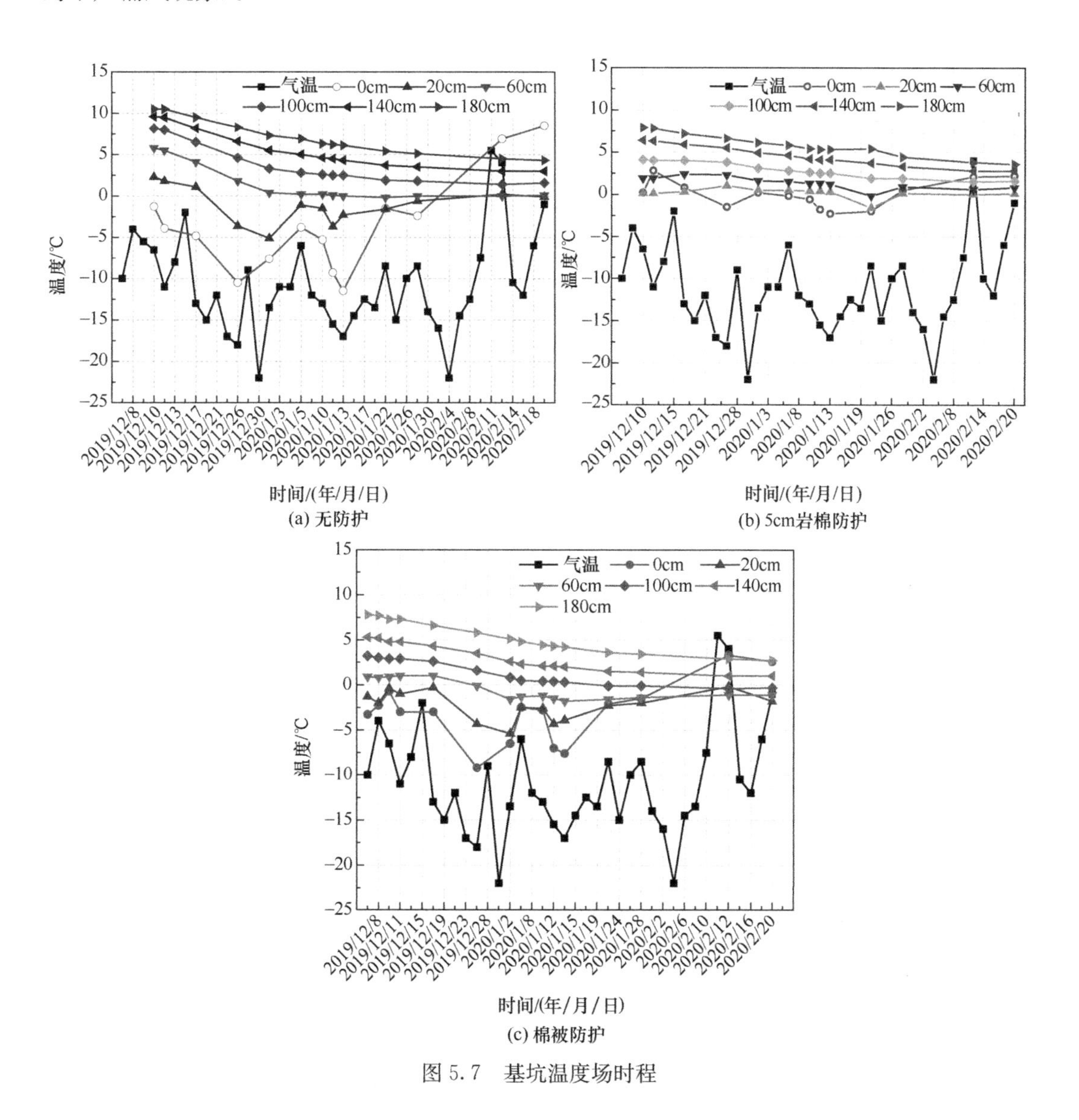

图 5.7　基坑温度场时程

图 5.4 的 1～4 号测点布置有 4 处深层土体位移，图 5.8 是监测基坑临空面不同时间不同深度变形量监测结果，深层土体位移通过滑动式垂直测斜仪在测斜管中每 0.5m 采集一次数据。由图可见，随着冻结的进行，基坑不同深度处变形总体上逐渐增大；在空间分布上，1～3 号测点基坑最大变形值在基坑中部，基坑顶部也有一定水平位移，而底部基本没变形，1 号测点监测期间最大变形量约 20mm（约在 7～8m 深），2 号测点总变形量约 8.5mm（约 15m 深处），3 号测点变形量约 15mm（约 10m 深处）；4 号测点受冻胀影响从底部到上部水平位移几乎呈线性增大，最大位移位于桩顶，约 4mm。

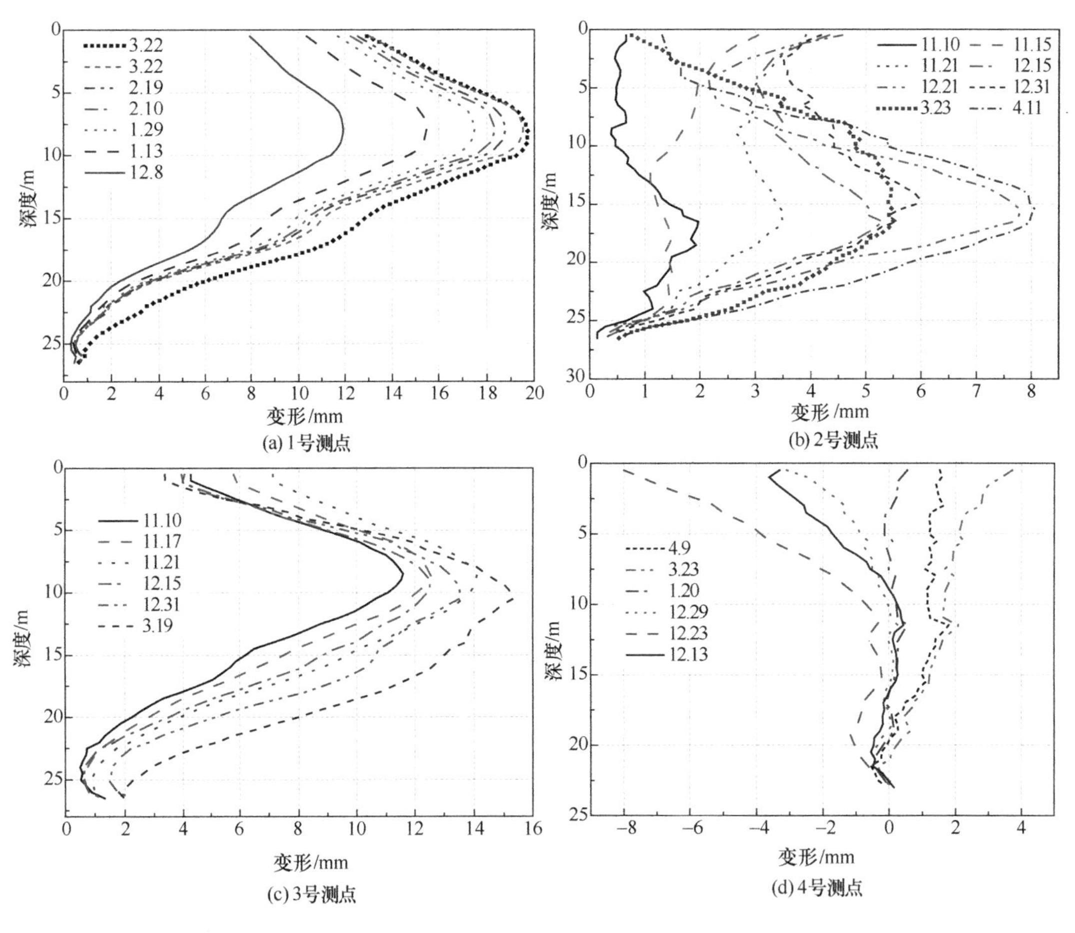

图 5.8　基坑水平变形

图 5.9 为 1～4 号测点分别基于 2019 年 12 月 8 日、11 月 10 日、11 月 10 日及 12 月 13 日的变形。由图可见，基坑越冬后受冻胀影响，1～3 号测点变形仍表现出中部—中下部变形最大，4 号测点基坑水平位移表现出从底部到上部的近似线性增加，4 个测点的变形规律大致与总变形量相同。具体为 1 号测点最大冻胀变形量约 8mm（约在 10m 深处），2 号测点最大冻胀变形量约 6.5mm（约在 15m 深），3 号测点最大冻胀变形量约 7mm（位于 15～17m 深处），4 号测点最大冻胀变形约 6.5mm（位于桩顶）。总的水平冻胀变形在 6.5～8mm 之间，与总水平变形量规律相同，随着冻结的深入冻胀量逐渐增大。

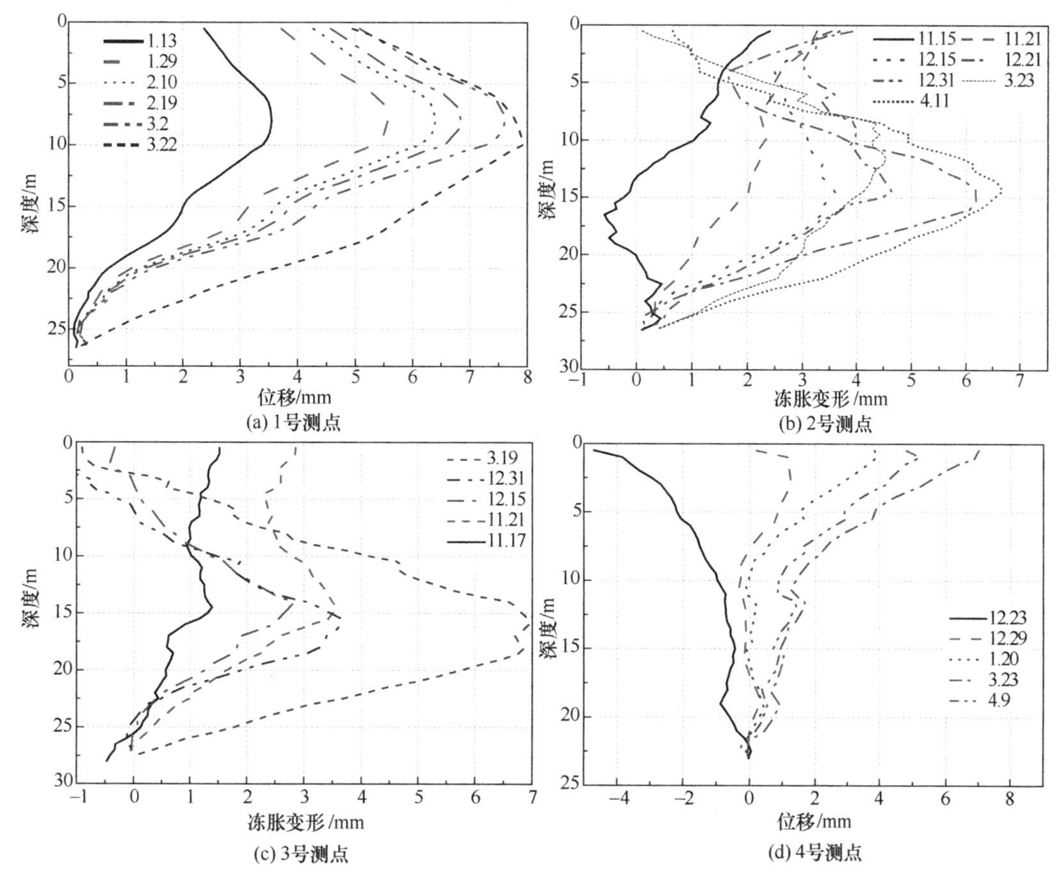

图 5.9　基坑冻胀变形图

5.3　数值分析

5.3.1　模型建立及参数

为简化分析越冬基坑受冻胀影响，采用 COMSOL 建立了基坑数值分析模型。基坑深度 23m，桩长 31m，桩径 1m。模型尺寸为横向 45m，竖向 36m，桩与土之间设置了接触对，通过 COMSOL 中广义拉伸功能保持桩与土的变形协调。模型中未考虑开挖的影响，假定土体各向同性，采用热固耦合模型，只分析温度变化对基坑弹性变形的影响。基坑模型如图 5.10（a）所示，根据前文试验研究及参数反演，确定相关土层参数，如表 5.2 所示（土体饱和）。模型按温度分布分为未冻区、冻结区及正冻区（相变区），其温度控制方程如下：

对于未冻区的温度场：

$$C_{\mathrm{u}}\frac{\partial T_{\mathrm{u}}}{\partial t}=\lambda_{\mathrm{u}}\frac{\partial}{\partial x}\left[\frac{\partial T_{\mathrm{u}}}{\partial x}\right]+\lambda_{\mathrm{u}}\frac{\partial}{\partial y}\left[\frac{\partial T_{\mathrm{u}}}{\partial y}\right] \tag{5.7}$$

对于冻结区温度场：

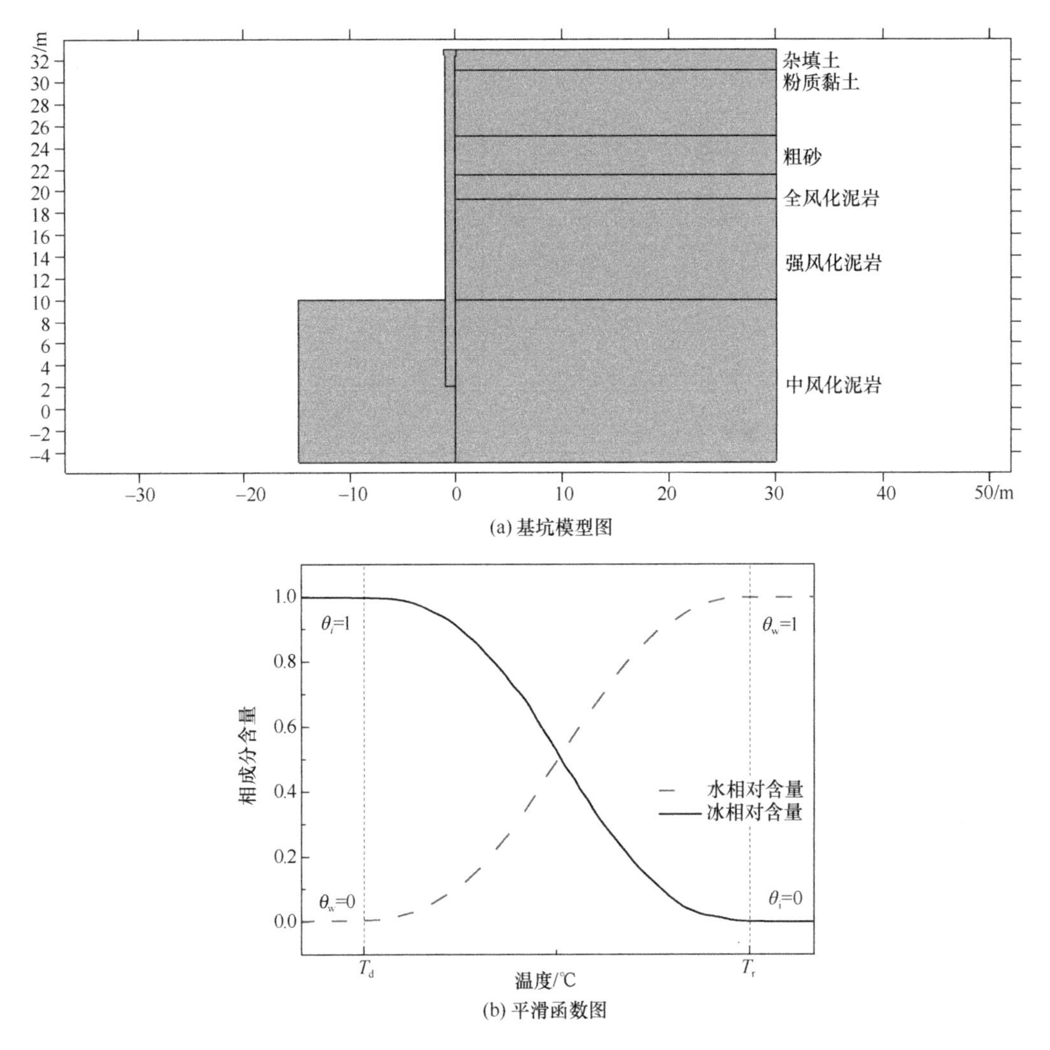

(a) 基坑模型图

(b) 平滑函数图

图 5.10　基坑模型与平滑函数图

$$C_{\mathrm{f}}\frac{\partial T_{\mathrm{f}}}{\partial t}=\lambda_{\mathrm{f}}\frac{\partial}{\partial x}\left[\frac{\partial T_{\mathrm{f}}}{\partial x}\right]+\lambda_{\mathrm{f}}\frac{\partial}{\partial y}\left[\frac{\partial T_{\mathrm{f}}}{\partial y}\right] \tag{5.8}$$

对于相变区温度场：

$$C_{\mathrm{l}}\frac{\partial T}{\partial t}=\nabla(\lambda_{\mathrm{eff}}\nabla T) \tag{5.9}$$

$$C_{\mathrm{l}}=n\rho_{\mathrm{f}}C_{\mathrm{p,f}}+\theta_{\mathrm{s}}\rho_{\mathrm{s}}C_{\mathrm{p,s}} \tag{5.10}$$

$$C_{\mathrm{p,f}}=\frac{1}{\rho_{\mathrm{f}}}(\theta_{\mathrm{i}}\rho_{\mathrm{i}}C_{\mathrm{p,i}}+\theta_{\mathrm{w}}\rho_{\mathrm{w}}C_{\mathrm{p,w}})+L_{\mathrm{w}}\frac{\partial\alpha_{\mathrm{m}}}{\partial T} \tag{5.11}$$

$$\lambda_{\mathrm{eff}}=n\lambda_{\mathrm{f}}+\theta_{\mathrm{s}}\lambda_{\mathrm{s}} \tag{5.12}$$

$$\alpha_{\mathrm{m}}=\frac{1}{2}\frac{\theta_{\mathrm{w}}\rho_{\mathrm{w}}-\theta_{\mathrm{i}}\rho_{\mathrm{i}}}{\theta_{\mathrm{w}}\rho_{\mathrm{w}}+\theta_{\mathrm{i}}\rho_{\mathrm{i}}} \tag{5.13}$$

$$\rho_{\mathrm{f}}=\theta_{\mathrm{i}}\rho_{\mathrm{i}}+\theta_{\mathrm{w}}\rho_{\mathrm{w}} \tag{5.14}$$

$$\lambda_f = \theta_i \lambda_i + \theta_w \lambda_w \tag{5.15}$$

$$\theta_i + \theta_w = 1 \tag{5.16}$$

式中：C_u、C_f、C_l 分别为未冻、冻结及相变区有效体积比热容，$J/(m^3 \cdot K)$；T 为温度；t 为时间；λ_u、λ_f、λ_{eff}、λ_f、λ_s 分别为土体未冻区、冻结区及相变区、流相及土颗粒导热系数，$W/(m \cdot K)$；L_w 为单位质量水的相变潜热（334kJ/kg）；ρ_i、ρ_w 为冰与水的密度；θ_w、θ_i、θ_s 为土体中的水、冰与土颗粒体积含量；$C_{p,f}$、$C_{p,i}$、$C_{p,w}$、$C_{p,s}$ 为流相、冰、水和土颗粒（840J/(kg · K)）的质量热容；n 为孔隙率；ρ_f 为流相密度。

为简化分析，此处设定土体的完全冻结温度和完全融化温度分别为 T_d（取为－6℃）和 T_r（取为0℃），假定当温度 T 小于 T_d 或大于 T_r 时无相变发生，在 $[T_d, T_r]$ 温度区间水发生相变并伴随潜热释放。相变区未冻水含量 θ_w 与冰含量 θ_i 按照图 5.10（b）所示 Heaviside 平滑跃迁函数计算。

将式（5.11）中的体积比热容和导热系数按照温度区间进行线性差值，可得：

$$C^* = \begin{cases} C_u, T > T_r \\ n\rho_f C_{p,f} + \theta_s \rho_s C_{p,s}, T_d \leqslant T \leqslant T_r \\ C_f, T \leqslant T_d \end{cases} \tag{5.17}$$

$$\lambda^* = \begin{cases} \lambda_u, T > T_r \\ n\lambda_f + \theta_s \lambda_s, T_d \leqslant T \leqslant T_r \\ \lambda_f, T \leqslant T_d \end{cases} \tag{5.18}$$

因此，可将二维温度场模型控制微分方程统一表达为：

$$C^* \frac{\partial T}{\partial t} = \frac{\partial}{\partial x}\left[\lambda^* \frac{\partial T}{\partial x}\right] + \frac{\partial}{\partial y}\left[\lambda^* \frac{\partial T}{\partial y}\right] \tag{5.19}$$

在相变边界，冻结锋面 $S(t)$ 处，温度场需满足连续性条件与能量守恒定律，即：

$$T_f[S(t), t] = T_u \tag{5.20}$$

$$\lambda_f \frac{\partial T_f}{\partial n} - \lambda_u \frac{\partial T_u}{\partial n} = L_s \frac{dS(t)}{dt} \tag{5.21}$$

式中，$\boldsymbol{n}$ 为相变边界法向量。

基坑模型采用热-弹性分析，假定土体各向同性，总应变 $\{\varepsilon\}$ 包括弹性应变 $\{\varepsilon\}_e$ 和冻胀引起的瞬时体应变 $\{\varepsilon\}_v$，即：

$$\{\varepsilon\} = \{\varepsilon\}_e + \{\varepsilon\}_v \tag{5.22}$$

弹性应变 $\{\varepsilon\}_e$ 可表示为：

$$\{\varepsilon\}_e = [D]^{-1}\{\sigma\} \tag{5.23}$$

式中 $[D]$ 为弹性矩阵：

$$[D] = \frac{E(1-\mu)}{(1+\mu)(1-2\mu)} \begin{Bmatrix} 1 & \mu/(1-\mu) & 0 \\ \mu/(1-\mu) & 1 & 0 \\ 0 & 0 & (1-2\mu)/[2(1-\mu)] \end{Bmatrix} \tag{5.24}$$

在局部坐标系下，冻胀引起的体应变分量为：

$$\begin{Bmatrix} \varepsilon_{11}^{T} & \varepsilon_{12}^{T} \\ \varepsilon_{21}^{T} & \varepsilon_{22}^{T} \end{Bmatrix} = \begin{bmatrix} 1/3 & 0 \\ 0 & 1/3 \end{bmatrix} \{\varepsilon\}_{v} \tag{5.25}$$

根据胡克弹性定理，冻土总应变分量：

$$\begin{cases} \varepsilon_{11} = \dfrac{1}{E}[\sigma_{11} - \mu(\sigma_{22} + \sigma_{33})] + \dfrac{1}{3}\{\varepsilon\}_{v} \\ \varepsilon_{22} = \dfrac{1}{E}[\sigma_{22} - \mu(\sigma_{11} + \sigma_{33})] + \dfrac{1}{3}\{\varepsilon\}_{v} \\ \varepsilon_{12} = \varepsilon_{21} = \dfrac{2(1+\mu)}{E}\tau_{12} \end{cases} \tag{5.26}$$

对于平面应变问题，$\varepsilon_{13} = \varepsilon_{23} = \varepsilon_{33} = 0$，可得：

$$\sigma_{33} = \mu(\sigma_{22} + \sigma_{11}) - \frac{E}{3}\{\varepsilon\}_{v} \tag{5.27}$$

将式（5.27）代入式（5.26）可得：

$$\begin{cases} \varepsilon_{11} = \dfrac{1-\mu^{2}}{E}\left(\sigma_{11} - \dfrac{\mu}{1-\mu}\sigma_{22}\right) + \dfrac{1+\mu}{3}\{\varepsilon\}_{v} \\ \varepsilon_{22} = \dfrac{1-\mu^{2}}{E}\left(\sigma_{22} - \dfrac{\mu}{1-\mu}\sigma_{11}\right) + \dfrac{1+\mu}{3}\{\varepsilon\}_{v} \\ \varepsilon_{12} = \varepsilon_{21} = \dfrac{2(1+\mu)}{E}\tau_{12} \end{cases} \tag{5.28}$$

对于本模型未考虑重力场影响，应力场平衡方程：

$$\begin{cases} \dfrac{\partial \sigma_{x}}{\partial x} + \dfrac{\partial \tau_{xy}}{\partial y} = 0 \\ \dfrac{\partial \sigma_{y}}{\partial y} + \dfrac{\partial \tau_{xy}}{\partial x} = 0 \end{cases} \tag{5.29}$$

几何方程为：

$$\begin{cases} \varepsilon_{x} = \dfrac{\partial u}{\partial x} \\ \varepsilon_{y} = \dfrac{\partial v}{\partial y} \\ \varepsilon_{xy} = \dfrac{\partial u}{\partial y} + \dfrac{\partial v}{\partial x} \end{cases} \tag{5.30}$$

式（5.19）的初始温度条件为：

$$T|_{t=0} = T_{0} \tag{5.31}$$

参照当地气象资料及正弦温度变化函数，根据附面层理论[241]，采用式（5.32）地表温度边界：

$$T = T_{b} + \frac{\Delta T}{365}t + T_{m}\sin(2\pi t/365^{\circ} + 3.45/1.2) \tag{5.32}$$

式中，T_b 为地面年平均温度，取为3℃；ΔT 为地面年平均升温，取0.048℃；T_m 为地面温度变化幅值，取为16.5℃；3.45/1.2为初始相位。地面温度曲线如图5.11所示，从2019年10月16日开始；模型初始温度11℃，其余边界为绝热边界。

模型两侧为辊支撑边界，底部固定约束。

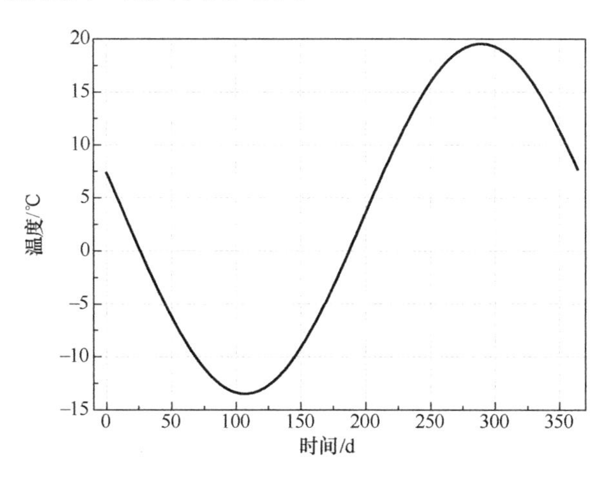

图5.11　地温曲线

土层热力学参数表　　**表5.2**

土层	密度 /(kg/m³)	厚度 /m	泊松比	孔隙率	弹性模量 /MPa	导热系数λ /[W/(m·K)]	质量热容 /[J/(kg·K)]
杂填土	1660	1.9	0.35	0.4	2	$\lambda_u=1.398$ $\lambda_f=1.690$	$C_u=1420$ $C_f=1360$
粉质黏土	2010	6.1	0.3	0.4	8	$\lambda_u=1.537$ $\lambda_f=1.824$	$C_u=1560$ $C_f=1470$
粗砂	2020	3.6	0.25	0.3	15	$\lambda_u=1.439$ $\lambda_f=1.756$	$C_u=1430$ $C_f=1360$
全风化泥岩	2040	2.2	0.4	0.25	240	$\lambda_u=1.317$ $\lambda_f=1.887$	$C_u=1470$ $C_f=1380$
强风化泥岩		9.25		0.2			
中风化泥岩		14.95		0.15			
混凝土	2450	—	0.2	—	3.5e4	$\lambda=1.74$	$C=920$

以现场1号测点为例，根据第3.3节式（3.14）计算各土体层冻胀率 η_1、根据现场实测冻胀量计算冻胀率 η_2，计算结果如表5.3所示。因前文试验研究所用粉质黏土塑性指数为12.8，此处粉质黏土塑性指数约15。因此，理论上此处粉质黏土冻胀率稍低，现场实测的粉质黏土冻胀率 η_2 相对实测结果低约7.5%，也说明了这一点；另外，对粗砂与泥岩层虽然也计算了冻胀率，但是因土性差别大，因此相关结果差别也更大，相对实测结果，冻胀率计算值 η_1 高出实测值 η_2 约21.2%～56.7%。结合冻胀率计算值 η_1、实测值 η_2 推导的线膨胀系数 α_1 与 α_2，经计算最终确定了线膨胀系数 α_3。

土层冻胀率与线膨胀系数　　　　表 5.3

土层	应力 /kPa	约束刚度 /(N/mm)	计算冻胀率 η_1	实测冻胀率 η_2	冻胀率 η_3	线膨胀系数 α_1	线膨胀系数 α_2	线膨胀系数 α_3
杂填土	—	—	—	0.0081	0.0011	—	0.00027	0.000035
粉质黏土	85	500	0.01387	0.0129	0.0098	0.000487	0.000463	0.00035
粗砂	95	200	0.01444	0.01191	0.0175	0.000578	0.000477	0.0007
全风化泥岩	105	450	0.01288	0.0103	0.014	0.000515	0.000293	0.0004
强风化泥岩	125	500	0.01191	0.0076	0.0123	0.000476	0.00022	0.00035
中风化泥岩	—	—	—	—		—	—	0

注：线膨胀系数 α_1、α_2、α_3 分别为根据冻胀率 η_1、η_2 及参数反演获得；冻胀率 η_3 为根据反演线膨胀系数 α_3 推导获得。

5.3.2　分析结果

图 5.12 为不同时间基坑温度场分布图，图 5.13 为场地实测值与模拟值对比图。由图

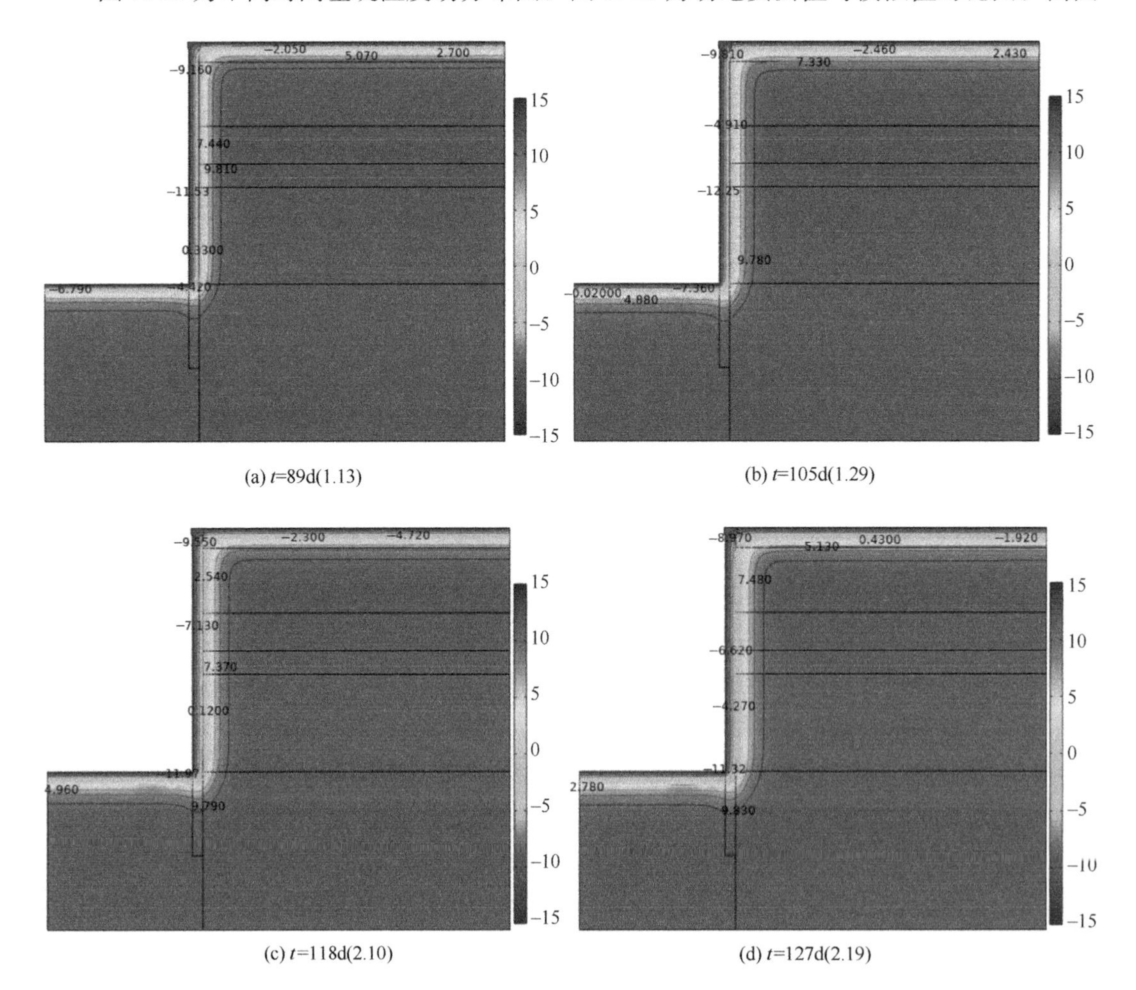

(a) t=89d(1.13)

(b) t=105d(1.29)

(c) t=118d(2.10)

(d) t=127d(2.19)

图 5.12　不同时间温度场分布（一）

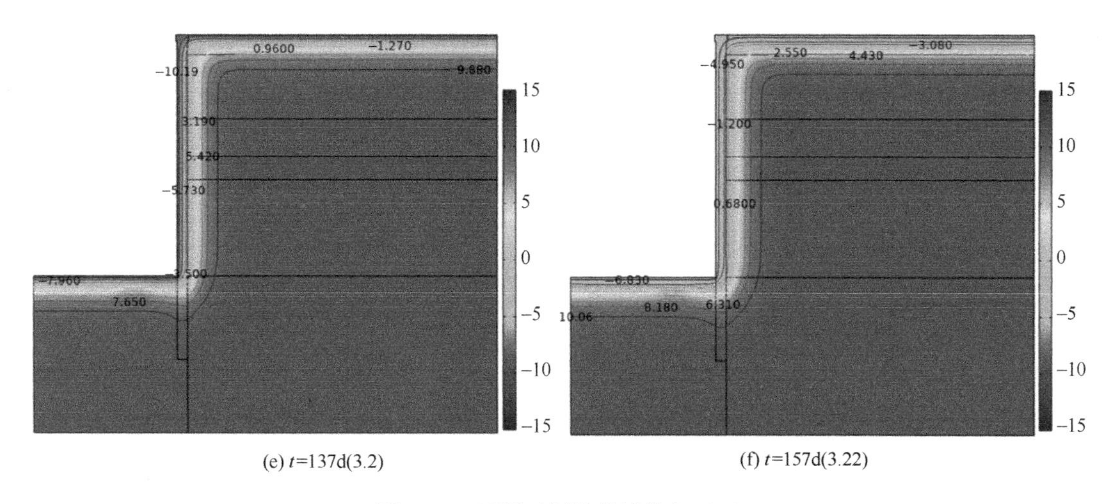

(e) t=137d(3.2)　　(f) t=157d(3.22)

图5.12　不同时间温度场分布（二）

可见，随着入冬期的加长，基坑温度逐渐下降，基坑侧壁20cm和60cm深处实测温度受每日气温变化影响较大，波动更明显，而模拟值因采用平滑的平均温度，没有大的波动，模拟值也就相对更平缓。

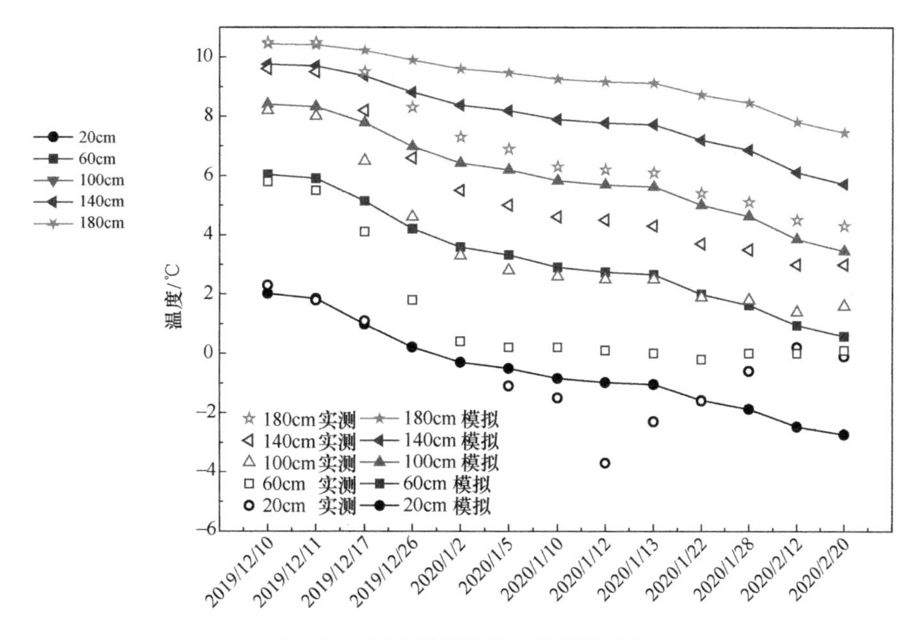

图5.13　温度场实测值与模拟值对比

图5.14和图5.15分别为不同时期桩身冻胀变形位移云图和实测值（1号测点）与模拟值对比图。由图可见，随冻结的进行支护桩的变形越来越大，实测值与模拟值吻合较好，从桩顶往下冻胀变形逐渐增大并在中部达到最大，而后减小直至坑底近似为零，坑底以下桩身有一定偏转。总体上，呈现模拟值比实测值稍大，且最大变形相对实测值分布更大。

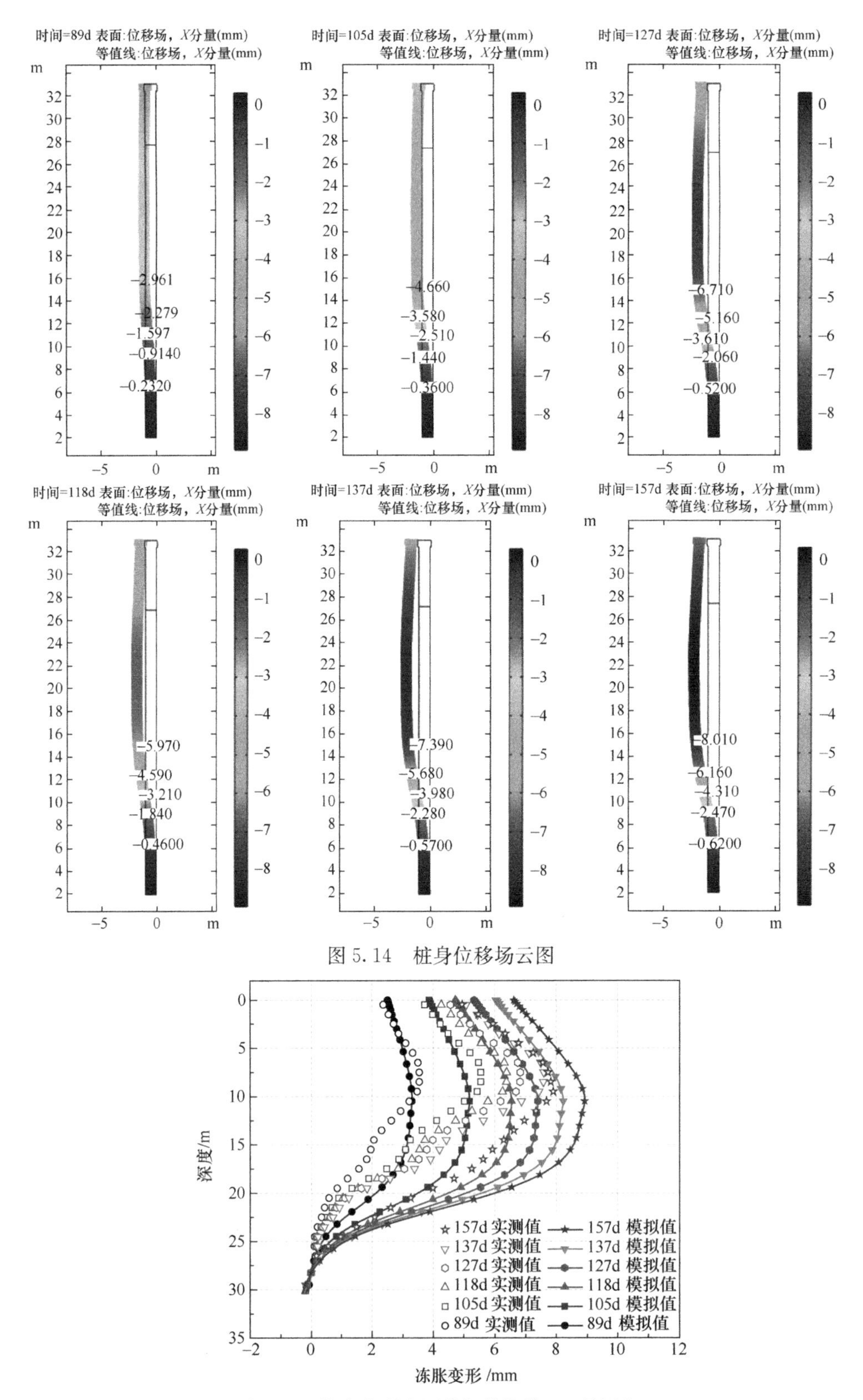

图 5.14　桩身位移场云图

图 5.15　桩身变形实测值与模拟值（1 号测点）

5.3.3　建议

越冬基坑支护结构受力变化，一方面是开挖后土体应力释放土体与支护体系力自我平衡的过程；另一方面，是冻结后冻胀与融化变形诱导下的体系受力变化。

根据第 3.3 节冻胀率与初始应力及约束变形刚度的关系，以及本节冻胀变形空间分布规律，初始应力对冻胀的抑制作用更直接、效果更好，而约束变形刚度对冻胀抑制效应的发挥是在一定的变形基础上体现。而且，更高的约束刚度对应的是更大的桩径、更小的桩间距、更多的锚索线束、更长更粗的锚固段、更大的腰梁截面，也就意味着更多的经济投入，从而导致经济性降低。因此，对于越冬基坑，在保证支护体系性能的前提下，适当提高初始约束应力（张拉力），可有效降低冻胀量；而且，更高的初始应力可降低土体冻结点，从而提高基坑侧壁对负温效应的抵抗能力。

越冬基坑产生冻胀的前提之一，是土体在负温条件下被冻结且有一定的冻深；温度梯度作用下，水分向着温度梯度方向迁移并相变。因此，对基坑侧壁采取一定的保温防护措施，改变基坑温度场分布，尤其是降低基坑侧壁的冻结温度与温度梯度，可有效降低冻结锋面的推进速度、孔隙率变化速率（冻胀速率）以及冻深，从而降低总的冻胀量。

冻胀量的有效控制，一方面降低了支护结构在基坑冻胀过程中能量的不断积聚，避免力学方面的强度破坏而丧失功能；另一方面，可有效减少温度回升引起的高含水率桩间土体融化后脱落，避免丧失对桩后土体的约束从而丧失支护功能。因此，可从冻胀的力学抑制以及温度场的改善两个方面对基坑冻胀进行控制。

此外，对人类生产活动产生危害的土体冻胀基本上伴随有附属建筑物或构造物的存在，土体的冻结是环境、冻土、未冻土及建（构）筑物相互作用的过程。从冻土与结构相互作用角度看，冻胀评估应综合考虑初始应力、约束刚度等因素的影响。

5.4　本章小结

本章提出了越冬基坑冻胀影响简化分析思路，考虑相变影响建立了温度场热传导分析模型，通过温度判别将模型简单划分为未冻区、已冻区及相变区，通过冻结区平均冻胀率转化为模型线膨胀系数，从而分析冻胀变形。通过现场监测，获得了越冬期间基坑温度场及深层土体位移，分析了越冬期冻胀变形规律。获得如下结论：

（1）通过与现场监测数据对比，基于温度场分析的冻胀简化分析方法能较好描述越冬基坑冻胀变形与温度场空间分布与时程变化，说明基于平均冻胀率的冻胀简化分析思路可以用于越冬基坑冻胀评估。

（2）现场监测和数值分析均表明，越冬期间基坑因冻胀产生较明显水平变形，呈现上下小、中间大的抛物线形分布规律，最大冻胀变形量出现在 0.3～0.6 倍基坑深度；另外还存在基坑顶部水平变形最大、沿支护桩往下近似线性降低的现象。

（3）对寒区越冬基坑的冻胀控制可从两个方面考虑：一方面，在保证基坑支护体系性能的前提下，提升初始应力水平相比提升约束变形刚度更能有效提升对寒区越冬基坑冻胀的抑制，经济性也更好；另一方面，对基坑采取一定的保温防护措施，可改变温度场分布，降低冻结温度与温度梯度，从而有效降低冻胀量。

附录　Python 数据处理程序

```
import pandas as pd
import numpy as np
df = pd. read_excel(" * /testdata. xlsx")
df. columns=['temprature','watercontent']
maxtemprature=df. max(0). values
mintemprature=df. min(0). values
a=maxtemprature[0]+0. 1
b=mintemprature[0]-0. 1
temprature_bins=np. arange(b,a,0. 1)
df["temprature_range"] pd. cut(x=df["temprature"],bins=temprature_bins)
dfgp = df. groupby("temprature_range")
line1=dfgp. head(1)
line1. to_csv(" * /result. csv")
```

主要研究成果

一、发表论文

(1) Q M Xin, T H Yang, X K She, et al. Experimental and modeling investigation of thermal conductivity of Shenyang silty clay under unfrozen and frozen states by Hot Disk method[J]. International Communications in Heat and Mass Transfer, 2022, 132: 105882.(SCI检索, DOI: doi. org/10. 1016/j. icheatmasstransfer. 2022. 105882)

(2) Q M Xin, Y J Su, Y Cao, et al. Experimental and modeling investigation of freezing characteristic curve of silty clay using TDR[J]. Cold Regions Science and Technology, 2023, 205: 103715.(SCI检索, DOI: doi. org/10. 1016/j. coldregions. 2022. 103715)

(3) 苏艳军，戴武奎，王秋实，等. 季节冻土区深基坑混凝土桩冻融效应分析[J]. 混凝土，2023(7): 156-160.(中文核心)

(4) 苏艳军. 冻融循环作用下水泥土统计损伤模拟方法[J]. 科学技术与工程，2022, 22(10): 4113-4119.(中文核心)

(5) 苏艳军. 不同干密度条件下的地基土非线性蠕变特性及力学模型研究[J]. 水运工程，2021(9): 159-166.(中文核心)

(6) 苏艳军. 考虑时效损伤的岩石分数阶蠕变本构模型[J]. 长江科学研究院，2022, 39(3): 92-97.(中文核心)

(7) 汪智慧，陈晨. 基于扰动状态理论的沈阳砾砂修正邓肯-张模型[J]. 沈阳建筑大学学报(自然科学版)，2017, 33(1): 38-76.(中文核心)

(8) 汪智慧. 地基土的超固结特性对浅层平板载荷试验的影响[J]. 沈阳工业大学学报，2016, 39(2): 225-229.(中文核心)

(9) 汪智慧. 深基坑开挖对既有混凝土桥梁桩基影响模拟分析[J]. 混凝土，2016(11): 42-45.(中文核心)

(10) 汪智慧，张雨浓，佘小康，等. 四季越野滑雪隧道建设围岩保温措施研究[J]. 水利与建筑工程学报，2019, 17(3): 177-180.

(11) 戴武奎，梁力，辛全明. 黏性土桩锚基坑冻胀模型试验及其响应分析[J]. 东北大学学报: 自然科学版，2017, 38(12): 1785-1789.(EI收录，DOI: 10. 12068/j. issn. 1005-3026. 2017. 12. 024.)

(12) 张丙吉，辛全明. 寒区预应力混凝土管桩径向冻胀损伤机理[J]. 辽宁工程技术大学学报: 自然科学版，2019(5): 409-415.(中文核心)

（13）马建华，辛全明．寒区预应力混凝土管桩抗冻胀响应[J]．混凝土，2020(1)：56-59.（中文核心）

（14）孙振华，杨天鸿，安琦，等．基于IAGA+M-SVR的岩土参数反分析方法及其工程应用[J]．金属矿山，2020，526(4)：38-44.（中文核心）

（15）鄢士程，解广成，辛全明，等．多监测条件下地铁明挖车站周边地表沉降预测分析[J]．电子测量技术，2022，45(2)：48-54.（中文核心）

（16）马建华，汪智慧，辛全明，等．基于不同抗震方法的砂土地区单舱管廊地震反应分析[J]．混凝土，2018，5(10)：132-139.（中文核心）

（17）张丙吉，辛全明，季铁军，等．干湿循环作用下砂岩力学特性及能量损伤演化[J]．水运工程，2022(1)：192-197.（中文核心）

二、授权专利

（1）汪智慧，辛全明，安琦，等．一种季节性冻土地区基坑侧壁水热过程的监测方法，发明专利，ZL 20161077194.7.

（2）辛全明，佘小康，曹洋，等．一种黏性土导热系数评估模型构建方法．发明专利，ZL 202111253412.2.

（3）王述红，何坚，辛全明，等．一种可自锁的预制衬砌管片防水接口结构及其工作方法．发明专利，ZL 2018 10067541.4.

（4）苏艳军，赵忠亮，于理光，等．矿山生态修复用山体加固装置．发明专利，ZL 2021 1 1384393.7.

（5）辛全明，马建华，张丙吉，等．一种土体冻胀力测试方法及装置．发明专利，ZL 201910159315.3

（6）辛全明，马建华，张丙吉，等．一种土体位移场测试方法及装置．发明专利，ZL 201910159240.9.

（7）辛全明，孙振华，佘小康，等．一种近地铁深基坑开挖对地铁竖向变形影响监测装置．实用新型，ZL 20202215260.4.

（8）辛全明，曹洋，张丙吉，等．寒区土体多向应力场水-热-力耦合土压力测试装置．实用新型，ZL 202020660182.6.

（9）辛全明，李静宽，佘小康，等．一种多温度工况土体热物性参数测试辅助模具．实用新型，ZL 202120466772X.

（10）辛全明，马建华，汪智慧，等．一种三轴试验制样装置．实用新型，ZL 201721029051.2.

（11）苏艳军，曹洋，辛全明，等．钢管混凝土立柱定位调垂可视化检测装置．实用新型，ZL 2022207428725.

（12）苏艳军，辛全明，戴武奎，等．一种模拟岩土体开放冻胀的试验装置．实用新型，202320936240.7.

（13）苏艳军，戴武奎，张丙吉，等．一种后插中立柱内引纠偏装置．实用新型，

ZL 202320159885.4.

（14）张广超，苏艳军，吉兆腾，等．一种用于辅助钢管柱定位的可调节对中支架．实用新型，202222960362.8.

（15）苏艳军，戴武奎，赵忠亮，等．一种地质钻孔护筒辅进装置．实用新型，202221453708.9.

（16）苏艳军，杨建军，戴武奎，等．一种活动内衬勘察用取样筒．实用新型，202221458337.3.

（17）汪智慧，王述红，辛全明，等．一种四季滑雪隧道保温支护结构．实用新型，201922147171.8.

三、获奖

（1）2020年，中国建筑优秀勘察设计奖一等奖：中石油云南1000万吨/年炼油项目地基加固工程．

（2）2010年，全国优秀工程勘察设计行业奖二等奖：锦州五星级国际酒店（含会展中心）勘察、基坑支护降水设计及监测．

（3）2021年，辽宁省优秀勘察设计奖一等奖：沈阳中环广场一期基坑支护工程．

（4）2016年，辽宁省优秀勘察设计奖一等奖：珠海横琴总部大厦一期地下室基坑支护工程．

（5）2014年，辽宁省优秀勘察设计奖一等奖：营口兴隆大厦基坑支护及降水工程．

（6）2013年，辽宁省优秀勘察设计奖一等奖：沈阳恒隆市府广场基坑支护及降水工程．

（7）2013年，辽宁省优秀勘察设计奖一等奖：积水太原街酒店住宅复合项目基坑支护工程．

（8）2012年，辽宁省优秀勘察设计奖一等奖：沈阳华润万象城基坑支护及降水工程设计．

（9）2014年，辽宁省优秀勘察设计奖二等奖：沈阳友谊商城基坑支护工程．

（10）2020年，中石油科技进步奖三等奖：高填方区大型工业建筑物地基加固组合技术与应用．

（11）2019年，辽宁省土木科技创新奖一等奖：寒区多功能加筋土挡墙综合建设技术研究与应用．

（12）2019年，辽宁省土木科技创新奖三等奖：工业厂房地面沉降防治成套技术研究与应用．

（13）2017年，辽宁省土木科技创新奖二等奖：新型结构在大跨连廊中的研究与应用．

四、科研项目

（1）中建股份科技研发项目：土的非线性固结理论与应用（CSCEC-2020-Z-57）.

（2）中建股份科技研发项目：隧道式四季滑雪场集成技术研究与应用（CSCEC-2018-Z-23）.

（3）中建股份科技研发项目：考虑土体温度-荷载效应的基坑设计方法及在工程中的应用研究（CSCEC-2017-Z-37）.

（4）中建股份科技研发项目：城市综合管廊结构抗震设计理论和方法研究（CSCEC-2016-Z-28-3）.

（5）中建股份科技研发项目：预制矩形管廊暗挖顶推法关键技术研究（CSCEC-2016-Z-20-8）.

（6）中建股份科技研发项目：季节性冻土地区黏性土基坑侧壁水热过程研究（CSCEC-2015-Z-40）.

（7）中建股份科技研发项目：冻胀对基坑支护的影响研究（CSCEC-2011-Z-13）.

（8）中建股份科技研发项目：强降雨入渗条件下桩锚支护基坑稳定性研究（CSCEC-2014-Z-16）.

（9）中建股份科技研发项目：粗颗粒土的本构模型研究及其在基坑工程中的应用（CSCEC-2014-Z-35）.

（10）中建股份科技研发项目：TRD 成套机械设备及施工技术工法研究（CSCEC-2013-Z-22）.

（11）中建股份科技研发项目：墙柱结合地基处理法在沿海软土地区成套应用技术研究（CSCEC-2011-Z-23）.

参 考 文 献

[1] 徐斅祖，王家澄，张立新．冻土物理学[M]．北京：科学出版社，2001.
[2] 陈肖柏，刘建坤，刘鸿绪，等．土的冻结作用与地基[M]．北京：科学出版社，2006.
[3] 吕鹏．冻土地区支挡结构冻胀效应及服役性能研究[D]．北京：北京交通大学，2016.
[4] 住房和城乡建设部．冻土地区建筑地基基础设计规范：JGJ 118—2011[S]．北京：中国建筑工业出版社，2011.
[5] 住房和城乡建设部．水工建筑物抗冰冻设计规范：GB/T 50662—2011[S]．北京：中国计划出版社，2011.
[6] 水利部．渠系工程抗冻胀设计规范：SL 23—2006 [S]．北京：中国水利水电出版社，2006.
[7] 住房和城乡建设部．建筑基坑支护技术规程：JGJ 120—2012[S]．北京：中国建筑工业出版社，2012.
[8] 罗曼(俄罗斯)．冻土力学[M]．马巍，张长庆，张泽，译．北京：科学出版社，2016.
[9] Beskow G. Soil freezing and frost heaving with special application to roads and railroads [J]. Swedish Geo. Survey Yearbook，1935，26(3)：375-380.
[10] Taber S. Frost heaving [J]. Journal Geology，1929，37(5)：428-461.
[11] Taber S. The mechanics of frost heaving [J]. The Journal of Geology，1930，38：303-317.
[12] Hoekstra P. Moisture movement in soils under temperature gradients with the cold side temperature below freezing [J]. Water Resource Research，1966，2(2)：241-250.
[13] Jame Y. Heat and mass transfer in freezing unsaturated soil [D]. Saskatoon：University of Saskatchewan，1977.
[14] Fukuda M，Orhun A，Luthin J N. Experimental studies of coupled heat and moisture transfer in soils during freezing [J]. Cold Regions Science and Technology，1980，3(S 2-3)：223-232.
[15] Staehli M，Stadler D. Measurement of water and solute dynamics in freezing soil columns with time domain reflectometry [J]. Journal of Hydrology，1997，195：352-369.
[16] Williams P J，Burt T P. Measurement of Hydraulic Conductivity of Frozen Soils [J]. Canadian Geotechnical Journal，1974，11：647-650.
[17] Chen L，Ming F，Zhang X Y，et al. Comparison of the hydraulic conductivity between saturated frozen and unsaturated unfrozen soils [J]. International Journal of Heat and Mass Transfer，2021，165：120718.
[18] 张婷．人工冻土冻胀融沉特性试验研究[D]．南京：南京林业大学，2004.
[19] 汪仁和．人工多圈管冻结地层的水热力耦合研究及其冻结壁计算[D]．合肥：中国科技大学，2005.
[20] Bing H，He P. Frost heave and dry density changes during cyclic freeze-thaw of a silty clay [J]. Permafrost and periglacial Processes，2009，20(1)：65-70.
[21] 李晓俊．不同约束条件下细粒土一维冻胀力试验研究[D]．徐州：中国矿业大学，2010.

[22] 王冬．兰州粉质黏土冻胀融沉特性研究[D]．兰州：兰州理工大学，2014.
[23] 汪恩良，商舒婷，田雨，等．齐齐哈尔地区粉质黏土冻胀特性试验研究[J]．水利水运工程学报，2020 (4)：80-87.
[24] 马宏岩，张锋，冯德成，等．单向冻结条件下饱和粉质黏土的冻胀试验研究[J]．建筑材料学报，2016，19(5)：926-932.
[25] 岑国平，龙小勇，洪刚，等．青藏高原季冻区砂砾土冻胀特性试验[J]．哈尔滨工业大学学报，2016，48(3)：53-59.
[26] 周家作，韦昌富，李东庆，等．饱和粉土冻胀过程试验研究及数值模拟[J]．岩石力学与工程学报，2017，36(2)：485-495.
[27] 巩丽丽，刘德仁，杨楠，等．季节性冻土区路基土体冻胀影响因素灰色关联分析[J]．水利水运工程学报，2019，1：28-34.
[28] 巩丽丽，刘德仁，杨楠，等．季节性冻土区人工盐渍土冻胀特性研究[J]．地下空间与工程学报，2018，14(S2)：654-659.
[29] 张明．人工冻结土体侧向冻胀研究[D]．淮南：安徽理工大学，2007.
[30] 于琳琳，徐学燕．人工侧向冻结条件下土的冻结试验[J]．岩土力学，2009，30(1)：231-235.
[31] 张学强．深土地层冻结过程水平冻胀力实测分析[J]．煤炭工程，2009，1(10)：63-64.
[32] Abzhalimov O, Omsk R. Use of seasonally freezing heave-prone soils as beds for underground structures [J]. Soil Mechanics & Foundation Engineering, 2013, 49(6): 257-263.
[33] 李阳，李栋伟，陈军浩．人工冻结黏土冻胀特性试验研究[J]．煤炭工程，2015，47(2)：126-129.
[34] Zhang T, Yang P, Zhang Y X. Investigation of frost-heaving characteristics of horizontal-cup-shape frozen ground surface for reinforced end soil mass in shield tunnel construction [J]. Periodica polytechnica civil engineering, 2017, 61(3): 541-547.
[35] Zhao X D, Li T, Ji Y K, et al. Experimental study on 2D freezing in saturated soils [J]. Journal of Cold Regions Engineering, 2021, 35(2): 06021002.
[36] Tang T X, Shen Y P, Liu X, et al. The effect of horizontal freezing on the characteristics of water migration and matric suction in unsaturated silt [J]. Engineering Geology, 2021, 288: 106166.
[37] 李忠超，白天麟，梁荣柱，等．富水粉细砂层水平冻结效果试验及数值模拟[J]．工业建筑，2022，52(3)：1-9.
[38] Zhang Y Z, Ma W, Wang T L, et al. Characteristics of the liquid and vapor migration of coarse-grained soil in an open-system under constant temperature freezing [J]. Cold Regions Science and Technology, 2019, 165: 102793.
[39] Wang Y T, Wang D Y, Ma W, et al. Laboratory observation and analysis of frost heave progression in clay from the Qinghai-Tibet Plateau [J]. Appled Thermal Engineering, 2018, 131: 381-389.
[40] 刘波，李东阳，刘璐璐，等．冻土正融过程CT扫描试验及图像分析[J]．煤炭学报，2012，37(12)：2014-2019.
[41] 曹宏章．饱和颗粒土冻结过程中的多场耦合研究[D]．北京：中国科学院工程热物理研究所，2006.
[42] 周国庆．间歇冻结抑制人工冻土冻胀机理分析[J]．中国矿业大学学报，1999，28(5)：413-416.
[43] 周金生，周国庆，马巍，等．间歇冻结控制人工冻土冻胀的试验研究[J]．中国矿业大学学报，2006，35(6)：708-713.

[44] 胡坤，周国庆，张琦，等．不同间歇冻结模式土体冻胀控制试验研究[J]．西安建筑科技大学学报（自然科学版），2010，42(2)：278-283.

[45] Everett D H. The thermodynamics of frost damage to porous solid [J]. Transactions of the Faraday Society, 1961, 57: 1541-1551.

[46] Penner E. Heaving pressure in soils during unidirectional freezing [J]. Canadian Geotechnical Journal, 1967, 4: 398-408.

[47] Penner E. Pressures developed during the unidirectional freezing of water-saturated porous materials: experiment and theory [J]. Physics of snow and ice: proceedings, 1967, 1(2): 1401-1414.

[48] Holden J T, Jones R H, Dudek SJM. Heat and mass flow associated with a freezing front [J]. Engineering Geology, 1981, 18: 153-164.

[49] Williams P J, Smith M W. The Frozen Earth: Fundamentals of Geocryology [M]. London: Cambridge University Press, 1989.

[50] Miller R D. Freezing and heaving of saturated and unsaturated soils [J]. Highway Research Record, 1972, 393: 1-11.

[51] Miller R D. Lens initiation in secondary frost heaving [R]. International Symposium on Frost action in soils, Lulea, Sweden, 1977: 68-74.

[52] Loch J P, Miller R D. Tests of the concept of secondary frost heaving [J]. Soil Science Society of America Journal, 1975, 39(6): 1036-1041.

[53] Penner E, Goodrich L E. Location of segregated ice in frost susceptible soil [J]. Developments in Geotechnical Engineering, 1980, 28: 231-244.

[54] Satoshi A. Experimental study of frozen fringe characteristics [J]. Cold Regions Science and Technology, 1988, 15: 209-223.

[55] O'Neill K, Miller R D. Numerical solutions for a rigid-ice model of secondary frost heave [R]. CRREL Report, 1982: 82-83.

[56] Hopke S W. A model for frost heave including overburden [J]. Cold Regions Science and Technology, 1980, 14: 13-22.

[57] O'Neill K, Miller R D. Exploration of a rigid ice model of frost heave [J]. Water Resources Research, 1985, 21(3): 281-296.

[58] Shah K R, Razaqpur A G. A two-dimensional frost heave model for buried pipe lines [J]. International Journal for Numerical Methods in Engineering. 1993, 36: 2545-2566.

[59] Gilpin R R. A model for the prediction of ice lensing and frost heave in soils [J]. Water Resources Research, 1980, 16: 918-930.

[60] Holden J T. Approximate solutions for Miller's theory o f secondary heave [C]//4th International Conference on Permafrost: Fairbanks Alaska, 1983: 498-503.

[61] Ishizaki T, Nishio N. Experimental study of frost heaving of a saturated soil [C]//5th International Symposium on Ground Freezing Balkema, 1998, 65-72

[62] Harlan R L. Analysis of coupled heat-fluid transport in partially frozen soil [J]. Water Resources Research, 1973, 9(5): 1314-1323.

[63] Nixon J F. The role of convective heat transport in the thawing of frozen soils [J]. Canadian Geotechnical Journal, 1975, 12: 425-429.

[64] Taylor G S, Luthin J N. A model for coupled heat and moisture transfer during soil freezing [J]. Canadian Geotechnical Journal, 1978, 15: 548-555.

[65] Sheppard M W, Key B, Loch J. Development and testing of a computer model for heat and mass flow in freezing soils[C]//Proceedings of 3rd International Conference on Permafrost, 1978, 1: 76-81.

[66] Jame Y W, Norum D I. Heat and mass transfer in a freezing unsaturated porous medium [J]. Water Resources Research, 1980, 16(5): 918-930.

[67] Newman G P, Wilson G W. Heat and mass transfer in unsaturated soils during freezing [J]. Canadian Geotechnical Journal, 1997, 34: 63-70.

[68] Outcalt S. A numerical model of ice lensing in freezing soils[C]//2nd Conference on Soil Water Problems in Cold Regions, Edmonton, Alta, 1976.

[69] Kay B, Sheppard M, Loach J. A preliminary comparison of simulate and observed water redistribution in soils freezing under laboratory and field conditions[C]//Proc. Int. Symp. Frost Action in soils, 1977, 1: 42-53.

[70] Shen M, Ladanyi B. Modeling of coupled heat, moisture and stress field in freezing soil [J]. Cold Regions Science and Technology, 1987, 14: 237-246.

[71] Guymon G L, Harr M E, Berg R L, et al. A probabilistic-deterministic analysis of one-Dimensional ice segregation in a freezing soil column [J]. Cold Regions Science and Technology, 1981, 5: 127-149.

[72] Guymon G L, Berg R L, Hromadka T V. Two Dimensional model of coupled heat and moisture transport in frost-heaving Soils [J]. Journal of Energy Resources Technology, 1984, 106: 336-342.

[73] Guymon G L, Berg R L, Hromadka TV. Mathematical model of frost heave and thaw settlement in pavements [R]. U. S. Army CRREL Report, 1993, 2.

[74] 明锋，李东庆．非饱和正冻土一维水热耦合模型与试验[J]．中南大学学报(自然科学版)，2014，45(3)：889-894.

[75] Ming F, Li D Q. A model of migration potential for moisture migration during soil freezing [J]. Cold Region Science and Technology, 2016, 124: 87-94.

[76] 胡坤．冻土水热耦合分离冰冻胀模型的发展[D]．徐州：中国矿业大学，2011.

[77] 陈正汉，谢定义，刘祖典．非饱和土固结的混合物理论(Ⅰ)[J]．应用数学和力学，1993，14(2)：127-137.

[78] 苗天德，郭力，张长庆．含相变多孔介质本构理论与冻土中的水热迁移问题[J]．冰川冻土，1997，19(3)：35-39.

[79] 苗天德，郭力，牛永红，等．正冻土中水热迁移问题的混合物理论模型[J]．中国科学：地球科学，1999，42(S1)：8-14.

[80] 周扬，周国庆，周金生，等．饱和土冻结透镜体生长过程水热耦合分析[J]．岩土工程学报，2010，32(4)：578-585.

[81] 尚松浩，雷志栋，杨诗秀．冻结条件下土壤水热耦合迁移数值模拟的改进[J]．清华大学学报，1997，37(8)：62-64.

[82] 周家作，李东庆，房建宏，等．开放系统下饱和正冻土热质迁移的数值分析[J]．冰川冻土，2011，33(4)：791-795.

[83] Konrad J M, Morgenstern N R. A mechanistic theory of ice lens formation in fine-grained soils [J]. Canadian Geotechnical Journal, 1980, 17: 473-486.

[84] Konrad J M, Morgenstern N R. The segregation potential of a freezing soil [J]. Canadian Geotechnical Journal, 1981, 18: 482-491.

[85] Konrad J M, Morgenstern N R. Effects of applied pressure on freezing soils [J]. Canadian Geotechnical Journal, 1982, 19: 494-505.

[86] Konrad J M, Morgenstem N R. Fost heave prediction of chilled pipe lines buried in unfrozen soils [J]. Canadian Geotecnical Journal, 1984, 21: 100-115.

[87] Nixon J F. Frost heave prediction using segregation potential concept [J]. Canadian Geotechnical Journal, 1982, 19: 526-529.

[88] Knutsson S, Domaschuk L, Chandler N. Analysis of large scale laboratory and in situ frost heave tests [C]// Sapporo, Japan: 4th Intl. Symp. on Ground Freezing, 1985: 65-70.

[89] Saarelainen S. Modelling frost heaving and frost penetration in soils at some observation sites in Finland: The SSR model: Dissertation [C]//Technical Research Centre of Finland, 1992.

[90] Blanchard D, Fremond M. Soils frost heaving and thaw settlement [C]//Sapporo, Japan: Proc. Fouth Int. Sym. on Ground Freezing, 1985: 209-216.

[91] Kay B D, Groenevelt P H. On the interaction of water and heat transport in frozen and unfrozen soil [J]. Soil science, 1974, 38: 395-400.

[92] Selvadurai A P S, Hu J, Konuk I. Computational modelling of frost induced soil-pipeline interaction I. Modelling of frost heave [J]. Cold Regions Science and Technology, 1999, 29: 215-228.

[93] Lai Y M, Pei W S, Zhang M Y, et al. Study on theory model of hydro-thermal-mechanical interaction process in saturated freezing silty soil [J]. International Journal of Heat and Mass Transfer, 2014, 78: 805-819.

[94] Li S Y, Zhang M Y, Tian Y B, et al. Experimental and numerical investigations on frost damage mechanism of a canal in cold regions [J]. Cold Region Science and Technology, 2015, 116: 1-11.

[95] Li S Y, Zhang M Y, Pei W S, et al. Experimental and numerical simulations on heat-water-mechanics interaction mechanism in a freezing soil [J]. Applied Thermal Engineering, 2018, 126: 209-220.

[96] 何平，程国栋，俞祁浩，等．饱和正冻土中的水、热、力场耦合模型[J]. 冰川冻土，2000，22：135-138.

[97] 李洪升，刘增利．冻土水热力耦合作用的数学模型及数值模拟[J]. 力学学报，2001，33(5)：622-629.

[98] 许强，彭功生，李南生，等．土冻结过程中的水热力三场耦合数值分析[J]. 同济大学学报，2005，33(10)：1281-1285.

[99] 武建军，韩天一．饱和正冻土水-热-力耦合作用的数值研究[J]. 工程力学，2009，26(4)：246-250.

[100] 何敏，李宁，刘乃飞．饱和冻土水热力耦合模型解析及验证[J]. 岩土工程学报，2012，34(10)：1858-1865.

[101] Smith M W, and Burn C R. Outward flux of vapour from frozen soils at Mayo, Yukon, Canada: Results and interpretation [J]. Cold Region Science and Technology, 1987, 13: 143-152.

[102] Woo M K. Upward flux of vapour from frozen materials in the high arctic [J]. Cold Region Science and Technology, 1982, 5(3): 269-274.

[103] Kane D L, Hinkel K M, Goering D J, et al. Nonconductive heat transfer associated with frozen soils [J]. Global and Planetary Change, 2001, 29: 275-292.

[104] Santeford H S. Snow-soil interactions in interior Alaska [C]//Hanover, NH: US Army Cold Regions Research and Engineering Laboratory, 1978: 311-318.

[105] 陈飞熊，李宁，徐彬．非饱和正冻土的三场耦合理论框架[J]．力学学报，2005，37(2)：204-214.

[106] Li N, Chen F X, Xu B, et al. Theoretical modeling framework for an unsaturated freezing soil [J]. Cold Region Science and Technology, 2008, 31: 199-205.

[107] Yin X, Liu E L, Song B T, et al. Numerical analysis of coupled liquid water, vapor, stress and heat transport in unsaturated freezing soil [J]. Cold Region Science and Technology, 2018, 155: 20-28.

[108] Bai R Q, Lai Y M, Pei W S, et al. Investigation on frost heave of saturated-unsaturated soils [J]. Acta Geotechnica, 2020, 15: 3295-3306.

[109] Bai R Q, Lai Y M, et al. Study on the coupled heat-water-vapor-mechanics process of unsaturated soils [J]. Journal of Hydrology, 2020, 585: 124784.

[110] Bai R Q, Lai Y M, et al. Study on the frost heave behavior of the freezing unsaturated silty clay [J]. Cold Regions Science and Technology, 2022, 197: 103525.

[111] 李智明．基于复合混合物理论的冻土多场耦合研究[D]．哈尔滨：哈尔滨工业大学，2021.

[112] 丁靖康，类安金．水平冻胀力的现场测定方法[J]．冰川冻土，1980 (S1)：33-36.

[113] 管枫年，周长庆，贲永为．作用于支挡建筑物上的水平冻胀力[J]．水利水电技术，1981 (11)：37-43.

[114] Tong C J, Shen Z Y. Horizontal frost heave thrust acting on buttress constructions [J]. Engineering Geology, 1981 (18): 259-268.

[115] 隋铁龄，那文杰．挡土墙水平冻胀力的试验方法[J]．冰川冻土，1987，9(3)：267-272.

[116] 隋铁龄，李大倬，那文杰，等．季节冻土区挡土墙水平冻胀力的设计取值方法[J]．水利学报，1992(1)：67-72.

[117] 赵坚，那文杰，曹顺星．季节冻土区挡土墙抗冻结构设计方法[J]．黑龙江交通科技，2001(5)：14-16.

[118] 梁波，王家东，严松宏，等．多年冻土地区 L 形挡土墙土压力(冻胀力)的分析与试验[J]．冰川冻土，2002，24(5)：628-633.

[119] 梁波，王家东，葛建军，等. 青藏铁路 L 形挡土墙的土压力实测与分析[J]．岩土工程学报，2004，26(5)：627-631.

[120] 梁波，王家东，曹元平，等．多年冻土区 L 型支挡结构的土压力修正模型[J]．土木工程学报，2005，38(3)：94-98，105.

[121] 梁波，葛建军．青藏铁路多年冻土区 L 型挡土墙综合特性的试验研究[J]．岩土工程学报，2011，33(S1)：59-64.

[122] 梁波，王家东，严松宏．垛式新型悬臂式挡墙的数值分析及应用探讨[J]．岩石力学与工程学报，2006，25(S1)：3175-3180.

[123] 胡坤鹏．青藏高原冻土地区支挡结构土压力分析及减载措施研究[D]．西安：长安大学，2012.

[124] 张子白．L 形挡土墙墙背水平冻胀力特性研究[D]．北京：北京交通大学，2014.

[125] Rui D H, Deng H Y, Nakamura D, et al. Full-scale model test on prevention of frost heave of L-type retaining wall [J]. Cold Regions Science and Technology, 2016, 132: 89-104.

[126] 王家东，梁波，严松宏．多年冻土区L形支挡结构的数值分析[J]．岩石力学与工程学报，2003，22(S2)：2686-2689.
[127] 刘珣．极端冰雪灾害条件下岩体与支护结构相互作用试验研究[D]．武汉：中国地质大学，2010.
[128] Mcrostie G C，Schriever W R. Frost pressures in the tie-back system at the National Arts Centre Excavation [J]. Engineering Journal. 1967，50(3)：17-21.
[129] Sandegren E，Sahlstrom P O，Stille H. Behaviour of anchored sheet-pile wall exposed to frost action[C]//Madrid：Madrid Society for Rock Mechanics，Proceeding software of the 5th European Conference Soil Mechanics and Foundation Engineering，1972，1：285-291.
[130] Guilloux A，Notte G，Gonin H. Experiences on a retaining structure by nailing in moraine soils [C]//Helsinki：Proceedings 8th European Conference on Soil Mechanics and Foundation Engineering，1983：499-502.
[131] 周德源．内蒙古河套灌区季节冻土冻胀规律[J]．冰川冻土，1993，15(2)：266-270.
[132] 陈树铭，杨素春．季节性冻土影响下土钉墙支护体系作用机理探讨[J]．建筑施工，2001，23(6)：440-442.
[133] 姚直书，程桦，荣传新．人工冻结地层法施工特大深基坑的数值模拟[J]．合肥工业大学学报(自然科学版)，2003，26(3)：399-404.
[134] 姚直书，程桦．锚碇深基坑排桩冻土墙围护结构的冻胀力研究[J]．岩石力学与工程学报，2004，23(9)：1524-1524.
[135] 姚直书，程桦，夏红兵．特深基坑排桩冻止墙围护结构的冻胀力模型试验研究[J]．岩石力学与工程学报，2007，26(2)：415-420.
[136] 裴捷等．润扬长江公路大桥南汉悬索桥南锚碇基础基坑围护设计[J]．岩土工程学报，2006，28(S)：1541-1545.
[137] 张菊连，梁志荣．排桩冻结法中冻土壁对排桩作用力的分析[J]．岩土工程学报，2012，34(S)：542-547.
[138] 李欣，马瑞杰．水平冻胀力对越冬基坑稳定性的影响[J]．工程地质学报，2000，8(S1)：296-298.
[139] 王家伟．季节冻土地区深基坑桩锚支护体系安全性研究[J]．交通科学与工程，2012，28(1)：52-55.
[140] 范学敏．冻胀条件下土质深基坑工程监测与数值分析[D]．北京：中国地质大学(北京)，2015.
[141] 王艳杰．季节性冻土区越冬基坑水平冻胀力研究[D]．北京：北京交通大学，2014.
[142] 孙超，邵艳红．负温对基坑悬臂桩水平冻胀力影响的模拟研究[J]．冰川冻土，2016，38(4)：1136-1141.
[143] 胡意如．高寒深季节冻土区深基坑越冬预应力锚固支护结构性能研究[D]．哈尔滨：哈尔滨工业大学，2021.
[144] 王建州，刘书幸，周国庆，等．深季节冻土地区基坑工程水平冻胀力试验研究[J]．中国矿业大学学报，2018，47(4)：815-821.
[145] Spaans E J A，Baker J M. The soil freezing characteristic：its measurement and similarity to the soil moisture characteristic [J]. Soil Science Society of America Journal，1996，60 (1)：13-19.
[146] Watanabe K，Wake T. Measurement of unfrozen water content and relative permittivity of frozen unsaturated soil using NMR and TDR [J]. Cold Regions Science and Technology，2009，59：34-41.

[147] Xu X T, Wang Y B, Bai R Q, et al. Comparative studies on mechanical behavior of frozen natural saline silty sand and frozen desalted silty sand [J]. Cold Regions Science and Technology, 2016, 132: 81-88.

[148] Xin Q M, Yang T H, She X K, et al. Experimental and modeling investigation of thermal conductivity of Shenyang silty clay under unfrozen and frozen states by Hot Disk method [J]. International Communications in Heat and Mass Transfer, 2022, 132: 105882.

[149] Dillon H B, Andersland O B. Predicting unfrozen water contents in frozen soils [J]. Canadian Geotechnical Journal, 1966, 111(2): 53-60.

[150] Anderson D M, Tice A R. Predicting unfrozen water contents in frozen soils from surface area measurements [J]. Highway Research Record, 1972, 393: 12-18.

[151] Xu F, Song W Y, Zhang Y N, et al. Water content variations during unsaturated feet-scale soil freezing and thawing [J]. Cold Regions Science and Technology, 2019, 162: 96-103.

[152] Li H P, Yang Z H, Wang J H, et al. Unfrozen water content of permafrost during thawing by the capacitance technique [J]. Cold Regions Science and Technology, 2018, 152: 15-22.

[153] Davis J L, Annan A P. Electromagnetic detection of soil moisture: progress report I [J]. Canadian Journal of Remote Sensing, 1977, 3(1): 76-86.

[154] Topp G C, Davis J L, Annan A P. Electromagnetic determination of soil water content: measurements in coaxial transmission lines [J]. Water Resources Research, 1980, 16(3): 574-582.

[155] Topp G C, Davis J L, Annan A P. Electromagnetic determination of soil water content using TDR: Ⅰ. Applications to wetting fronts and steep gradients [J]. Soil Science Society of American Journal, 1982, 46: 672-678.

[156] Topp G C, Davis J L, Annan A P. Electromagnetic determination of soil water content using TDR: Ⅱ. Evaluation of installation and configuration of parallel transmission lines [J]. Soil Science Society of American Journal, 1982, 46: 678-684.

[157] Patterson D E, Smith M W. The measurement of unfrozen water content by time-domain reflectometry: results from laboratory tests [J]. Canadian Geotechnical Journal, 1981, 18(1): 131-144.

[158] Jones S B, Wraith J M, Or D. Time domain reflectometry measurement principles and applications [J]. Hydrological Processes, 2002, 16: 141-153.

[159] Suzuki S. Dependence of Unfrozen Water Content in Unsaturated Frozen Clay Soil on Initial Soil Moisture Content [J]. Soil Science and Plant Nutrition, 2004, 50(4): 603-606.

[160] Chai M T, Zhang J M, Zhang H, et al. A method for calculating unfrozen water content of silty clay with consideration of freezing point [J]. Applied Clay Science, 2018, 161: 474-481.

[161] Zhang M Y, Zhang X Y, Lu J G, et al. Analysis of volumetric unfrozen water contents in freezing soils [J]. Experimental Heat Transfer, 2019, 32(5): 1-13.

[162] Kong L M, Wang Y S, Sun W J, et al. Influence of plasticity on unfrozen water content of frozen soils as determined by nuclear magnetic resonance [J]. Cold Regions Science and Technology, 2020, 172: 102993.

[163] Tice A R, Burrous C M, Anderson D M. Determination of unfrozen water in frozen soil by pulsed nuclear magnetic resonance[C]//In: Permafrost, proceedings of the third international conference, 1978: 150-155.

[164] Tice A R, Oliphant J L, Zhu Y L, et al. Relationship between the ice and unfrozen water phases in frozen soil as determined by pulsed nuclear magnetic resonance and physical desorption data [J]. U. S. Army Cold Reg. Res. and Eng. Lab., Hanover, NH., 1982: 82-15.

[165] Tang L Y, Wang K, Jin L, et al. A resistivity model for testing unfrozen water content of frozen soil [J]. Cold Regions Science and Technology, 2018, 153: 55-63.

[166] Zhou X H, Zhou J, Kinzelbach W, et al. Simultaneous measurement of unfrozen water content and ice content in frozen soil using gamma ray attenuation and TDR [J]. Water Resources Research, 2014, 50: 9630-9655.

[167] Czarnomski N M, Moore G W, Bond B, et al. Precision and accuracy of three alternative instruments for measuring soil water content in two forest soils of the Pacific Northwest [J]. Canadian Journal of Forest Research, 2005, 35: 1867-1876.

[168] Yoshikawa K, Overduin P P. Comparing unfrozen water content measurements of frozen soil using recently developed commercial sensors [J]. Cold Regions Science and Technology, 2005, 42: 250-256.

[169] Hu D, Yu W B, Lu Y, et al. Experimental study on unfrozen water and soil matric suction of the aeolian sand sampled from Tibet Plateau [J]. Cold Regions Science and Technology, 2019, 164: 102784.

[170] Malicki M A, Plagge R, Roth C H. Improving the calibration of dielectric TDR soil moisture determination taking into account the solid soil [J]. European Journal of Soil Science, 1996, 47: 357-366.

[171] Spaans E J A, Baker J M. Examining the use of time domain reflectometry for measuring liquid water content in frozen soil [J]. Water Resources Research, 1995, 31: 2917-2925.

[172] Liu Z, Yu X. Physically based equation for phase composition curve of frozen soils [J]. Transportation Research Record, 2013, 2349: 93-99.

[173] Hu G J, Lin Z, Zhu X F, et al. Review of algorithms and parameterizations to determine unfrozen water content in frozen soil [J]. Geoderma, 2020, 368: 114277.

[174] Michalowski R L. A constitutive model of saturated soils for frost heave simulations [J]. Cold Regions Science and Technology, 1993, 22(1): 47-63.

[175] Anderson D M, Tice A R. The unfrozen interfacial phase in frozen soil water systems [J] Springer Berlin Heidelberg, 1973, 4: 107-124.

[176] Saberi P S, Meschke G. A hysteresis model for the unfrozen liquid content in freezing porous media [J]. Computers and Geotechnics, 2021, 134: 104048.

[177] Kozlowski T. A semi-empirical model for phase composition of water in clay - water systems [J]. Cold Regions Science and Technology, 2007, 49: 226-236.

[178] Wang C, Lai Y M, Zhang M Y. Estimating soil freezing characteristic curve based on pore-size distribution [J]. Applied Thermal Engineering, 2017, 124: 1049-1060.

[179] Mu Q Y, Ng C W W, Zhou C, et al. A new model for capturing void ratio-dependent unfrozen water characteristics curves [J]. Computers and Geotechnics, 2018, 101: 95-99.

[180] Xiao Z A, Lai Y M, Zhang J. A thermodynamic model for calculating the unfrozen water content of frozen soil [J]. Cold Regions Science and Technology, 2020, 172: 103011.

[181] Bovesecchi G, Coppa P. Basic problems in thermal conductivity measurements of soils [J]. International Journal of Thermophysics, 2013, 34(10): 1962-1974.

[182] Overduin P P, Kane D L, Loon W K P V. Measuring thermal conductivity in freezing and thawing soil using the soil temperature response to heating [J]. Cold Regions Science and Technology, 2006, 45: 8-22.

[183] 俞亚男．粉性土导热系数的室内实验研究[J]. 浙江大学学报(工学版), 2010, 44(1): 180-183.

[184] 王铁行，刘自成，卢靖．黄土导热系数和比热容的实验研究[J]. 岩土力学, 2007, 28(4): 655-658.

[185] Yan H, He H L, Dyck M, et al. A generalized model for estimating effective soil thermal conductivity based on the Kasubuchi algorithm [J]. Geoderma, 2019, 353: 227-242.

[186] Tang A M, Cui Y J, Le T T. A study on the thermal conductivity of compacted bentonites [J]. Applied Clay Science, 2008, 41: 181-189.

[187] Zhang B, Han C J, Yu X. A non-destructive method to measure the thermal properties of frozen soils during phase transition [J]. Journal of Rock Mechanics and Geotechnical Engineering, 2015 (7): 155-162.

[188] Xu X T, Zhang W D, Fan C X. Effects of temperature, dry density and water content on the thermal conductivity of Gen-he silty clay [J]. Results in Physics, 2019, 16: 102830.

[189] 邓友生，何平，周成林．含盐土导热系数的试验研究[J]. 冰川冻土, 2004, 26 (3): 319-323.

[190] Shen Y Q, Xu P, Qiu S X, et al. A generalized thermal conductivity model for unsaturated porous media with fractal geometry [J]. International Journal of Heat and Mass Transfer, 2020, 152: 119540.

[191] Zhang H F, Ge X S, Ye H. Heat conduction and heat storage characteristics of soils [J]. Applied Thermal Engineering, 2007, 27: 369-373.

[192] Gori F, Corasaniti S. New model to evaluate the effective thermal conductivity of three-phase soils [J]. International Communications in Heat and Mass Transfer, 2013, 47: 1-6.

[193] 李守巨，范永思，张德岗，等．岩土材料导热系数与孔隙率关系的数值模拟分析[J]. 岩土力学, 2007, 28: 244-248.

[194] 何发祥，黄英．用 BP 网络求解土体的导热系数[J]. 岩土力学, 2000, 21 (1): 84-87.

[195] 李国玉，常斌，李宁．用人工神经网络建立青藏高原高含冰量冻土的导热系数预测模型[C]//中国土木工程学会第九届土力学及岩土工程学术会议论文集．北京：清华大学出版社, 2003: 1327-1330.

[196] 刘为民，何平，张钊．土体导热系数的评价与计算[J]. 冰川冻土, 2002, 24(6): 770-773.

[197] Zhang M Y, Lu J G, Lai Y M, et al. Variation of the thermal conductivity of a silty clay during a freezing-thawing process [J]. International Journal of Heat and Mass Transfer, 2018, 124: 1059-1067.

[198] Bi J, Zhang M Y, Lai Y M, et al. A generalized model for calculating the thermal conductivity of freezing soils based on soil components and frost heave [J]. International Journal of Heat and Mass Transfer, 2020, 150: 119166.

[199] Orakoglu M E, Liu J, Niu F. Experimental and modeling investigation of the thermal conductivity of fiber-reinforced soil subjected to freeze-thaw cycles [J]. Applied Thermal Engineering, 2016,

108: 824-832.

[200] Johansen O. Thermal conductivity of soils [D]. Norway: University of Trondheim, 1975.

[201] Côté J, Konrad J M. A generalized thermal conductivity model for soils and construction materials [J]. Canadian Geotechnical Journal, 2005, 42(2): 443-458.

[202] 吕海波，钱立义，常红帅，等．黏性土几种比表面积测试方法的比较[J]．岩土工程学报，2016，38(1)：124-130.

[203] 朱元林，张家懿．冻土的弹性变形及压缩变形[J]．冰川冻土，1982，4(3)：29-39.

[204] Li S Y, Zhang M Y, Tian Y B, et al. Experimental and numerical investigations on frost damage mechanism of a canal in cold regions [J]. Cold Regions Science and Technology, 2015, 116: 1-11.

[205] Zhao X, Zhou G, Wang J. Deformation and strength behaviors of frozen clay with thermal gradient under uniaxial compression. Tunn. Undergr. Sp. Technol. Inc. Trenchless Technol. Res., 2013b, 38: 550-558.

[206] 黄星，李东庆，明锋，等．冻土的单轴抗压、抗拉强度特性试验研究[J]．冰川冻土，2016，38(5)：1346-1352.

[207] Li S Y, Lai Y M, Pei W S, et al. Moisture-temperature changes and freeze - thaw hazards on a canal in seasonally frozen regions [J]. Natural Hazards, 2014, 72: 287-308.

[208] Wan X S, Lai Y M, et al. Experimental Study on the Freezing Temperatures of Saline Silty Soils [J]. Permafrost and Periglacial Processes, 2015, 26(4): 175-187.

[209] Watanabe K, Osada Y. Simultaneous measurement of unfrozen water content and hydraulic conductivity of partially frozen soil near 0 ℃ [J]. Cold Regions Science and Technology, 2017, 142: 79-84.

[210] 周家作，谭龙，韦昌富，等．土的冻结温度与过冷温度试验研究[J]．岩土力学，2015，36(3)：777-785.

[211] He H L, Dyck M, Lv J L. A new model for predicting soil thermal conductivity from matric potential [J]. Journal of Hydrology, 2020, 589: 125167.

[212] He H, Li M, Dyck M, et al. Modelling of soil solid thermal conductivity [J]. International Communications in Heat and Mass Transfer, 2020, 116: 104602.

[213] He H L, Flerchinger G N, Kojima Y, et al. A review and evaluation of 39 thermal conductivity models for frozen soils [J]. Geoderma, 2021, 382: 114694.

[214] Gustafsson S E. Transient plane source techniques for thermal conductivity and thermal diffusivity measurements of solid materials [J]. Review of Scientific Instruments, 1991, 62(3): 797-804.

[215] Campanale M, Moro L. Thermal conductivity of moist autoclaved aerated concrete: experimental comparison between heat flow method (HFM) and transient plane source technique (TPS) [J]. Transport in Porous Media, 2016, 113: 345-355.

[216] Zhao X D, Zhou G Q, Jiang X. Measurement of thermal conductivity for frozen soil at temperatures close to 0 ℃ [J]. Measurement, 2019, 140: 504-510.

[217] Gustavsson M K, Gustafsson S E. On the Use of Transient Plane Source Sensors for Studying Materials with Direction Dependent Properties [J]. Thermal Conductivity, 2005, 26: 367-377.

[218] Kozlowski T. A simple method of obtaining the soil freezing point depression, the unfrozen water content and the pore size distribution curves from the DSC peak maximum temperature [J]. Cold

Regions Science and Technology, 2016, 122: 18-25.

[219] Sharqawy M H. New correlations for seawater and pure water thermal conductivity at different temperatures and salinities [J]. Desalination, 2013, 313: 97-104.

[220] Bi J, Zhang M Y, Chen W W, et al. A new model to determine the thermal conductivity of fine-grained soils [J]. International Journal of Heat and Mass Transfer, 2018, 123: 407-417.

[221] Lu S, Ren T, Gong Y, Horton R. An improved model for predicting soil thermal conductivity from water content at room temperature [J]. Soil Science Society of America Journal, 2007: 71(1): 8-14.

[222] Chen Y Q, Zhou Z F, Wang J G, et al. Quantification and division of unfrozen water content during the freezing process and the influence of soil properties by low-field nuclear magnetic resonance [J]. Journal of Hydrology, 2021, 602: 126719.

[223] 何瑞霞，金会军，赵淑萍，等．冻土导热系数研究现状及进展[J]. 冰川冻土，2018，40(1)：116-126.

[224] 张婷，杨平．不同因素对浅表土导热系数影响的试验研究[J]. 地下空间与工程学报，2012，8(6)：1233-1238.

[225] Tian Z, Lu Y, Horton R, Ren T. A simplified de Vries-based model to estimate thermal conductivity of unfrozen and frozen soil [J]. European Journal of Soil Science, 2016, 67(5): 564-572.

[226] Li Q L, Wei H B, Han L L, et al. Feasibility of Using Modified Silty Clay and Extruded Polystyrene (XPS) Board as the Subgrade Thermal Insulation Layer in a Seasonally Frozen Region, Northeast China [J]. Sustainability, 2019, 11(3): 804.

[227] Burt T P, Williams P J. Hydraulic conductivity in frozen soils [J]. Earth Surface Processes, 1976, 1: 349-360.

[228] Horiguchi K, Miller R D. Hydraulic conductivity functions of frozen materials[C]//4th International Conference on Permafrost, Washington, D. C: National Academy Press, 1983: 504-508.

[229] Newman G P, Wilson G W. Heat and mass transfer in unsaturated soils during freezing [J]. Canadian Geotechnical Journal, 1997, 34: 63-70.

[230] Tarnawski V R, Wagner B. On the prediction of hydraulic conductivity of frozen soils [J]. Canadian Geotechnical Journal, 1996, 31: 176-180.

[231] Fowler A C, Krantz W B. A generalized secondary frost heave model [J]. SIAM Journal on Applied Mathematics, 1994, 54(6): 1650-1675.

[232] 住房和城乡建设部．建筑基坑支护技术规程：JGJ 120—2012[S]. 北京：中国建筑工业出版社，2012.

[233] 《建筑结构静力计算手册》编写组．建筑结构静力计算手册[M]. 北京：中国建筑工业出版社，1998.

[234] 徐学祖，王家澄，张立新，等．土体冻胀和盐胀机理[M]. 北京：科学出版社，1995.

[235] Derk L, Unold F. Effect of temperature gradients on water migration, frost heave and thaw-settlement of a clay during freezing-thaw process [J]. Experimental heat transfer, 2022. DOI: 10.1080/08916152.2022.2062069.

[236] 季雨坤．冰透镜体生长机制及水热力耦合冻胀特性研究[D]. 徐州：中国矿业大学，2019.

[237] Nixon J F. Discrete ice lens theory for frost heave in soil [J]. Canadian Geotechnical Journal,

1991, 28(6): 843-859.

[238] Konrad J M, Duquennoi C. A model for water transport and ice lensing in freezing soils [J]. Water Resources Research, 1993, 29(9): 3109-3123.

[239] 白青波，李旭，田亚护，等．冻土水热耦合方程及数值模拟研究[J]. 岩土工程学报，2015，37(S2)：131-136.

[240] Zhu M. Modeling and simulation of frost heave in frost-susceptible soils [D]. Ann Arbor: University of Michigan, 2006.

[241] Li Z, Liu S, Feng Y, et al. Numerical study on the effect of frost heave prevention with different canal lining structures in seasonally frozen ground regions [J]. Cold Regions Science and Technology, 2013, 85: 242-249.

[242] 刘博．高铁路基冻胀对双块式无砟轨道结构几何平顺性及力学特性的影响研究[D]. 兰州：兰州理工大学，2020.